U0436176

大运河
2050

吕品晶　史洋　主编

中国建筑工业出版社

图书在版编目（CIP）数据

大运河2050 / 吕品晶，史洋主编. —北京：中国建筑工业出版社，2023.6
ISBN 978-7-112-28753-6

Ⅰ.①大… Ⅱ.①吕…②史… Ⅲ.①大运河—文化遗产—景观设计 Ⅳ.①TU983

中国国家版本馆CIP数据核字（2023）第097351号

责任编辑：唐旭
文字编辑：孙硕　李东禧
责任校对：张辰双

大运河2050
吕品晶　史洋　主编

*

中国建筑工业出版社出版、发行（北京海淀三里河路9号）
各地新华书店、建筑书店经销
北京锋尚制版有限公司制版
天津图文方嘉印刷有限公司印刷

*

开本：880毫米×1230毫米　1/16　印张：30½　字数：664千字
2023年6月第一版　2023年6月第一次印刷
定价：368.00元
ISBN 978-7-112-28753-6
（41159）

版权所有　翻印必究
如有内容及印装质量问题，请联系本社读者服务中心退换
电话：（010）58337283　　QQ：924419132
（地址：北京海淀三里河路9号中国建筑工业出版社604室　邮政编码：100037）

大运河 2050 | 前言

2014年6月22日，在卡塔尔首都多哈召开的第38届世界遗产委员会会议，同意将中国大运河列入《世界遗产名录》，这一历史性的时刻使古老的大运河迎来了新的发展契机。习近平总书记一直非常重视大运河的保护，他强调："大运河是祖先留给我们的宝贵遗产，是流动的文化，要统筹保护好、传承好、利用好。"同时，习近平总书记在北京考察时指出"保护大运河是运河沿线所有地区的共同责任。"大运河的保护、传承与利用要古为今用，深入挖掘以大运河为核心的历史文化资源。习近平总书记的指示为大运河的保护传承利用指明了方向。

大运河沿线有17座国家级历史文化名城，历史上存在过大量会馆、商铺、仓库、名人故居、书院、清真寺等建筑。如今大运河沿线城市文化建设面临巨大挑战，过去三十多年经济先行的粗犷式发展模式，已经使历史城镇所保存的文化遗产所剩不多，有的已遭到较为严重的破坏。作为"流动的文化"，大运河遗产应该在今天的城市文化建设上发挥巨大作用，因此，如何重新挖掘、保护、活化大运河遗产的文化价值，创新保护传承利用的方式方法，重塑一条文化长廊，成为我们工作室希望开展大运河研究计划的出发点。工作室导师组商议，从2014年新学年开始，以"大运河2050"为题，进行工作室日常教学和毕业设计教学组织。大运河南北绵延上千公里，既有时间上的历史延续，又有空间上的地域关联，让同学们在这个线性文化空间的不同点位上进行创作，可以在一种相互关照的文脉关系下，发挥各自创新创意能力，并形成有机的整体设计研究成果。题目缀以2050，并不是一个具体的时间概念，而是希望这个集师生共同努力的设计研究应该具有前瞻性，是面向未来的实践探索。我们制定了三年的研究计划，希望从运河历史文化遗产保护与传承、传统运河城镇空间形态的演变与发展、创意文化产业介入后工业化城镇的新途径等课题方向，以"大处着眼、小处入手、以点带面、辐射全线"的方式展开大运河研究和相关设计创作。最终的设计研究成果立足于三个层面的目标：一是将设计教学与研究紧密结合，探索以研究为导向的设计方法；二是追求课题研究的社会价值，希望能为运河城市文化建设提供有价值的参考；三是在城市与建筑学本体研究方面，探讨大运河对城市发展和城镇建设的影响和建筑形态的地域性呈现。

2014~2015学年，我们首先组织了沿京杭大运河几个主要城市的集体考察，希望在课题开始阶段，给同学们建立起对大运河整体形象的认知。我们选择了济宁、徐州、扬州、杭州四个城市作为调研重点。这四个城市的运河文化属性特色鲜明，比如济宁市是历史上的运河之都，曾为运河的最高行政管理机构所在地，也是南北运河最高点；徐州是今天依然保持高效利用的大运河第一港，是大运河申遗唯一没有项目被列入名录的运河城市，在过去煤炭运输集散功能逐渐退出之后，城市转型是其面临的主要问题；扬州是历史上最早开凿运河的城市，也是联合申遗办公室和申遗成功后大运河管理联合办公室所在地；杭州是最早提出申遗，并在工业遗产保护更新，运河文化挖掘最深、利用最广的城市。四个典型城市集体考察后，同学们还分赴通州、天津、沧州、淮安、苏州等各自选择的地区进行城市观察、课题调研和项目选址。在对大运河进行大量的文献研究和实地调研考察基础上，九位同学在大运河南北沿线的九个城市，选址设计完成了九个文化建筑：织补城乡关系的"张家湾运河文化中心"，依托运河及周边城市文化建筑打造的"迷你社区 MINI-BLOCK"，激活码头文化的"城市码头"市民空间，以城市公共空间营造和景观化建筑激活城市活力的"城市起搏器"，运煤码头功能更新的"万寨港文化中心"，挖掘保护展示造船传统工艺的"河下镇传统手工艺体验馆"，以互动体验为科普教育手段的"水·经·筑——扬州水工博物馆"，兼具服务本地市民与外地游客的"苏州运河文化中心"，还有结合运河水工设施拓展当代城市功能的"MATRIX-三堡船闸人工岛改造"，每一个设计，都是同学根据当地自然和历史环境条件，提出的具有地域特点的运河文化建筑，构成了在南北近1800公里运河沿线上的"运河文化驿站"。

2015~2016学年，我们集体考察了大运河山东段。一同考察的除了第四工作室师生，还有来自台湾交通大学的师生队伍，此行考察重点围绕着运河山东段历史、运河现状、运河遗址保护、运河旅游产业和运河乡土文化展开。沿运河南下，师生们考察了临清市、聊城市（东昌府古城、四河头、刘道之村）、阳谷县（七级镇、张秋镇）、汶上县南旺镇、济宁市区、曲阜市以及微山县南阳古镇等城镇。途中探访了运河古河道、运河水利工程遗址、因运河而兴废的古村古镇、与运河相关的重要建筑、各地博物馆等，在观摩千年运河景物和聆听运河故事的同时，亲身感受和体验运河从古到今对人们生活的重要影响和带来的城乡巨大变化。这一年的设计教学，我们先请同学们在考察的基础上分析山东段的问题，比如在微山湖的调研中，发现湖区村落分散、交通不便、文化服务不足，如何发挥运河作用，以可移动的文化设施，服务周边需求，从而，有了"微山湖上的嘉年华"的课题设计。课题要求同学们以运河上行驶的标准驳船为原型，将其改造设计为不同文化功能的水上移动建筑，为散居的村民提供文化服务。在"创意创业"课程讲授知识的理论支撑下，八位同学根据自身兴趣，以及对大运河相关问题的分析挖掘，找到不同的事业发展主题，移动剧场、水上影院、鸟类观察、水上浴所、水上酒肆、水上茶室、社会服务、水上青旅等八个不同功能的移动建筑形成一个"水上文化综合体"，如同嘉年华会一般在大运河上移动穿梭，停靠于散布的湖区古镇和村落，为运河沿线乡镇和村落提供日常公共文化服务，丰富乡村精神文化生活。

先后两次赴山东调研后，中央美术学院建筑学院第四工作室和台湾交通大学建筑研究所共同围绕运河文化的激活与再生开展了联合设计教学，基地均选址于山东段运河沿线。第四工作室的十位同学在东昌府区运河沿线各自挑选一个地块，分别设计1万平方米左右的单体建筑或建筑群，定性为文化建筑或公共建筑。探究运河在古城与新城间如何起到脐带般的作用，如何用文化建筑和公共建筑重新激活运河沿线，从而为整个城市注入活力，使运河焕发新的生机，赋予运河新的存在价值与意义；台湾交通大学建筑研究所2016春季大运河工作室的同学们通过八个各具特色的设计方案生动展示了"重启京杭大运河的四种历史观点"。这一年的教学，不仅是一次运河文化更进一步的研究之旅，也是一次难得的两岸师生思想交流与碰撞的教学实践经历。

2016~2017学年，我们把考察和调研的范围集中在大运河北京通州段，在北京城市副中心——通州区建设的大时代发展背景下，工作室师生们走访城市规划管理部门，召开通州运河发展座谈会，从城市副中心区位发展和城乡规划分析入手，对副中心城市历史和自然地理资料进行收集整理，特别是对大运河通州段的历史文化、物质遗存做了详细的梳理分析，对于沿线的村镇历史和产业发展进行了了解，并做了相应的驻村测绘。通过调研、访谈和现场走访踏勘，对大运河与通州城的历史关系有了比较全面的理解，对大运河在副中心城乡建设中的当代价值有了清晰的认识。

围绕大运河在当今城乡建设中的文化、经济和社会价值的再利用和再发展，基于对大运河线性空间纽带作用的再认识，结合通州北运河局部恢复通航的城乡建设规划目标，同学们尝试以一系列具有创意的码头设计，来串接运河沿线的城镇与乡村。在通州城市副中心规划的运河节点中，第四工作室九位同学通过调研分析，自行选择特点突出的节点基地：运河文化广场、运河森林公园，以及运河沿线的张湾镇村、甘棠村、西里泗村、沙古堆村、苏庄村、杨堤村、延芳淀湿地为基地位置，开始思考在满足码头功能的同时，通过植入和叠加合适的文化和其他功能，更好地为周边地区提供文化服务和亲水的使用空间，优化场地固有的水域与周边城乡关系，并联系水陆交通系统。毕业设计成果产生一系列内涵各异的文化建筑，如葡萄农场、生态花卉、精神粮仓、码头服务、传统文化体验、民俗文化展示、樱桃采摘、湿地自然教育、码头文化等文化综合体，丰富的功能业态，结合地域环境的体量形态，积极回应了运河复航的现实需求，形成线性的运河文化带，恢复了以运河为纽带的城乡关系结构，发挥运河文化建筑在织补修复城乡关系中的积极作用。

回顾三年的教学、研究与创作的过程，我们深感"大运河2050"课题设定的教学目标还是清晰明确的，以调研为基础的研究在同学们的创作实践过程中起到了非常有效的引导和支撑作用，使得最后的成果没有流于学生作业常见的虚幻概念堆砌，而是面向社会实际的具体而现实的问题进行解决，一种系统性综合性的设计思维正在同学们的创作过程中形成和显现，在错综复杂的历史和当代语境中寻找解决问题的能力得到锻炼和提升，希望这样的毕业设计教学能为同学们走向社会打下一个坚实的学术素养和能力基础。

经过三年由点入面、由表及里累积起来的建筑学视角的大运河文化研究和实践探索，构成了今天得以与读者见面的研究创作成果文本汇集，希望读者能从看似分散的课题成果集合中，窥探到我们工作室师生团队，在各方面的支持帮助下，在大运河文化系统研究中的一点小小的贡献，如果还能给予当今运河城市的文化建设一些参考价值的话，那我们将倍感欣慰。

本次"大运河2050"的课题研究要特别感谢深圳市创想公益基金会。正是得益于"创基金"的公益支持，使我们的研究和创作不仅停留在校园内、课堂中，而是能够深入到运河沿线主要城镇展开深入调研，实地感受和体验千百年来留存下来的宝贵文化遗产，使得教学和研究能够更加贴近实际，针对现状问题提出解决方案，并为未来做出畅想和描绘。

吕品晶

大运河 2050 | 目录

2014—2015 | 大运河 2050　文化驿站　　009

大运河 2050 文化驿站设计 ················ 017
研究生文章 ················ 127

2015—2016 | 大运河 2050　山东运河文化带再生　141

微山湖上的嘉年华 —— 水上移动建筑 ················ 149
大运河 2050 东昌府运河文化带再生设计 ················ 183
重启京杭大运河的四种历史观点 ················ 305

2016—2017 | 大运河 2050　通州运河文化带再生　341

大运河 2050 通州运河文化带再生设计 ················ 349

教师访谈　　459

2014—2015 | 大运河2050　文化驿站

2015大运河调研

2015年3月,由中央美术学院建筑学院吕品晶教授主持发起的"大运河2050"项目正式启动,对大运河沿岸城市和地区的实地调研活动也随即展开。在中央美术学院建筑学院第四工作室导师吕品晶教授、史洋老师的带领及校外专家学者温宗勇先生(北京市测绘设计研究院院长)的陪同下,师生团队从北京沿运河南下,分四站,对大运河各段河道及沿线的城市、村镇、水利工程、文化遗址、重要建筑等做了系统的调研。

第一站 济宁

济宁,因水而生,因济水而得名,因运河而繁荣。历代运河总管机构都设在济宁,所以济宁古运河城市滨水文化繁荣,是名副其实的运河之都。改革开放以后,城内古运河多体现城市滨水功能,不再通航。

3月11日,第四工作室师生团队拜访了济宁市规划局,顺着古运河河段,参观了重要文化节点(图1、图2),如东大寺、清平桥、太白楼以及当年康熙下江南停船靠岸的地方,整个滨水文化呈现较为健康的状态。随后,我们沿着运河故道乘车考察了南阳古镇,重点围绕着运河历史、运河河道遗址保护和旅游产业展开。

任何一座城市的滨水景观都是在一定的地域环境基础上的时代背景的反映,济宁也不例外。城市滨水景观记录了济宁不同时期城市历史印迹:济宁城市中的古运河以及历史商业街区等景观是济宁清明时期城市辉煌的证据,但现实状况是,在新旧运河交汇口处明显存在着滨水文化的缺失,丧失了其文脉所在,而新运河功能单一,与城市未来发展背道而驰。

第二站 徐州

3月12日，师生们依次拜访了徐州市规划局和徐州万寨港港务局，对万寨港的基本情况做了了解（图3）。接着实地考察了万寨港工业园区（图4、图5），徐州万寨港位于鼓楼区老工业区的东南部，有"京杭运河第一港"之称，是国家煤炭资源的重要储备地和运输口岸。根据城市规划，万寨港将转型为综合物流中心。京杭大运河徐州段为我国内河航运的黄金水道。2014年京杭大运河被列入《世界遗产名录》，采用的是点段式的申遗方式，徐州作为运河重要节点却未入选沿岸申遗城市，引起市民和相关部门反思。

第三站 扬州

大运河最早在扬州开凿，扬州是大运河上最重要的城市节点之一，又处于长江与大运河的交汇处，是名副其实的大运河第一城。

3月13日，到达扬州后的第一天，师生们首先在扬州市规划局学习了扬州对大运河文化遗产所进行的保护与传承。之后，在规划局专家的陪同下对东阳古街和运河故道进行了考察。

次日，师生们来到运河重要的文化节点邵伯古镇考察（图6~图9）。邵伯镇地处扬州市江都区，早在宋代之前，就沿运河设市里，成为运河古镇之一，到清乾隆年间已是万家灯火、商旅如织的重要商埠。三面环河的半岛，周围既有大运河遗产点邵伯码头、古堤、明清运河故道，又有各个年代的水利工程，同时还有新规划的运河文化公园、商业街等。它是连接古镇与新规划园区的重要节点。岛上目前有一个废弃的玩具厂房和几户居民，有一些临时私搭建筑，环境脏乱，并且其功能也不能与周围的旅游文化区域相互融合。

第四站 杭州

3月15日，按照行程，先去拜访了杭州市规划局，在规划局的建议下参观了京杭大运河博物馆积和西塘古镇（图10、图11）。

杭州作为以旅游业为主的经济相对比较发达的城市，针对大运河的保护性开发做了大量的工作，依据城市的发展概况，可以将流经市内的运河分为四段，即新城段、历史段、现代段、未来段。整个运河文化带以历史段为中心向新城段及现代段扩散。其中未来段城区京杭大运河与钱塘江的交汇处为三堡船闸（图12），作为京杭大运河终点的三堡船闸是整个运河非常重要的文化节点。

这四个城市的运河文化属性特色鲜明，比如济宁市是历史上的运河之都，曾为运河的最高行政管理机构所在地，也是南北运河最高点；徐州是今天依然保持高效利用的大运河第一港，是大运河申遗唯一没有项目被列入名录的运河城市，在过去煤炭运输集散功能逐渐退出之后，城市转型是其面临的主要问题；扬州是历史上最早开凿运河的城市，也是联合申遗办公室和申遗成功后大运河管理联合办公室所在地；杭州是最早提出申遗，并在工业遗产保护更新，运河文化挖掘最深、利用最广的城市。四个典型城市集体考察后，同学们分赴各自选择的城市进行城市观察、课题调研和项目选址。

大运河2050文化驿站设计

调研结束后，中央美术学院建筑学院第四工作室开始了"大运河2050文化驿站"设计课题，这一课题是"大运河2050"研究的起始部分，也是第四工作室2016年的本科毕业设计课题。

工作室九位本科生分别选取运河沿岸城市重要的文化节点进行实地考察和研究，并以文化建筑的介入作为重置或加强运河与城市之间关系的切入点，打造沟通南北、连接历史与未来的文化长廊。力求重新发掘中国大运河的文化价值，开辟保护和发展运河文化的新途径，激活运河对沿岸城市的社会和精神文化职能。通过对沿运河典型城市的深入研究，设计九处大运河"文化驿站"，以探讨大运河城市文化发展的未来。

其中，包括在京津冀一体化背景下，古代运河重镇张家湾振兴的新途径；通过对徐州申遗失败的案例研究探讨工业港口如何植入社区活动与产业转型；三堡船闸作为运河终点对整条大运河以及城市的作用与意义等。九位同学通过各自不同的视角与切入点深入剖析了运河沿岸城市所面临的问题与挑战，通过将古代驿站的交通枢纽概念转化为当今的文化交流概念，以九处新驿站激活大运河的文化活力。

工作室四位2014级研究生也随行对运河沿岸城市重要的文化节点进行实地考察和研究。他们从更宏观的角度出发，将京杭大运河分为京津冀、山东、江苏和浙江四段区域，对文化、经济、社会等诸多领域的资料信息进行整理和研究。

在毕业设计过程中，有幸邀请到了吴文一、吴钢、庄雅典、车飞四位专家深入参与和指导，从课题设定到过程辅导、再到终期评图，他们都贡献了经验与智慧，为同学们的研究和创作拓宽了视野，丰富了内涵。除以上四位专家，参加2015年6月1日终期评图的还有台湾交通大学建筑研究所庄熙平教授、维思平建筑设计创始合伙人陈凌建筑师、中央美术学院建筑学院韩涛副教授，他们犀利的点评、殷切的寄语，激发了同学们的专业热情（图13、图14）。

相关展览

2015北京国际设计周|大运河2050文化驿站设计展

2015年9月25日晚,"大运河2050文化驿站"设计展于751动力广场B10开幕(图15)。出席开幕的嘉宾有欧洲建筑教育协会主席Karl Otto Ellefsen教授、丹麦文化中心主席Eric Messerschmidt先生、丹麦皇家美术学院建筑学院Dean Simpson教授,以及张清华、庄雅典、吴钢、吴文一、程大鹏等著名建筑师,中央美术学院建筑学院程启明副院长,以及韩涛、何崴、李琳、侯晓蕾等老师,也参加了开幕活动(图16)。

开幕式由建筑学院黄良福老师主持。本次展览策展人、中央美术学院建筑学院院长吕品晶先生致开幕词(图17),对本展览作了简短介绍,其中也提到本次展出文化驿站设计是"第四工作室·三年大运河"研究计划的一个开始。吕品晶院长在北京国际设计周经典设计奖主题峰会上发表了精彩演讲。"大运河2050文化驿站"设计展荣获"最佳设计传承奖"(图18、图19)。

2016威尼斯建筑双年展中国禅宫总策展人、威尼斯建筑学院院长Marino Folin教授也前往中央美术学院建筑学院讨论"大运河2050"项目参加第十五届威尼斯建筑双年展事宜(图20)。

2016威尼斯建筑双年展|"共享·再生"平行展

"大运河2050文化驿站"设计于2016年受官方邀请参展威尼斯建筑双年展"共享·再生"平行展(图21~图24),以具有中国本土特性的大运河作为切入点,寻求历史文脉传承中的运河如何在新的时代背景下重获生机,契合"共享·再生"的展览主旨,沿着威尼斯的水域,将威尼斯运河与中国大运河联系,展开一场穿越时间与空间的运河对话。这场对话有着深远视角的正视与展望,是以未来的视角对中国目前正经历着的前沿现象在国际平台上的一次大胆呈现。

第四工作室正从威尼斯双年展出发,连线全球创新策略共享网络,激活创变。这是一次史无前例的协同创新的前线行动与集体事件,以基于空间同时又超越空间的跨界共振,回应中国城乡转型过程中所带来的前沿性问题。九个发生在中国转型阶段的存量更新项目,以设计展开创变的同时延伸出新的思考模式和解决方案,由此构成一场流动、交互式的思想盛宴,及激发个体或群体创新与推动前沿实践的共同行动。是将展示作为一种新的行动的开始,一种以展示带动的行动。

大运河2050文化驿站设计

中央美术学院建筑学院第四工作室2015届本科生毕业设计

大运河 2050
张家湾运河文化中心

📍 北京通州　谢林轩

基地分析

社会环境调研

张家湾镇位于北京市通州区东南部,是通往华北、东北和天津等地区的交通要道,总面积105.8平方公里,下辖57个行政村,拥有5.7万人口,是一座具有千年历史的文化古镇。镇域内交通便利,北京六环、京沈高速公路、京津公路穿境而过。还有两条河流与张家湾有密切关系,一条是源自北京西郊的凉水河,另一条是源自北京东郊的萧太后运粮河。

今张家湾以萧太后河为界分为二行政村,北部有城称张家湾村,南部有市称张家湾镇,古迹尚余不少。张家湾村南口两侧有张家湾城址,明嘉靖四十三年(1564年)为保卫北京、保护运河而创建,今仅余南垣残段,1995年被公布为北京市文物保护单位;又村南口萧太后运粮河故道上,有一座三券平面石桥,明万历三十三年(1605年)由木桥改建,两侧护栏望柱头雕狮,各具情态,栏板内外浮雕宝瓶,为北京地区独见。

发展趋势

近几年世界文化和自然遗产保护运动出现了两种新的发展趋势,一是由保护单体文物,发展到保护成片村落、保护景观整体;二是由保护单体文物,发展到保护包含独特文化资源的线形景观,由此产生了"文化线路"和"遗产廊道"的概念。根据《通州新城规划(2005—2020年)》,土地一级开发地块位于通州区张家湾镇张家湾村南部地块,修复建设张家湾古城墙和张家湾境内的文物景点"花枝巷古街",修缮古桥、治理并绿化美化大运河故道和凉水河、萧太后河、玉带河。方案以此作为依据,选取张家湾村东侧一处闲置用地和北侧水闸至河岸荒废农田片区。

总平面图

方案介绍

设计通过桥闸将古桥古城墙遗迹、运河文化中心张家湾社区连接起来。同时，利用张家湾古城复建发展旅游产业的这一契机，既能满足人们基本的休闲文化娱乐需求又能提供灵活的展示空间和交流讲谈空间的文化综合体，必然带来更多的商业行为，同时这样一个古城背景和新建筑新功能之间的反差还可能会吸引艺术家和作家入驻，发展运河文化旅游，逐渐形成一个更有活力的张家湾文化社区。

设计主要服务于游客和张家湾社区以及周边社区居民的两大人群：文化中心首先要向人们展示古迹景观、运河文化和张家湾外来规划，同时，把不同区域、不同阶层、不同文化背景的人群通过桥闸观景平台引导到张家湾社区，促进人、货物、信息之间的交换交流，真正还原并发展张家湾古城在历史上最原始面貌和根本作用。

古迹、文化中心和社区中心

在原有桥闸的基础上设计一座桥闸观景平台将萧太后河岸两侧建筑和周围的场地建立视线和路径上的联系，在建筑和河道之间形成半开放式的广场，使河道空间开阔并且使其成为可以满足各种大型室外活动的景观广场，在桥闸南侧连接的是开放式的多功能开敞空间——围绕着一个舞台，可供休息和游览的区域。

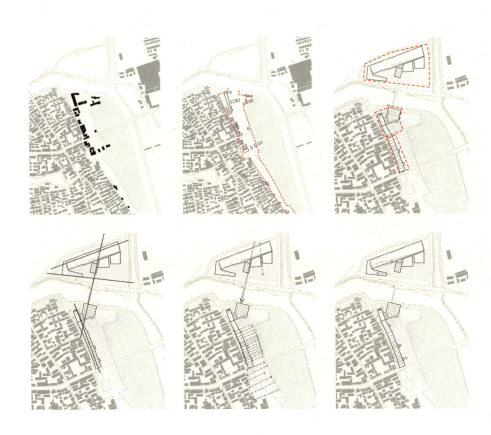

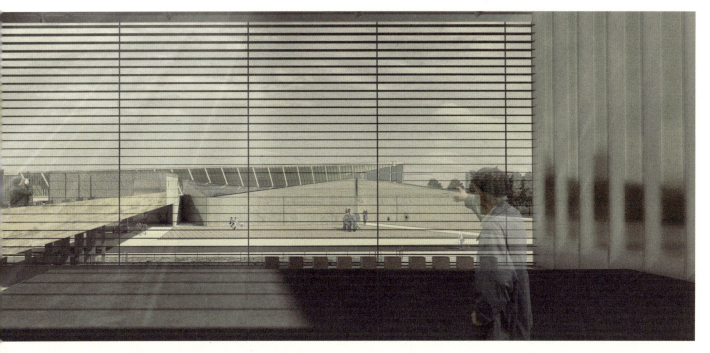

　　各建筑间的联系不仅仅在视线、组织流线直接连通在一起,同时,通过不同的功能空间设计,使其功能上相互补充辅助的向心性路径形成丰富、曲折婉转的空间层次,增强建筑内部空间的可游览性。而桥闸延伸出不同的曲折路径既是通向各个不同的功能空间主要方式,也可以是人们停下来观景游览的平台。

新植入建筑与周边环境的交融
　　建筑的空间布局和形体上主要依据张家湾地区本来的城市结构,从城市结构中提取出几条重要轴线形成建筑空间布局;形体上,南北两侧,即文化中心与社区中心分别参照周边建筑关系形成体量,文化中心依附于张

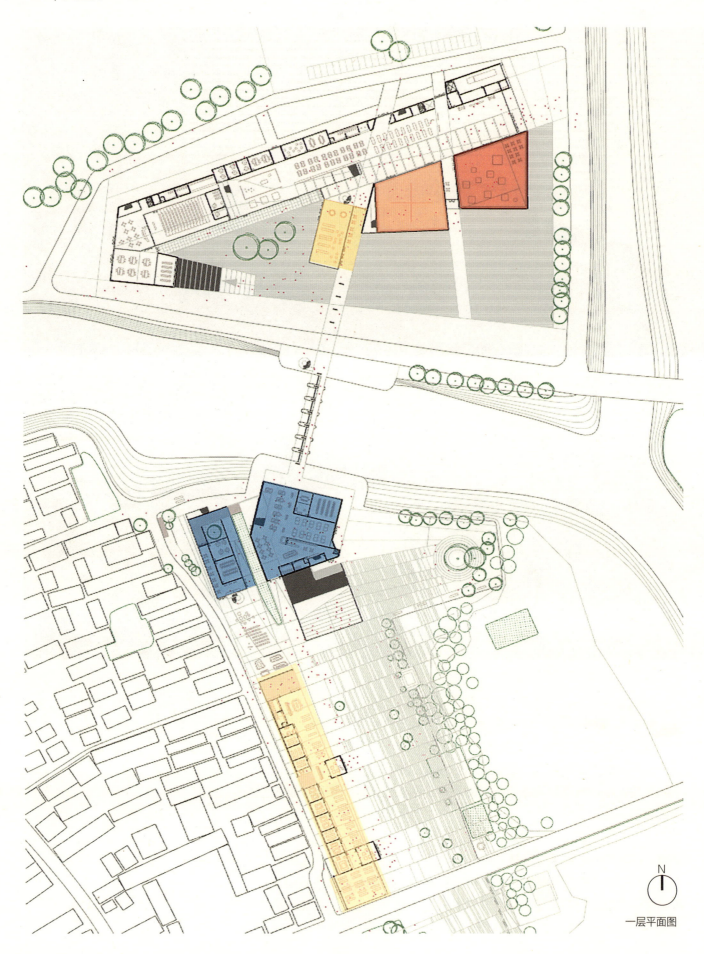

一层平面图

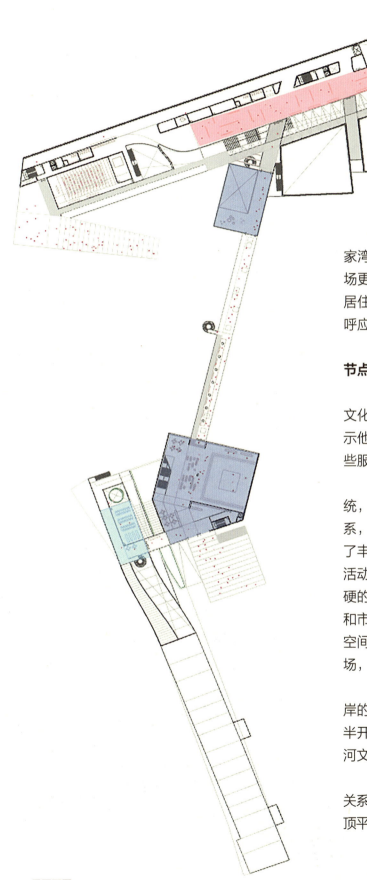

家湾古城墙形成的体量长而完整，南岸社区中心与菜市场更多采取开放式设计，在大的体量下，以张家湾村民居住房屋体量大小为单位进行分割，与张家湾社区结构呼应，并且保持建筑整体的连贯性。

节点空间

张家湾文化中心将作为一个运河文化驿站，把运河文化引入建筑，引入城市社区，在为前来参观的人们展示他们的自由而艰苦生活方式的同时，也为居民提供一些服务，使他们的社区生活更加丰富而有活力。

市场、广场与剧场： 三者之间有各自独立的流线系统，也有相互交织的部分。市场依照张家湾房屋体量关系，将屋顶大棚进行倾斜错动，削弱体量的同时也造成了丰富的光影效果；广场提供给居民一个可以进行大型活动的场所，其景观与人工林地渐变相连，使得原先僵硬的边界变得模糊，与自然更加亲近；社区中心是村民和市民共用的洽谈、零售、信息咨询、展览、儿童活动空间。首层是社区服务中心，二层是开放式的多功能剧场，也是通向桥闸观景平台的入口。

桥闸： 南北相互连接的部分是北岸的游客中心与南岸的张家湾社区中心。游客中心相对独立，也可以形成半开放式相对自由的创意办公区，可以由此直接通向运河文化中心的屋顶平台。

通运桥、古城与文化中心： 运河文化中心在建筑体量关系上延续了张家湾古城给人的感受。并且文化中心的屋顶平台提供了非常好的观赏古城和张家湾社区的视点。

二层平面图

建筑平面功能布局

方案设计主要分为两大部分，河岸北侧的运河文化中心有不同主题运河文化展览空间（运河历史博物馆、民俗艺术馆、运河瓷画艺术馆等）和张家湾规划展览馆，并在文化中心设有接待、咨询、学习、画廊、餐饮等配套功能；而河岸南侧是集市场、戏台、景观和广场空间于一体的社区中心，对外开放，服务张家湾居民和游客。同时，设计将原有水闸改造成一座观景平台连通运河文化中心与张家湾社区中心，相互连接，相互融合，形成一体。

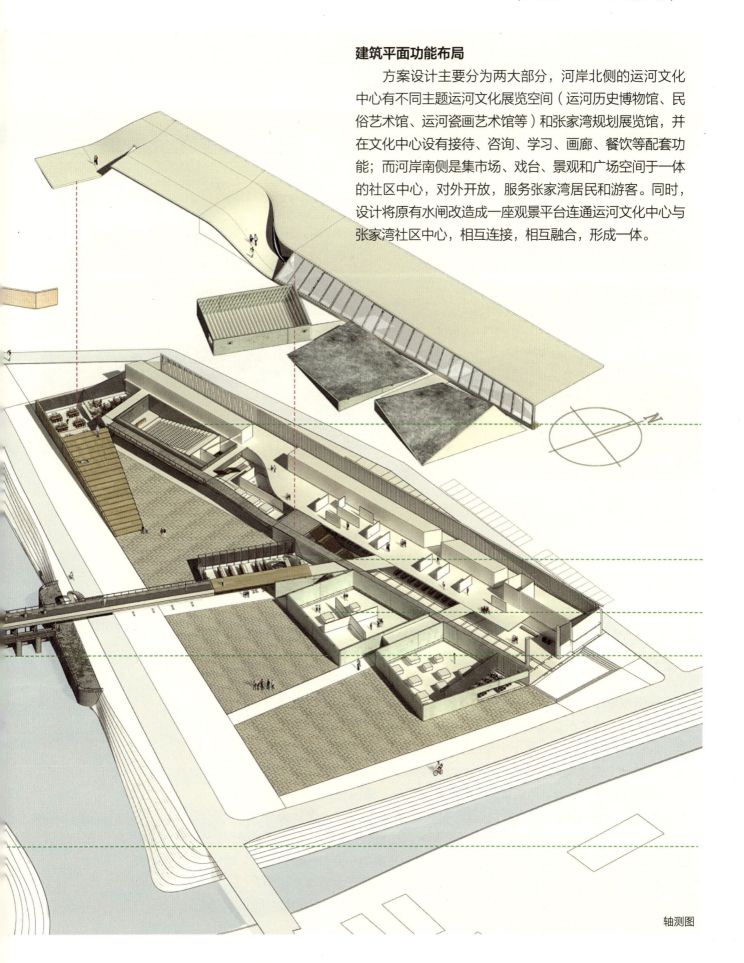

轴测图

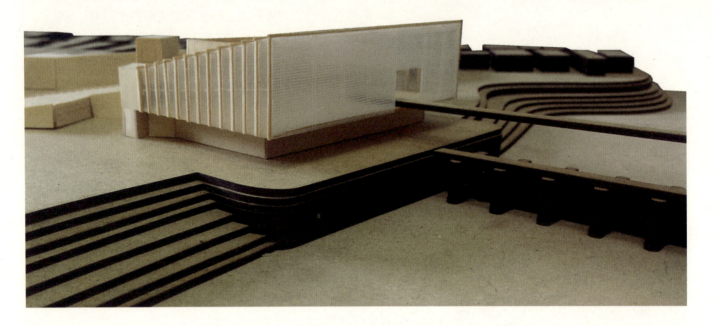

教师点评

庄熙平：我在这里看到了四个层级，从社区到文化，到观光，再到自然。在这个项目中，时间轴向上的成长意义很大，所以在某种程度上来看，似乎整个结构要有一种可以跟着时间变迁的感觉。尤其是这个边缘，它与社区在磨合，可能还会动，未来不一定能很清楚地去界定它，说不定它是一个半开放的可能性，或者是有某一种层级性的逐渐的变化。所以，也许它会慢慢地让社区渗透进来，让观光客延展出去。而另一个边缘是与大自然的边界，这边不是繁华和热闹的。河是一个充满边缘性意味的空间元素，能够产生四个边界，第一个是河本身的边缘性，第二个是桥产生的边缘性，第三个是河岸的边缘性，还有一个是它作为整个都市的边缘。在这个边缘上可以产生形象，产生量体，甚至可以产生"空"。

庄雅典："文化驿站"这个题目有些"都市更新"的意味，像针灸一样，我们把一个元素放进去之后，带动一个新社区的成长。所以，我觉得从这个角度来看，张家湾是一个很好的针灸的点。方案中一直有一些对比的元素出现：村民与游客，新的与旧的，古城与村落，服务中心与文化中心，北岸与南岸……我觉得手法上应该把对比之后怎样出现第三种可能的策略表达出来，这样会更有趣。

2014—2015 | 大运河2050 文化驿站 | 029

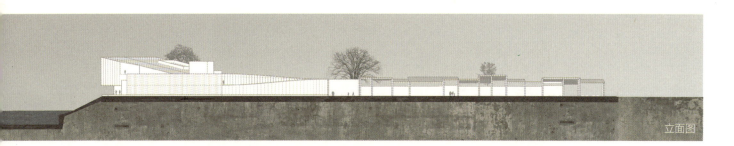
立面图

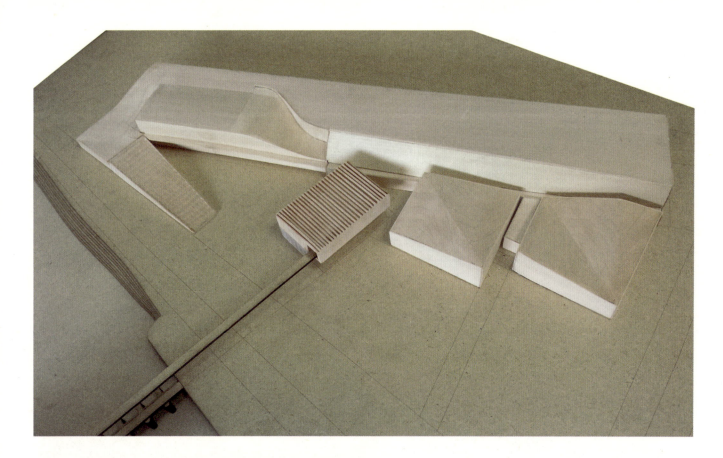

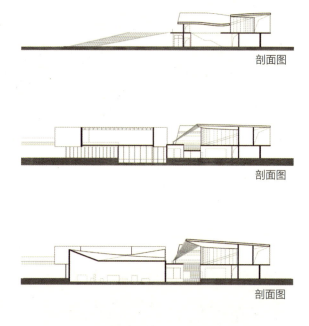

剖面图

剖面图

剖面图

大运河 2050
迷你社区 MINI-BLOCK

📍 天津　祝婕

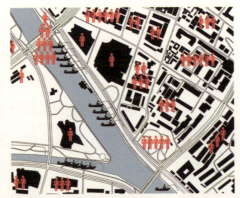

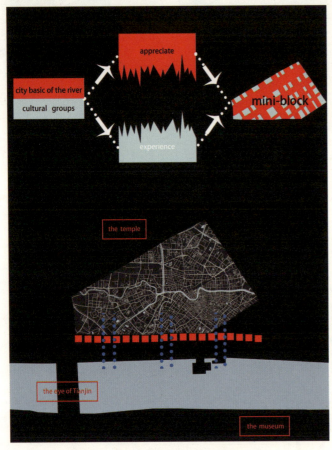

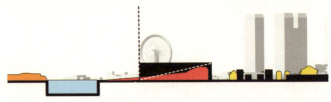

基地分析

基地现状问题

基地在三岔口为中心的区域附近，运河保护和历史宣传力度较明显，且配套设施较完善。但天津其他地区运河依旧属于比较原始的状态，没有更新和修缮，周围的经济带也是以种植业为主，与三岔口为主要区域的现代化产业经济形成差距。其次，运河沿岸文化遗存已遭到不同程度的破坏，部分旅游景点处于开发补救后残散、虚假的状态，由于沿岸密布大小工业港口，滨水区域开放性差，市民与运河没有互动，生态环境令人担忧。

基地选址分析

基地位于三岔口地区，大悲禅院前地块。此地块现为窗帘城，体量与周围相较过于庞大，并且在功能定位上亦不符合实际需求，使用率极低，近似空置。附近的大悲寺禅院为历史保护区，靠近著名景点——天津之眼，人流鼎盛。再向南则是引滦入津纪念广场，有天津近代工业与城市历史博物馆，此处建设完善，空间舒适，但因交通并不十分方便，鲜有人去。人群更倾向于在南部天后宫附近的天津古文化街游览活动，但也导致人群过多、过于集中，缺少分散与疏导。

在这里进行设计可以为天津运河沿岸其他地区设计起到示范作用，其次，就本地段而言，可以形成大悲寺禅院、天津之眼、天津近代工业与城市历史博物馆紧密的新轴线，不仅保护原有历史遗迹，还可以发挥运河的现代文化，使原有建筑产生新的活力，使附近的旅游与居住状态更加合理化。

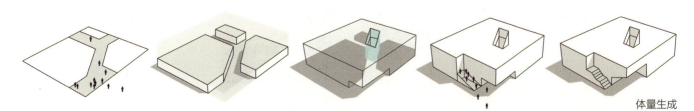

体量生成

034 | 大运河 2050

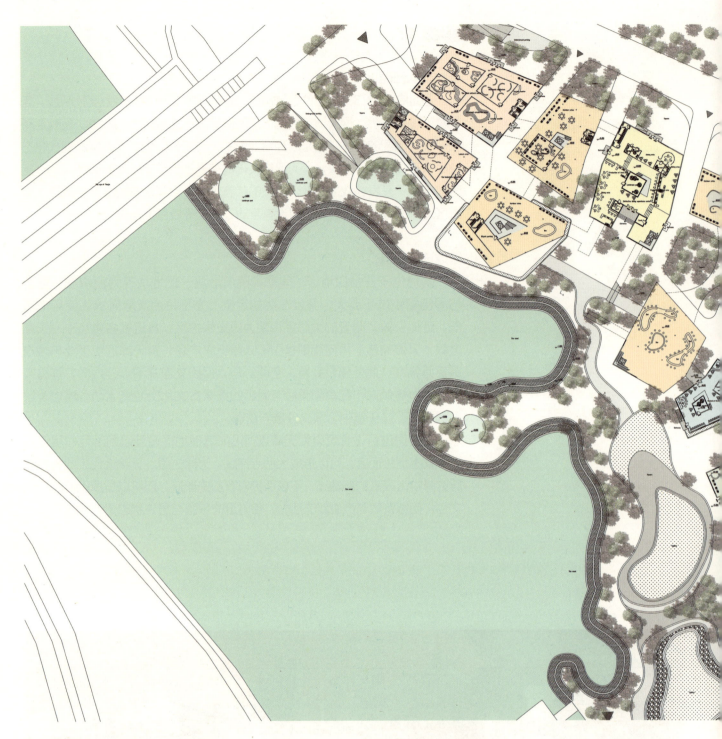

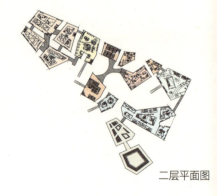

二层平面图

方案介绍

设计概念

纵贯大悲寺禅院、天津之眼、天津近代工业与城市历史博物馆这三个重要节点，形成互动三角带，打造MINI-BLOCK，构建微缩的新办公与商业、文化结合的小型综合体。建筑体量源自天津运河流域整体现有街区的抽象与提炼，饱含历史缩影，体量以中多层为主，高度舒适，并引大运河水进入街区，主导步行休闲环境。除运河文化体验馆外，还包含天津传统文化手作工作室、教授课堂区、传统美食区等众多功能区块。与运河水体紧密联系，为三角地带提供更为优化的路径。

建筑如何介入场地

设计从水平空间、竖向空间、立体空间同时入手。横向上，由天津运河基本区域形态和基本空间元素发展，根据实际需求，调整功能面积；纵向上，结合区域环境高度视线分析，进行加减法，生成最为舒适的导视体量高度；三维立体空间上，分析研究人的空间交往行为路径以划分体块，使之更为合理化，而非简单决断。

活化区域有氧呼吸的街区

设计上采用自由灵活的体量街区形态，打破原有过于庞大臃肿的体量，以多种样貌的空间构成新的业态，提供多种有吸引力的功能与服务，而非单一功能区域，其综合性的区域定位为整个社区带来新的活力。

建筑由多个路径流线串联起大悲寺禅院与运河水域，使得天津之眼周围的环境更为舒适，并呼应远处的天津近代工业与城市历史博物馆。

一层平面图

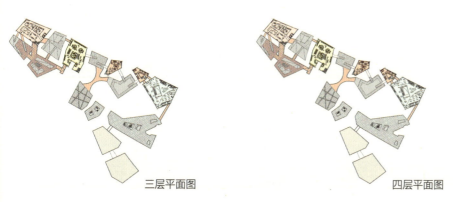

三层平面图　　　四层平面图

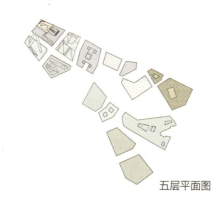

五层平面图

036 | 大运河 2050

北立面图

南立面图

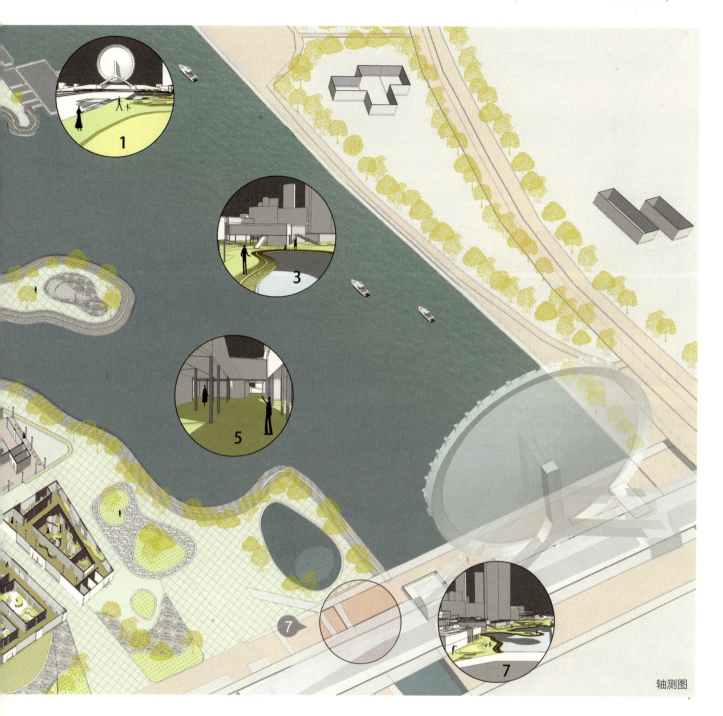

轴测图

体验式文化中心

  体验式的文化历史传播将打破枯燥的局限性，从听觉、嗅觉、触觉、视觉等感官角度塑造空间功能，让体验馆真正发挥其特性。人们可以在初步了解运河文化后，再深入接触其中的艺术、美食、手工艺、传授演示课堂等，体验传统文化。同时积极利用区域景色，打造景观沙龙，实现风光欣赏、休闲体验、商品零售，并提供舒适的绿地广场，倡导步行街区。

  街区西北部为文化体验区域，分为各种不同功能性质的体验馆，向东南侧过渡，同时满足休憩、饮食等需求，部分体块一层架空，为游客欣赏

景色提供更为有利的开敞空间，自行车停放区域也作为设计重点，东侧的综合性空间包含创客工作室、手工艺展示、手工艺销售和休闲咖啡茶座等，各种功能穿插交替，有机生长在空间区域中。

南部的艺术沙龙展览空间属于节奏舒缓的安静区域。北侧的工作室教授课堂以及销售区域则为节奏相对较快的空间体验，更为活泼、灵活。

坡道连廊是街区里的一大特色，可达性与趣味性并存，灵活的交通空间是重要的设计切入点，步行或是自行车行不再是单一路线，丰富的可选择性也真正地使各个功能体块联系起来。

多功能、灵活的区域和舒适的尺度

运用更为适宜的灵活区域形态，活化运河流域，起到试验示范作用，因为随着城市文明发展，一切发展到一定高度和水平后，高密度、超尺度的区域形态并非是人们所真心期望的，返璞归真的小的区域形态会更加使人舒服，使城市活力更加持久。

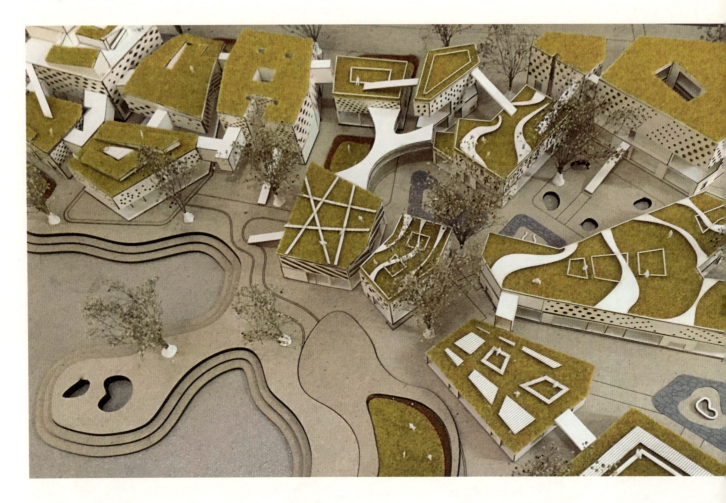

教师点评

车飞：这个项目比较特别，是一个涉及小街区、介于建筑与城市之间的设计。提一些比较高的要求：比如不同的建筑高度适合哪些不同的业态，具体的流线分布怎样与广场、与空间的流动相配合；另外一个小的建议：在方案中切碎了很多空间，其中最有意思的点在于错综复杂的、像海绵一样的窗孔空间，包括街道、大悲寺禅院、天津之眼等，它们之间空间内外相互渗透，所以接下来，这个方案可以更加注重视线的穿透与布景线之间的相互关系，这样可以将建筑概念更加清晰地呈现和表达。

庄熙平：天津很少有广场，它不是一个以广场的场域感而建立的城市。所以实际的空间体验都是街道，以马路为主的线性空间。目前为止，天津还是以文化或历史来定义这条街和这片区域的场域感。基地位于意式风情区，所以在解决策略上，首先可以跟随它，不去违抗它原有的都市记忆；其次，去颠覆它。这位同学现在所做的细碎化处理其实是在创造一个符合天津以街道为主的，但又不一样的场域。但是作为一个整体项目，从主到从、从核心到边缘，细碎街道之间的秩序上的关联性是什么？它们的交点是什么？连接的契机是什么？接下来在这方面可以继续思考。

5-5剖面图

剖面图

7-7剖面图

剖面图

大运河 2050
城市码头

河北沧州　刘雨晨

基地分析

京杭大运河沧州段

沧州市自古有"水旱码头"之称,京杭大运河纵贯全境。大运河的通航孕育了沧州的文明,武术杂技、酒文化在大运河的带动下被发扬光大。现在的沧州大运河已经失去了通航能力,大运河两岸逐渐由最繁荣的市集变为城市中最衰落的地带,而城区段运河垂直护堤的建造也使两岸居民与大运河的关系完全割裂开来。没有故事的运河正在逐渐失去它的魅力,这是运河保护的危机。城区段运河两侧景观缺少特色,建筑质量较低,运河就像一个孤单的展品,运河与运河居民各自生存,很难产生关系。

城区段运河改造

将永济路至渤海路段注入文化创意产业园区和办公SOHO,在以化工产业为主的沧州促进产业转型,促进运河周边经济发展。人民公园段,根据历史记载在水月寺原址改造现代水月寺庙以及广场,成为人们净化心灵的新场所。周边功能主要以居住建筑为主,建设城市码头运河文化中心为主的文化类建筑。城区段对垂直护堤进行改造,形成亲水空间,同时为堤岸注入新的功能,形成市民休闲空间,增加居民与运河的互动。南湖公园段,增加南川楼广场,在南川楼位置建设一个瞭望塔,是对于南川楼的纪念,也是运河观光的制高点。同时围绕南湖建设运河文化媒体中心和美食广场,与周边商业建筑结合,成为沧州城市的核心区。黄河路至海河路段,主要以生态观光为主,增加自行车道和服务点,建设以自然为主的自行车公园,在半岛区域增加度假休闲酒店。

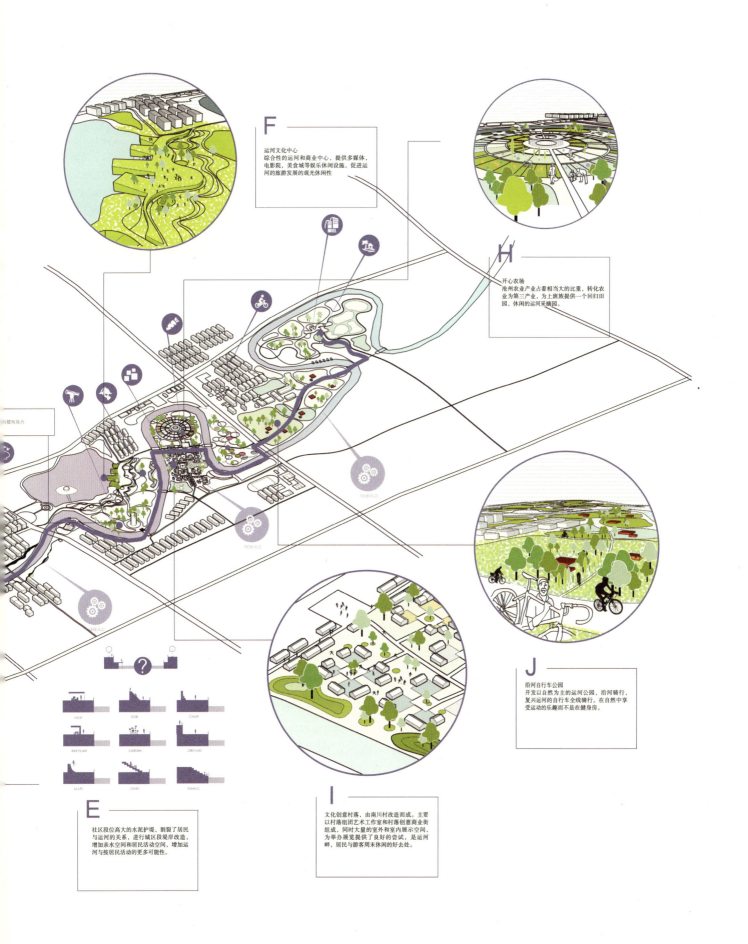

总平面图

方案介绍

新的码头概念

设计者希望建筑是一个自由的完全对市民开放的空间，它服务于社区，服务于文化，服务于游览者，它是一个文化展示的空间，同时也是一个孕育文化的培养基地。武术、杂技、市民活动在不同形式的小剧场中展现，挤出的负空间成为一个开放的展览路线。它应该是一个开放的运河大舞台，一个市民的游乐园，一个属于城市的后花园，一个文化的展示和培养皿。同时，它也是一个综合社区的武术杂技的训练和观演空间，是一个辐射于休闲公园、自然、运河、居民的有机文化与休闲空间。

观演空间

运河沿岸文化遗存已遭到不同程度的破坏，部分旅游景点已处于开发补救后残散、虚假的状态。由于沿岸密布大小工业港口，在起伏的剧场间形成了一系列不同方式的观演空间。码头的剧场表演，圆形剧场中的室外表演，屋顶表演仰视观看，室内半室外的自由集聚围观空间，切片状功能盒子中的小表演偷窥，两个不同剧场间听见欢呼而看不到表演的遐想，室内贯穿上下空间中的视线交流，为武术杂技的训练学习提供了更多种的可能性。

城市的公园

起伏的建筑立面成为城市中的山形风景，同时也是市民休闲的活性空间。多样的活动与可能，给运河畔创造了一份热闹，给城市带来了一份礼物。结合湖面景观，对湖面环境进行治理和景观提升改造。

2014—2015 | 大运河2050 文化驿站 | 047

东立面图

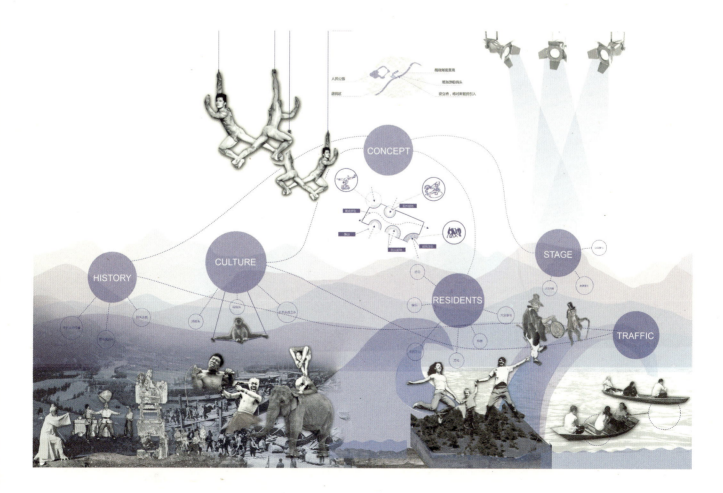

一层平面图

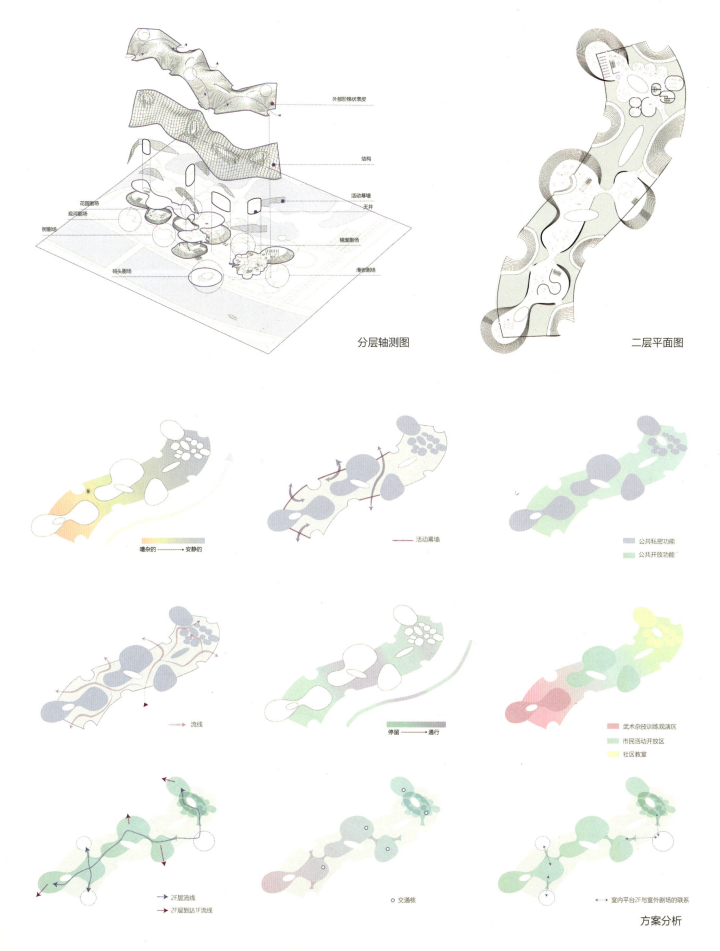

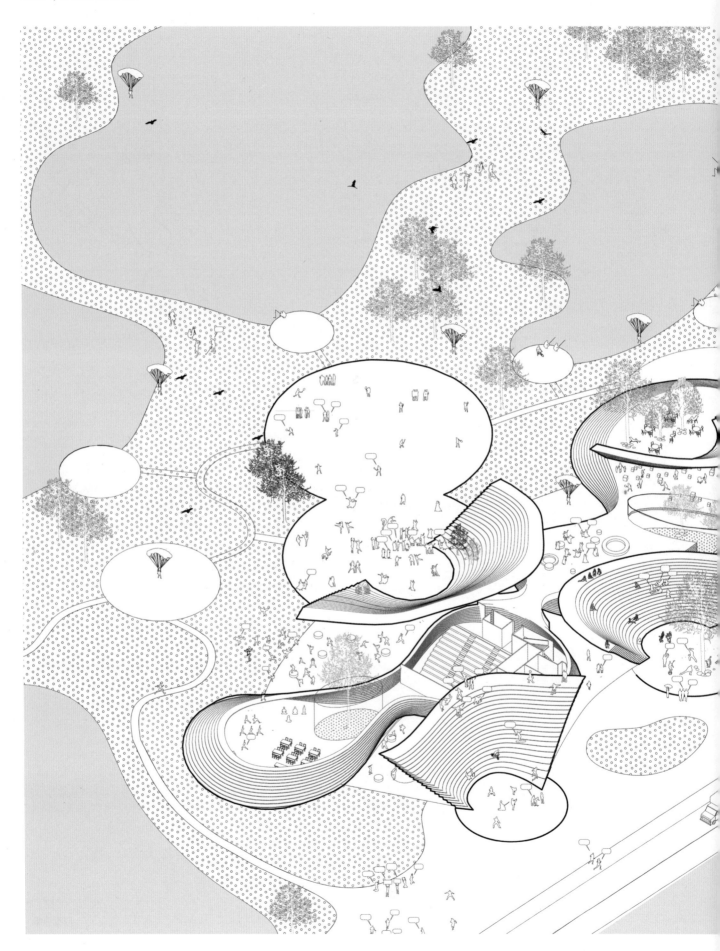

轴测图

052 | 大运河 2050

剖面图

剖面图

教师点评

陈凌：这是一个极具艺术感的、大胆的、极端激进的设计，整体规划和设计把整个码头文化重新激活，使老百姓的、草根和底层的文化与运河产生一定的关联，所以这位同学提供了一个城市舞台，用一个非常简单的形式，拉起一个地形，里面有空间穿插和功能交融等，这是一个很棒的概念。

庄熙平：与前两位同学从城市或社区角度入手不同，这位同学是从产业和文化切入设计。根据她的描述，沧州的这一段运河像是被抛弃、被遗忘了，那么，它可能不是一个都市的"前厅"，而是都市的"后院"，有的河流可以与城市结合得很好，比如巴黎的塞纳河、伦敦的泰晤士河，但有的城市把河流作为内向的自己的"后院"，用企业的讲法，这里是研发中心，是研发城市未来软实力的地方。当然，这可能会颠覆之前的想法，因为这很可能不是一个基地，而是沿着整条河，成为沧州最值得对外骄傲的地方。市民的生活紧紧与研发中心结合，同时市民又有着多重身份——既是这里的总经理和研发人员，也是这里的客户、销售。一个城市的居民因这条河，因这个产业的定位，产生了多重的联系。当与一个场域可以有多重联结的时候，这个场域的意义就增大了，就找到了回家的感觉。

大运河 2050
城市起搏器

📍 山东济宁　孟丹

基地分析

环境调研

济宁市内水网密布，改革开放以后，城内古运河多体现城市滨水功能，不再通航，状态良好。而在新的发展背景下，梁济运河，即新运河，只是单纯发挥了"运"的功能，在整个济宁经济发展西移的情况下与古运河滨水割裂，两河交汇口处河道堵塞，缺乏必要的滨水功能和公共活动区域。

通过实地考察调研，设计者发现了古运河与新运河交汇处的一些问题。首先，河段处于废弃状态；其次，新运河只发挥了经济职能，而缺乏社会文化职能；再次，滨水特色城市景观匮乏，运河历史文化蕴含缺失，济宁作为具有一定历史文化发展优势的城市，济宁的地域文化特色没有得到有效传承和进一步挖掘，滨河城市特色逐步丧失；最后，现状河道两岸是农田和煤石场，空间利用单一，基本没有滨水步行系统，滨水交通体系与滨河两岸缺乏有效的联系，缺少通道进入。

纵观整个济宁滨水，其区位环境问题亟待解决。

基地选址分析

济宁古运河和新运河交汇口处地段处于废弃阶段，作为重要的滨水文化节点之一，与其他著名的文化节点发展脱节断裂。

地段存在的急需解决的问题有：

1. 公路割裂新老运河，新运河与旧运河完全独立，该地段古运河荒废。
2. 新运河水量充沛，航运通畅，但运河滨水文化没有得到良好的传承和发掘。
3. 新运河缺少公共活动空间，缺失步行系统。
4. 环境绿化呈现严重的退化缺失问题，由于河道的常年堵塞，堆满垃圾，污染严重。

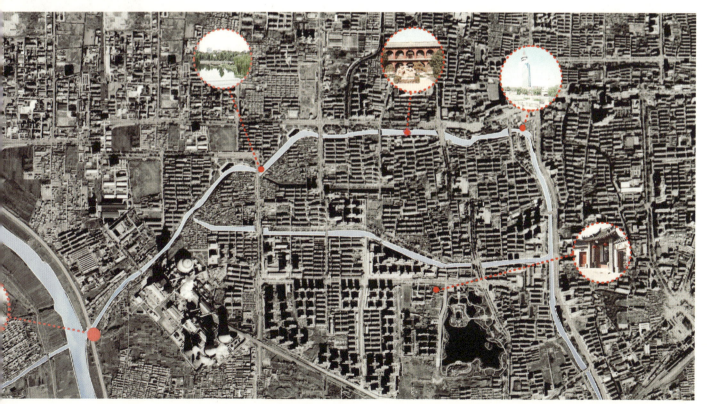

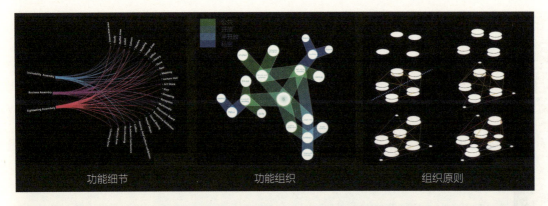

功能细节　　　　　　功能组织　　　　　　组织原则

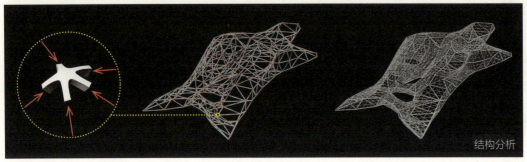

结构分析

方案介绍

功能的空间演变

针对场地的萧条和荒废现状，设计通过从三种功能性质的"聚集"出发——学习、商业、游览，进行景观建筑设计规划，提供公共活动场所，激活该地段，唤醒运河文化，从而使该地段恢复健康活力，继而顺应整个济宁运河滨水发展的需要。

建筑功能、流线及结构分析

设计从功能出发，确定从最贴近人群的三种功能性质出发，并将这三种功能细化，三者功能的界限本身存在模糊性和局部的相通，所以重复性多的功能证明功能上的消隐和开放性高，而重复性低的功能则证明功能的特殊性和独立性，需具备单独的流线和通道。将功能区块整合得到三组功能区块，即商业、学习、游览。

1. 商业性聚集目的：植入文化展厅以及商业演出场地，增加娱乐功能，引入人流。

2. 学习性聚集目的：提供历史文化展区，增加文化报告、办公、学习及阅览图书等功能，唤醒运河文化。

3. 游览性聚集目的：提供景观平台，内外流动贯通，人的行为围绕河道展开，实现人能全方位观运河，感受运河，触摸运河。

建筑结构上采用折板式网壳构成建筑外形，铸钢节点作为折板间的对接节点，在空中实现多项立体式对接，从而构筑整个空间网壳。

总平面图

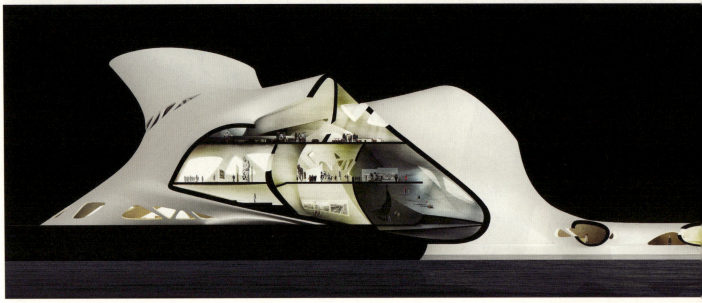

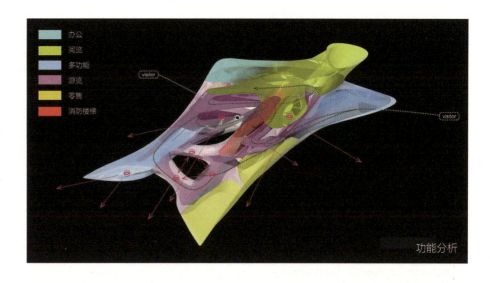

功能分析

建筑面积：9787.5平方米
建筑用地：5225平方米
容积率：1.8
绿地率：47%

一层平面图

剖面图

从三种功能流线出发组织流动空间

　　设计用一条粉红色的折线形景观带将建筑和周围的场地建立起视线和路径上的联系，在建筑和铁路之间形成一个三段式广场，分别是伫立着港口标志性雕塑的小广场，空间开阔并且可以满足各种大型室外活动的景观广场，还有建筑的中庭——围绕着一个水舞台，可供休息和游览的区域。

　　建筑的环绕式流线将运河上停泊的渔船、壮观的运输船队、中庭的水舞台和港口遗留的工业时代元素展示给参观者。同时，辅助的向心性路径形成丰富、曲折婉转的空间层次，增强建筑内部空间的可游览性。而四个核心筒既起到支撑的作用，又提供垂直交通。

　　建筑总面积不到10000平方米，横跨古运河两岸，实现上通城市交通，下满足人群滨水活动。人们可以通过不同的交通方式、不同的视角和界面全方位地观运河，感受运河，触摸运河。建筑外部采用人车分流，人群有独自的游览路线到达建筑入口，通向游览空间，内外依靠游览空间联系，实现建筑内外的无边界。人群可以直接从建筑达到河道并直达外部，来往的车辆也可以看到河道两岸的人群活动。

　　人们从外部进入建筑内部，内部采用流动性的三维曲面壳包裹建筑功能空间，流动性的曲面墙和不规则的三角矩阵窗本身就具有极强的外在形式感，内外空间协调一致的韵律变化其本身就具有对人流吸引的作用。

异形空间与文化功能结合对场地带来的激活脉冲

建筑并非简单的利用形式,形式也本不应该简单地成为塑造空间的工具,不应简单地与功能进行加法,而更多的是内化形式与功能紧密结合,在使用功能时形成异同于平时的空间体验,更加关注人对于空间的感受和划分,通过人的行为,将空间划分成不同的具有模糊界限的空间,空间之间彼此联系,又各自独立。将开放性程度更低的场所给予更具围合性质的空间,旋转延伸的曲面墙体不仅仅是视线上的引导,更带来多维的空间感受,对于感受有新的刺激作用。

并非形式缺乏力度,曲面墙上的三角窗同样有着对视线的引导和划分作用,分而不割的感觉更具有流动性,空间中的异形筒墙通过形式直接规范人的行为,达到一种行为上的内在"自觉"。分配上,同时将相对私密的学习、办公和阅览空间垂直提升,置于较高的层高,给予它们足够的私密区位。利用交通流线的曲折来控制其功能区位,但并不影响其功能的开放程度,将展览空间置于流动的二层区域,展区分为常设展区和主题展区,二层区域与一层大厅存在视线和流线上的直接关联,不仅人群可以第一时间明晰不同展区的区位,可以快速抵达,并且空间的流动性更适宜游客在行走中观展和感受运河,首层平面入口空间采用巨大的通高空间,入口较为流动的区域,既是接待停留之处,同时也是临时展区,实现空间功能的开放性使用。运河历史文化展区将地下游览空间和首层相连,实现在收获运河文化的同时缓慢达到运河,从而从不同的角度实现对运河的感知。

结合场地水文环境自然生成

建筑外在形式和内在空间源于水文环境影响下的功能需求,河岸的南岸考虑到地转偏向力影响下河水对于南岸的侵蚀,因此建筑形体整体贴合北岸,南岸则筑土顶起建筑墙体,使建筑本体有生长于河道两岸的状态,人群在游览平台上可以看到车流穿流于自己的上方,下方则是古运河河道,人群可以活动在河道两岸,真正做到触摸古运河,观新运河,感受城市交通,场地的激活不在于地段发展状态,而在于人的行为真正地源于场地,并在场地有切合的发展,人的文化行为围绕立体式交通流线展开本身就是对于场地的激活,同时发生更深层次的行为活动,使得行为源于场地,达到建筑到场地由内及外,场地到建筑由外及内的双向行为脉冲。

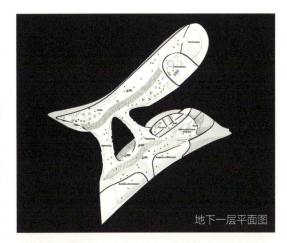
地下一层平面图

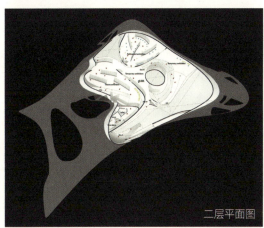
二层平面图

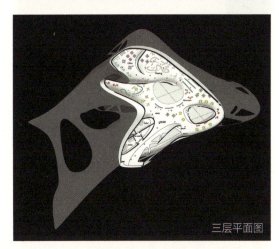
三层平面图

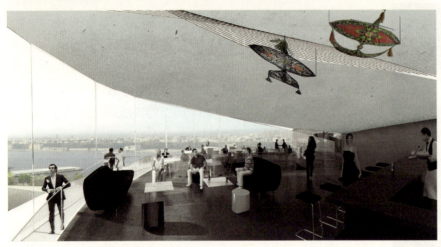

教师点评

庄雅典：这个方案的空间本身是一个流动空间，人怎样走进来，怎样走到运河旁边，开车进来的感觉等，都是可以强调的重点。另外，建筑是桥，桥又是建筑，连接南北。"桥"这个元素本身意义就很大，这个元素到了现在的工程技术，到了现在的社会，有没有可能发生改变？

庄熙平：古运河与新运河的疏通与连接，那么为什么要接在一起，接起来之后是什么，可能成为济宁新的动力和新的起点。全世界到处都是河边快速道路，但它们把河岸与都市隔断了，能否在河岸交口的地方提出一个新的模式，对全世界的城市提出了建议。当河流连续性地到达一个很重要的节点，河东河西与河对岸，交通突然之间可以借由方案中这种形式翻转起来，翻转到对岸，或者翻转到内地，这时，这种形式上的解决方案就突然变得拥有革命性的力量。

车飞：我提一个更高要求的建议，方案最终非常有流动感的空间形态的生成是源于怎样的逻辑？比如形式与动线的关系、视觉形态的逻辑、方案中的窗口与各个轴线之间的穿插等，这最终涉及一个信仰问题，比如扎哈相信形式就是内容、就是实质，她用形式来塑造一切，所以她的设计特别有力量。如果这位同学相信形式的力量，可以在这方面做得更加极致。

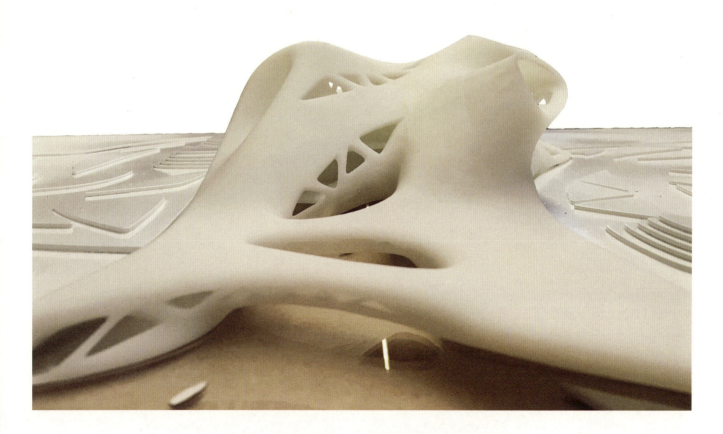

大运河 2050
万寨港文化中心

📍 江苏徐州　苏小芮

基地分析

社会环境调研

徐州市境内水网密布，京杭大运河傍城而过，古为兵家必争之地，五省通衢，今仍为我国内河航运的黄金水道。

通过两次实地考察调研，设计者发现了大运河徐州段的一些问题。首先，徐州市对于运河的利用偏重于运输生产，运河只发挥了经济职能，而缺乏社会职能；其次，运河沿岸文化遗存已遭到不同程度的破坏，部分旅游景点已是开发补救后残散、虚假的状态，由于沿岸密布大小工业港口，滨水区域的开放性差，市民与运河没有互动，生态环境也令人担忧。

基地选址分析

徐州万寨港位于鼓楼区老工业区的东南部，有"京杭运河第一港"之称，是国家煤炭资源的重要储备地和运输口岸。

万寨港的现存问题主要有：交通便于货物运输，但人的可到达性差；缺少社会职能，对运河的文化资源利用不足；工业污染严重；服务对象单一，经营模式传统等。针对这些问题，设计者希望能通过综合规划和建筑的介入，重新界定港口、城区与运河的关系，有效利用区位优势和产业条件，丰富区域空间层次，激发滨水区的活力，改善港口环境，提升城市功能。

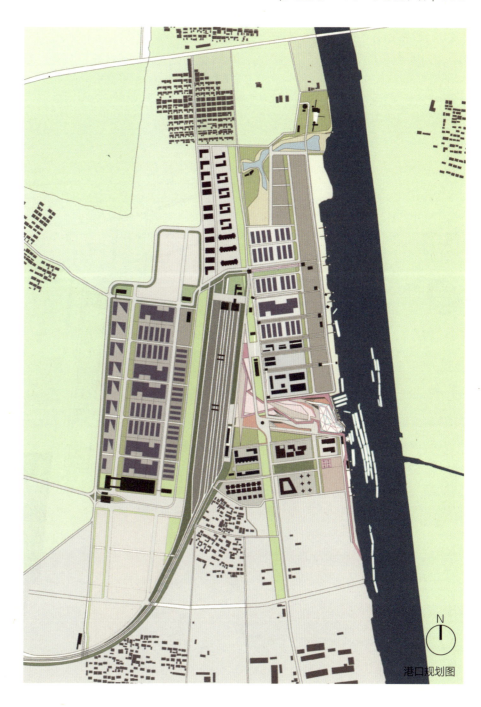

港口规划图

方案介绍

港口规划

　　根据徐州市官方的城市规划理念和万寨港的功能分布现状，首先对万寨港做了一个示意性的大致规划。规划的概念除了整合总体的功能布局以外，主要强调公共区域的开发。把原有的一条城区通往工业区的公共道路延伸向港口内部，与东西方向上连接港内铁路及运河的一条道路在港口内"京杭运河第一港"雕塑广场的位置交叉并放大，形成公共活动的场所，并在雕塑广场东侧的滨水区域植入文化中心。

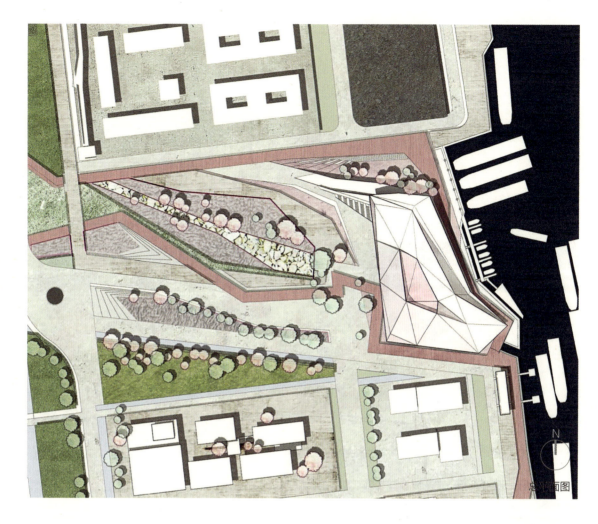

总平面图

一层平面图

建筑如何介入场地

设计通过文化中心将运河、港口和城市连接起来，主要服务于三个方向的人群：运河上过往的船民、港口内部的员工和客人，还有从城市中心方向来的居民和游客。文化中心首先要向人们展示滨水景观、运河文化和万寨港园区，同时，把不同区域、不同阶层、不同文化背景的人聚集到这一区域，促进人、货物、信息之间的交换交流，还原并发展古老运河在历史上最原始和根本的作用。

增强可到达性和可游览性

设计用一条粉红色的折线形景观带将建筑和周围的场地建立视线和路径上的联系，在建筑和铁路之间形成一个三段式的广场，分别是伫立着港口标志性雕塑的小广场、空间开阔并且可以满足各种大型室外活动的景观广场，还有建筑的中庭——围绕着一个水舞台，可供休息和游览的区域。

建筑的环绕式流线将运河上停泊的渔船、壮观的运输船队、中庭的水舞台和港口遗留的工业时代元素展示给参观者。同时，辅助的向心性路径形成丰富、曲折婉转的空间层次，增强建筑内部空间的可游览性。而四个核心筒既起到支撑的作用，又提供了垂直交通。

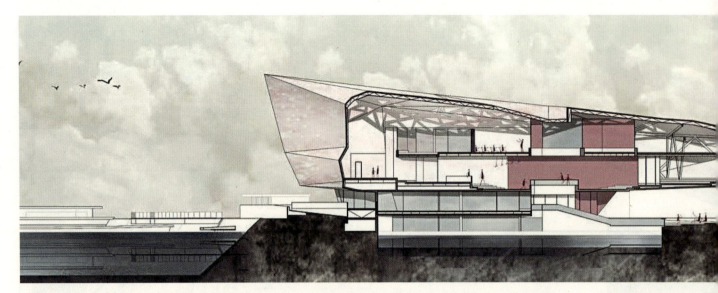

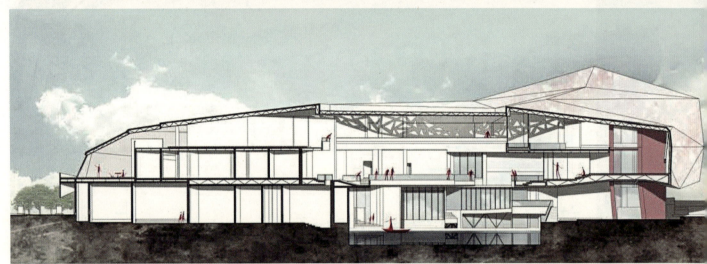

中庭水舞台的作用

建筑总面积不到8000平方米，一个悬挑结构和由京杭运河引入的水池形成了聚集人群的空间，春秋季可避风躲雨，夏季可乘凉戏水，在一些特殊的节日和纪念性的日子还可以组织活动和表演。在水池上方，环绕的廊道层层叠叠，既可作为水上舞台的一部分，又可作为看台。庭院和水池控制建筑内部的整体氛围。

人们进入建筑内部，首先映入眼帘的是形状不规则的水池和围绕它的小的休闲展览空间，尺度宜人。而中庭水池凝聚围合的特质和运河流通运输的特质形成对比和节奏，在两者之间共同营造的室内外空间之中穿梭游览，促进来自不同生活环境的人们相互交流沟通，体验不同的生活方式。

船民的驿站，港口的休闲和服务大厅，市民的文化体验中心

徐州市中心区域内并没有像一些其他运河沿岸城市那样沿河设立运河博物馆等文化建筑，文化中心将作为一个文化驿站，把过往的船队、船民及他们的生活等这些"活"的运河文化，引入建筑、港口和城市，在为前来参观的人们展示他们自由而艰苦的生活方式的同时，也为船民提供一些服务，使他们的水上生活更加舒适。在跨省的长途水路运输中，小小的建筑成为船民们舒适的服务站，他们可以在此稍事休息，给船加油、加气、充电，购置生活必需品，还可上网、喝茶、观展和阅读。

剖面图

二层平面图

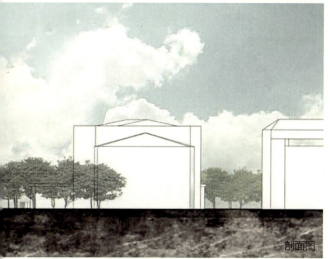
剖面图

三层平面图

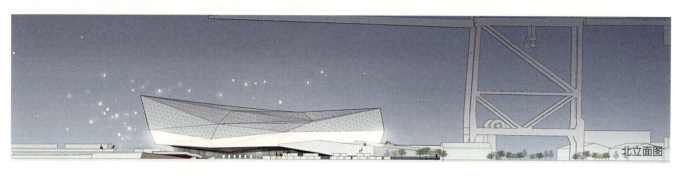
北立面图

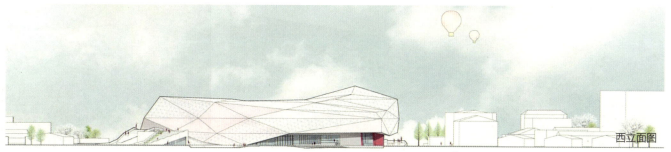
西立面图

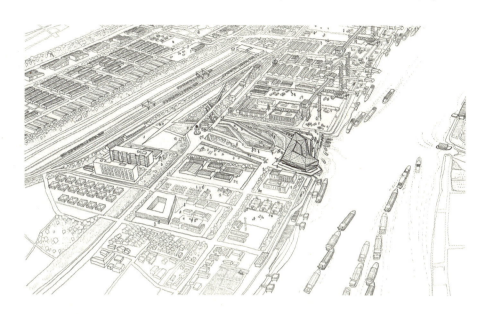

　　对于港口内部的工作人员来说，文化中心也为他们提供了一个集创意办公、会议洽谈和放松身心于一体的场所。对于市民或者游客来说，文化中心是假日周末的好去处，年轻人和艺术家可以观展、观影、畅谈，体验文化，老年人可以去河边散步，在广场锻炼身体，在文化中心喝茶、读报，跟船民们交谈、下棋。三种人群有各自独立的流线系统，也有相互交织的部分，设计并不把人的行为用单一的流线框住，而是通过向心性的空间穿插和多组垂直空间系统来灵活配合人的复杂行为。

　　建筑设有三个主要入口。办公空间相对独立封闭，不受干扰，但与公共空间由休闲咖啡吧连接，形成相对自由的创意办公区，有助于休息放松、转换思路、提高工作效率。

　　建筑首层船民的使用空间功能性较强，从运河方向的主入口进入建筑，首先来到一个开敞的信息大厅，船民可以找到所需的航运、物价等方面的信息，同时也是咨询办公的等候大厅，有办公需要的船民可以在这个空间里休息等候；进入二层是互动区和儿童娱乐区，在这里船民的孩子可以与城市里的孩子一起玩耍；三层是阅读和展览空间，船民和市民可以一起学习、进修、观展。

工业区的痕迹与新植入的建筑的交织

　　由于上游顺堤河作业区的投入使用，市政规划和煤炭市场的观望状态，万寨港不得不面临转型，由重工业港口脱胎成花园式综合物流园区，建立城市与运河新的关系。

　　为了纪念工业时期，万寨港曾经作为国家煤炭重要储备基地和国家级工业港口，方案保留了部分工业设备和一些工业时代元素，作为港口参观，运河文化旅游的重要节点。但建筑本身并不刻意迎合万寨港作为煤炭港口的场地特征，而是反其道而行，整个建筑外形轻盈明亮而有力，与现状形成鲜明对比。

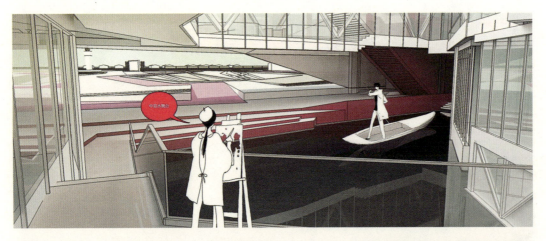

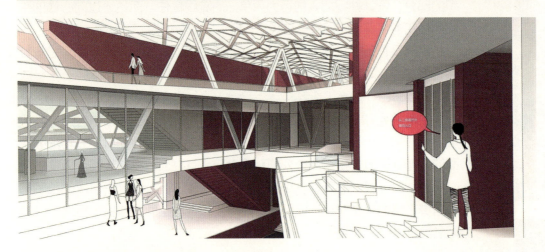
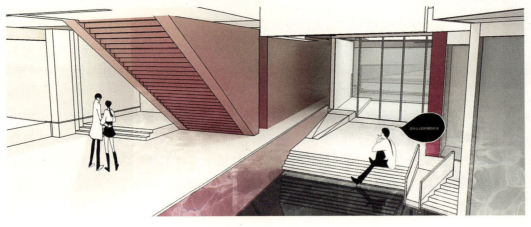

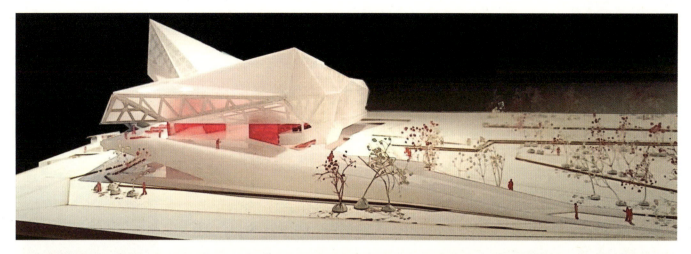

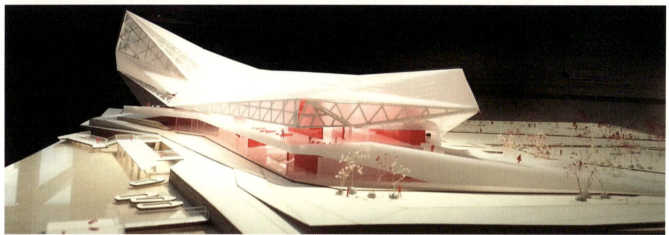

教师点评

韩涛：这个方案跟前一位同学的方案有些契合之处，都是共同面对与基础设施、与城市生活有关的问题，都需要人群，基地都与周围城市及居民有一段适当的距离。在这种前提下，功能方面都需要交通的基础设施作为日常的支撑，带来日常生活以及人群的丰富性和复杂性。其他功能就有可能被交通和文化相互糅合，这样一来，它就不是一个奇观性的终点，反而具有辐射作用。苏小芮的基地更多的是面临生产中的景观，比如钢厂的工作等，是更多的与日常生活息息相关的场景。她在其中分析了许多不同的使用场景，比如运河上的工作场景，也有历史记忆，也有船民和市民，他们的相互交织所形成的关系是她方案汇报的重点。建筑的整体感觉很恰当，当然现在看来屋顶的平台和使用方式，几个不同方向打开的可能性以及特殊性的使用方面，可能还有继续挖掘的潜力。

陈凌：这个设计尤其体现了美术学院学生的美术基本功底的深厚，包括整体形态的把握和最终成果的呈现等。那张手绘效果图真的很漂亮，像桃花源记一样，但如果这个建筑真的盖起来，真正把它们裹在一起的时候，人们会不会像我们设想的那样去使用这个建筑，也许可以把它做得更简单、更自然。这位同学当然可以继续在建筑上进行发挥，让城市更加深入人心，但我想带给她对未来的设计工作的一个思考，如何让空间与人们日常慢行的尺度结合起来，以及实际创作在实际生活中如何得到更好的利用。

大运河 2050
河下镇传统手工艺体验馆
📍 江苏淮安　赵俊豪

基地分析

京杭大运河南起余杭（今杭州），北到涿郡（今北京），途经今浙江、江苏、山东、河北四省及天津、北京两市，贯通海河、黄河、淮河、长江、钱塘江五大水系，全长约1797公里。运河对中国南北地区之间的经济、文化发展与交流，特别是对沿线地区工农业经济的发展起到了巨大作用。

淮安，别称淮阴，历史上与扬州、苏州、杭州并称运河上的"四大都市"，而作为南北通衢的运河之都，号称漕运枢纽、盐运要冲之地的淮安，更是鼎甲一方的富庶之地，有"中国运河之都"的美誉。

在城市建设环节中，淮安市着重打造"运河之都"品牌，建设了一系列大运河风光带、中州公园等游园绿地。环境的发展同时促进了地方经济文化发展，使淮安成为一个独具运河特色的自然生态、最佳人居的城市。在风光旅游环节，大运河的里运河沿线具有典型的苏北水乡古镇风貌，沿河景观优美，有各级文物保护单位若干，以及具有地方特色的众多民居古

建筑。运河还串联了码头古镇、清江城、河下古镇、楚州古城,见证了淮安的历史变迁。现政府正以里运河为纽带着力打造"古运河文化长廊"旅游开发线路。

河下古镇位于江苏省淮安市淮安区西北隅,古邗沟入淮河的古末口,曾名为北辰镇,是淮安历史文化名城的核心保护区之一。明清时期,河下是淮北盐集散地,淮北盐运分司曾设在这里,并有很多盐商在这里业盐。同时,由于清江督造船厂设于附近,河下还是漕船零部件配套加工基地。

因运河而兴,因运河而衰。河下古镇鼎盛时有"扬州千载繁华景,移至西湖嘴上头"之美誉。运河经济时代的中国,淮安与扬州、苏州、杭州成为都市繁华的典范,并称"淮扬苏杭"。作为南船北马的交通枢纽,淮安鼎盛一时。

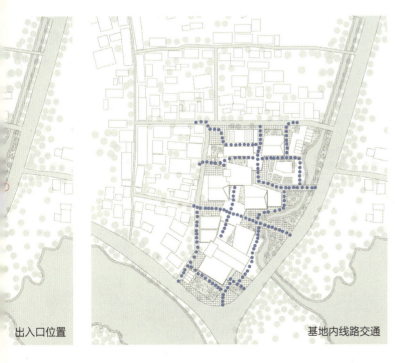

出入口位置　　　　　　　　　　基地内线路交通　　　　　　　　　空间功能分区

基地位置在里运河畔的河下古镇旁边，城河街与里运河北路交叉口，右靠萧湖景区韩信钓鱼台旧址。不远范围内还有吴承恩故居、周恩来纪念馆、漕运总督府等一系列景区。

宏观方面，基地位于未来城市规划的带状中心附近，有发展潜力，同时也位于"古运河文化长廊"，位于"古城-河下古镇-文化旅游中心"这一旅游开发线路上的文化旅游集聚区，具有很好的文化建设背景。

古镇周边景区分布相对密集，而且吸引力较大，比较容易形成片状文化旅游聚集地。古镇现状建筑街道格局、生活习俗传承等保护良好，具有比较高的保护开发价值。基地位于古镇老街与里运河的交叉口，选址在这里具有延续古镇文化传统，又相对地与现在城市发展相结合的设计考虑。

当下时代飞速发展，我们应思考京杭大运河作为一个曾经辉煌过的水利运输要道在如今的城市建设发展当中应该起到什么样的作用，河下镇作为运河畔曾经繁荣的盐商重镇在现代发展背景下该如何宣传发扬传统的历史文化知识，让更多的年轻人能够了解并接触到这一段辉煌的历史。如何振兴大运河，挖掘更多有价值的新元素，让运河在未来的城市发展中拥有至关重要的文化、生态、旅游价值，显得尤为重要。

开发过程中的问题也在逐渐暴露，其中主要问题有几点。首先是运河风光带建成以后利用率不高，不能有效地吸引市民前来休闲娱乐，而且缺乏政府的养护修缮，尤其以闸口至清隆桥里运河南岸一段较为严重，已基本荒废，周边市民占用绿地种植作物，水上栈道年久失修。

今天，河下古街保持着清代建筑风貌，且深深打上运河文化的烙印，如古运河的石工头；有与造船有关的钉铁巷、打铜巷、竹巷、摇绳巷、风

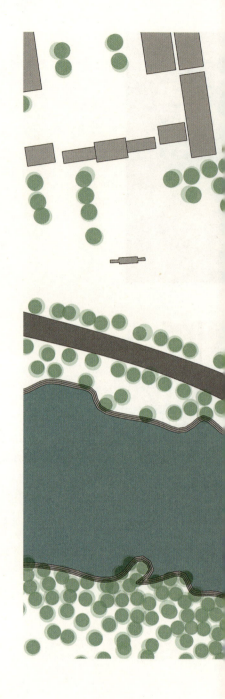

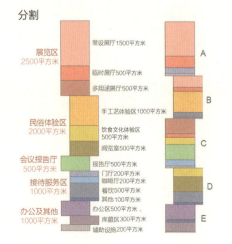

分割

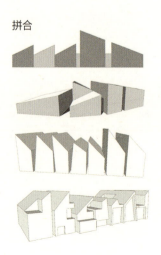

拼合

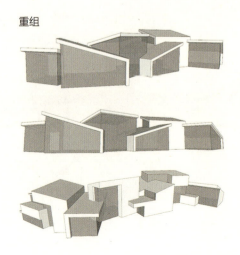

重组

总平面图

打散

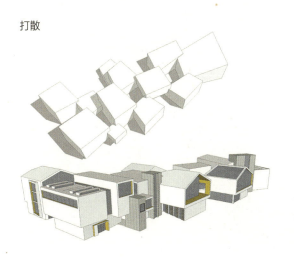

箱巷等；河下还有纪念大将韩信和漂母的韩侯钓台、漂母祠，有纪念汉赋大家枚乘的枚亭，有脍炙人口的《西游记》作者吴承恩的故居和猴王世家艺术馆、清道光副宰相汪廷珍故居、清末抗日英雄左宝贵墓、清末船政大臣裴荫森故居，还有见证当年商业繁华的古江宁会馆。

这些遗存均为市级文保单位。明朝还在这里创办了全国最大的内河漕船厂——清江督造船厂，造船场地沿清江浦河南岸排开，从淮安板闸到韩城，连绵20余里，各色工匠牙商成年累月在此劳作、经营。

084 | 大运河 2050

方案介绍

建筑的初步设计概念是以运河文化以及手工艺文化为主题，设计一个让市民能切身参与其中的运河手工艺文化体验馆。在传统博物馆基础上增加既现代化，又新颖活泼、形象生动、好玩有趣的功能。不仅仅停留在实物展示，而是利用建筑空间的体验、与周围运河景观的互动等个性化方法做出一个能吸引更多人参与其中、接受文化教育学习的体验馆。建筑的主要功能设计为临时展览区、民俗手工艺体验区、传统工艺教室、淮剧展演区、接待服务区、办公及其他区域，面积总计约7000平方米。

建筑设计体量以小体量的组合穿插为主，设计风格既能与古镇传统建筑布局、街道肌理相融合，又能适应现代城市规划与未来城市发展的需要。基地西北端靠近河下古街附近，周边以传统民居建筑为主，大多一至两层，体量较小。设计方案在靠近西北方向，体量切合基地周边的需求，也以小体块打散重新解构为主，能起到有效地与周边建筑环境相结合的功效。基地靠近东南方向地势较为开阔，与运河及萧湖公园毗邻，故建筑体量较为放松，与西北小体量分散构筑形成对比趋势。这样渐变的体量布置也在一定程度上表达了由古镇小体量建筑规模向城市大体量建筑规模这样的过渡过程，同时也起到城市与古镇的环境、肌理缓和的实际作用。

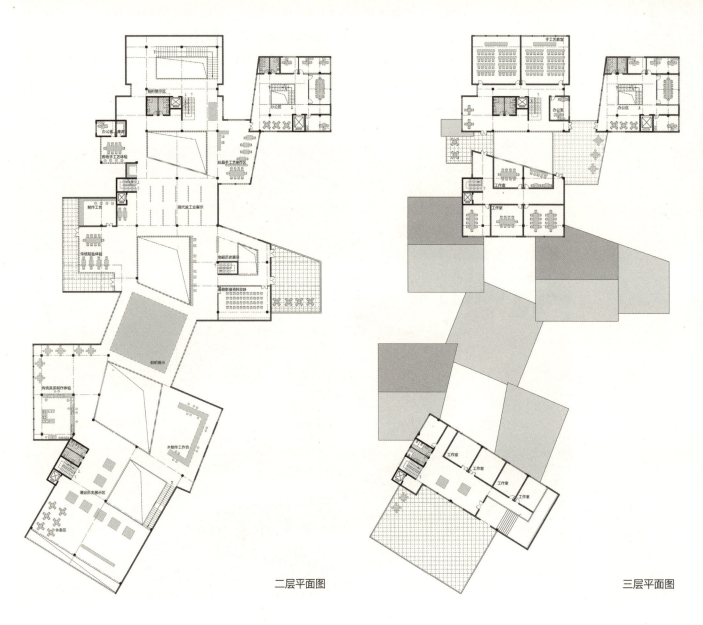

二层平面图　　　　　三层平面图

A-A剖面图

建筑平面布置贴合基地的实际情况，进行了合理分工，具体分为公共服务、手工艺体验、开放工作室、办公后勤四个部分。

公共服务部分主要在建筑一层以及南端靠近运河方向，主人流入口在南北两侧分布，南侧主入口临近运河及主要道路，北侧主入口临近古镇主要街道游客密集区域。基地中间部分一条东西向商业道路穿行而过，街道北侧布置的是为当地居民提供便利的图书资料室以及戏剧演练场地，右侧则延续商业小吃街设置了餐饮咖啡等服务功能。手工艺体验部分主要将河下古镇传承较好的制盐加工、船舶制造、剪纸手札、传统美食、地方戏剧等几个特色非物质文化项目进行整合，把体验区域分布在整个建筑的二层区域。

其中，传统美食加工体验布置在建筑西侧，毗邻古镇小吃商业街。地方戏剧展演区域在基地东侧，临近古城河，与一层室外小剧场遥相呼应。船舶制造体验区域在建筑南侧，游客可以观望运河船只通航，达到参观与体验并行的效果。开放工作室布置在建筑局部三层位置，办公区域在基地东北侧单独布置，相对较"静"，使其与展览馆其他地方的"动"区块划分出距离，同时又考虑到了使用的便捷与两者间的紧密联系，方便到达和使用。

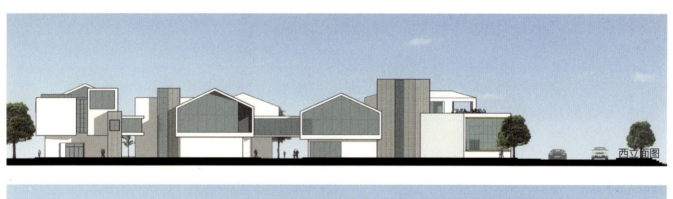
西立面图

东立面图

北立面图

南立面图

教师点评

庄熙平：我觉得你的心思非常细密，利用你的心思细密可以有两种思路，首先变成小量体，来符合原来的都市尺度，另外我特别喜欢你把它变成"博物馆"。你刚刚提到现在很多的博物馆都是物件堆积的博物馆，它讲的故事不精彩。现在更多地强调"社区的博物馆"，或"活的博物馆"，展示的可能不是一个"物件"，而是一个"事件"，甚至包括了利用高科技的互动媒体等。如果从这个角度来看，做博物馆的意义与细化量体相比，更加契合大运河的意义与主题，所以碎化这件事情就可能不那么重要了。如果谈博物馆，假如我今天沿着大运河走到了淮安这一段，我是不是要在这里做一个像万宝盒那样的建筑，把淮安所有的特色都囊括在这里小尺度的空间里？其实不一定，在这样一个比较小尺度的地方，什么与它可以有比较好的衔接？比如，在这里是一个活生生的淮安菜的博物馆，大家可以在下面品味菜肴，下面与社区在一起，在生活的背景里面出现；在上面，你可以强调这些菜肴是怎么来的，比如它们涉及盐、文化、商业，以及人们的日常生活和附近的私家园林，甚至附近的工业，你可以将淮安的特色，透过"菜"这个主轴，慢慢地引申和呈现出这些小而精美的东西。按照这种思路，你会做出不同寻常的设计。

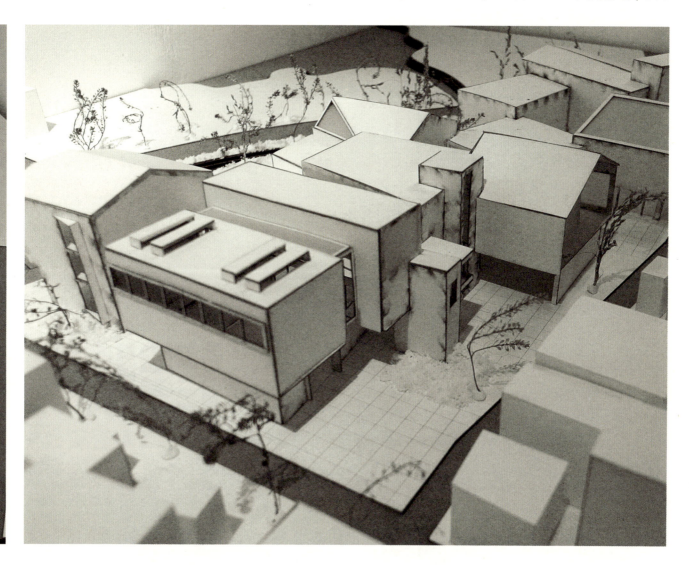

大运河 2050
水·经·筑 —— 扬州水工博物馆

江苏扬州　金戈

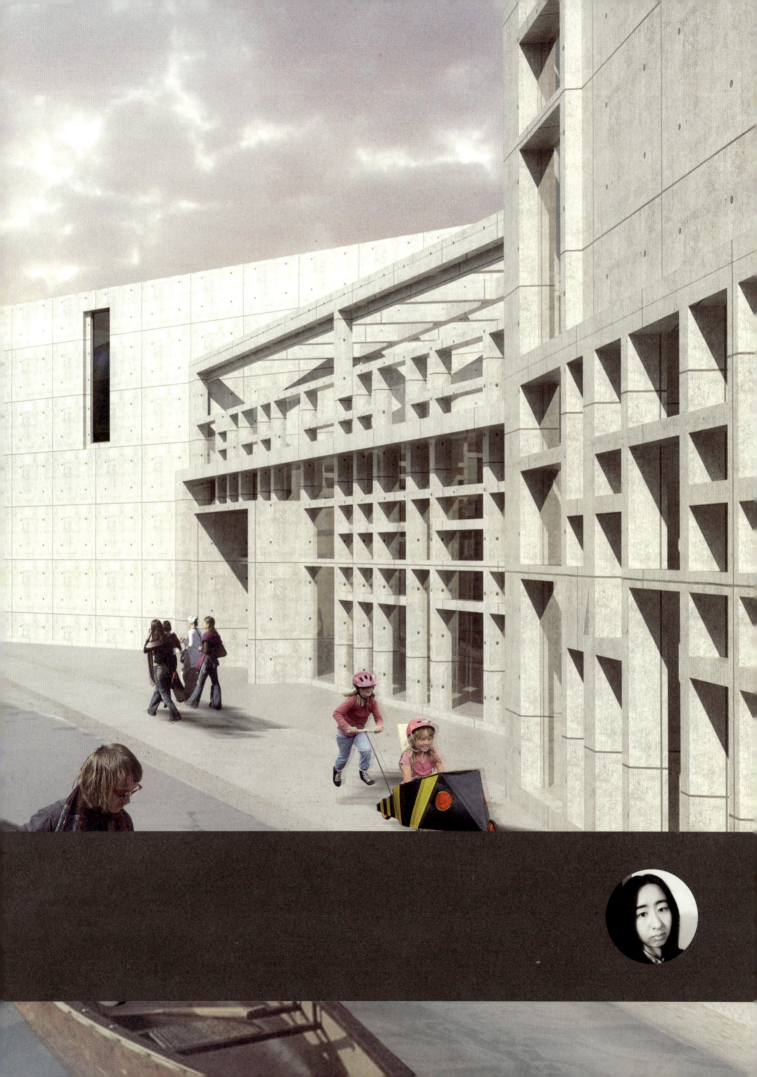

基地分析

基地区位及当地规划

大运河最早在扬州开凿,扬州是大运河上最重要的城市节点之一,又处在长江与大运河的交汇处,是名副其实的大运河第一城。邵伯镇地处江苏省扬州市江都区。早在宋代之前,就沿运河设市里,成为运河古镇之一,到清乾隆年间已是万家灯火、商旅如织的重要商埠。

产业园区所在的邵伯镇,至今已有1600多年历史,是扬州市首家中国历史文化名镇。区内现存一条苏中地区保存最完整的条石古街,有各级文物保护单位40余处,其中邵伯码头、邵伯古堤、明清运河故道、大运河淮扬主线邵伯段是大运河的遗产点。

邵伯人文底蕴深厚,历代文人墨客苏轼、秦观、颜真卿、文天祥、朱自清等曾在此徜徉,留下了许多脍炙人口的诗篇。同时还拥有国家级非物质文化遗产"锣鼓小牌子",省级非物质文化遗产"露筋娘娘的传说""邵伯秧号子"。民歌《拔根芦柴花》《撒趟子撩在外》唱响世界。邵伯也是省餐饮名镇,特色美食有龙虾、香肠、老鹅、湖鲜、绿菱、生态鸡、绿壳蛋等。

总平面图

基地与周围关系及存在的问题

基地是一个三面环河的半岛，周围既有大运河遗产点邵伯码头、古堤、明清运河故道，又有各个年代的水利工程，同时还有新规划的运河文化公园、商业街等。它是连接古镇与新规划园区的重要节点。

基地的现状存在很大问题。基地上目前有一个废弃的玩具厂房和几户居民，有一些临时私搭建筑，环境脏乱，并且其功能也不能与周围的旅游文化区域相互融合。这块半岛也阻隔了南北水域的通航，使运河沿岸不能形成连贯的水上旅游线路，影响今后的运河沿线发展。

094 | 大运河 2050

一层平面图

A-A剖面图

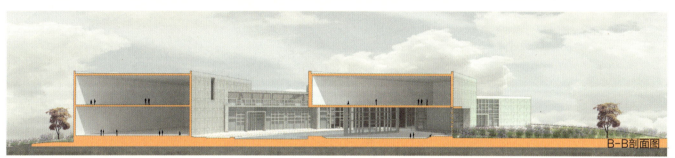

B-B剖面图

二层平面图

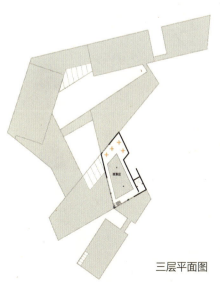

三层平面图

方案介绍

"水·经·筑"即"水工，经历，建筑"，本设计意在水利工程的经历与体验。不同于以往的博物馆，这座博物馆不只是单纯意义上的展示空间，更多的是加入互动体验空间。设计将河流引入基地，增加了建筑的亲水空间，将建筑内外水域形成高度差，通过建筑两端的船闸进行控制。游客可以在建筑中体验自驾船只通过船闸的感受。本设计希望给人们展示的不仅仅是水利工程，更希望还原运河周围的人们利用运河的特色生活方式。博物馆中还添加了一些其他娱乐功能，如水上剧场、船只租赁、餐厅等。本地居民可以在博物馆中进行一些日常生活娱乐，外地游客则可以通过此建筑体验当地的水文化生活。建筑中的每一位参与者都是博物馆的"展品"，他们会随着时间、事件的变化而变化。

由于基地位于明清大运河故道旁，周围完好地保存了各个年代的水利工程，包括明清时期的古堤码头、民国时期的节制闸、现在使用的邵伯船闸、南水北调工程高水河段。所以，希望在基地建造一座文化性建筑水工博物馆，使它作为连接古镇风貌区与新水运博览园的重要节点，同时也作为邵伯的文化会客厅，进而带动古镇运河文化的发展，成为运河水上游览线上的一个重要节点。为了使运河水上游览带更加连贯，因而打通南塘河，将基地由一个半岛转变成四面环河的岛屿。

垂直交通

展区
办公空间
室外空间兼展览
公共活动空间
其他功能空间

轴测图

建筑总面积10800平方米，它主要分为四个展厅空间、办公空间及其他功能空间。四个展厅空间按照年代划分，依次分布在引入的河流两岸；其他功能空间穿插在四个展厅之间，包括咖啡厅、水上剧场、书店、多功能厅、公共活动空间、观景平台、船只租赁。同时，部分空间为室外，这样游客在游览过程中是室内室外交互的，增加了游览的趣味性。这些功能一部分服务于外地游客，一部分又可服务于当地居民。

建筑分为一个主入口、三个次入口、员工入口、货运入口及独立的多功能厅入口，此设计有一个核心的游览体验路线。游客从主入口进入，沿建筑内部水域依次

分布的空间进行游览，最终回到大厅，然后租船，自驾沿内部水域由北向南体验船闸，通过船闸驶入运河，沿运河水上风光带游览古镇风光、运河人家等。经过一天的游览后，由博物馆的北面经船闸进入建筑内部水域，将船还回租赁处。

传统的博物馆只有单一的展示功能，这种枯燥的展陈方式无法吸引更多的人去参观，最后只变成了一座冷冰冰的建筑屹立在那里。本设计希望打破原有博物馆的展示方式，引入体验娱乐功能，与教育功能相结合，使博物馆能够吸引更多的人去参观，去参与。尤其是这种积极地参与方式会使更多的青少年对博物馆产生兴趣，进而将运河文化不断地传承下去。人们可以通过水工博物馆感知人类保护、利用运河的生活画面，唤醒人们的运河记忆，增强人们对于大运河的保护意识。最终，以建筑作为依托，承载运河文化。

南立面图

教师点评

车飞：第一眼的感觉是，这位同学的基地周边有那么多水，但是却花大量的时间和精力在岛里面又做了一圈水，这样处理内外的关系就需要一个强有力的理由，因为现在的这种处理会导致岸边的利用率比较低。换一种思路，比如可以在墙上打许多洞，来增加岛与周边环境的交流，开一些窗口，让内外多些沟通，比如视线上的、人流上的沟通，这样可以更好地利用周围的风景和环境，来丰富建筑本身。

庄雅典：我肯定这位同学的勇气去打破一般的想法，来做一个完全不一样的、内向的、新的体验。她的焦点放在"水工""经历"上，以及她提到的这里有很好的水利学校，以及这里曾经走出了很有名人，那么扬州就具有了适当性和地位，作为运河上一个可以谈"水利"的地方。博物馆过去以"展览"为主，现在我们谈"体验"。她现在创造了一个内向型

东立面图

的、由一边进来、由一边出去的形式，做了一个水闸来展示"水工"。与其重新创造这种体验，不如翻转，以这个岛作为观景台一样，环绕它的四周展示与它曾经历史上与水工有关的角度及故事。所以她需要把水利这个工具拆开变成一个工程的故事，这个故事不断地与周围的场地产生联结，她可以把周围的场域作为博物馆的背景，将故事作为人们前进的引导。所以故事先讲好，再开始做设计。

韩涛：选择在岛上，很容易在边界层面产生"迪士尼"一样的效果，但"迪士尼"这种模式对于日常生活可能就缺乏一点可穿越性。"岛"本身就具有天然的囚禁性，即使我们打开一些边界，它依然是建立在区隔之下的一种状态，所以岛必须要与周围的环境一起考虑，它的必要性和可渗透性才能得到最大的释放。

大运河 2050
苏州运河文化活动中心

📍 江苏苏州　柯嘉薇

古运河

新运河

基地分析

城市大环境

随着中国大运河被批准列入《世界遗产名录》，苏州作为中国大运河重要的文化古城，是运河沿线唯一以"古城概念"申遗的城市，也是唯一一个全城受运河水滋养的城市。

苏州的运河遗产包括四条运河故道和七个点段，形成了以古城为核心的完整遗产体系。

现在正在使用的新运河，每天通过的船只6000艘以上，约占运河全年通航总量的五分之一，仍是大运河最繁忙、最具活力的河段之一。而环绕着苏州古城的古运河，如今的主要功能已经从运输货物转变为发展旅游了，更多地承担着宣传苏州文化以及运河文化的责任。

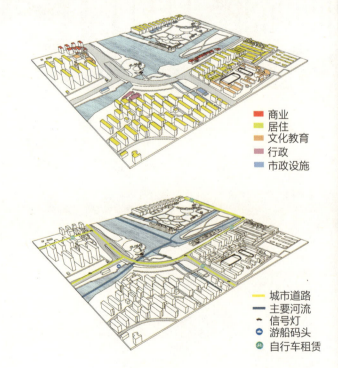

商业
居住
文化教育
行政
市政设施

城市道路
主要河流
信号灯
游船码头
自行车租赁

通过实地的调研，设计者发现了一些问题，例如：古运河成为分隔带，城内的氛围、建筑风格均和古运河外存有比较明显的差异，缺少过渡和联系；其次，尽管苏州段运河已经申遗成功，但是运河的文化价值还没有得到充分发掘，氛围不浓；再者，苏州与运河有关的文化型建筑不多，而且各自的功能都比较单一，缺乏吸引力，对于运河文化的宣传力度不够。

基地选址分析

基地位于苏州古城东南角的外围，西面临着古运河，北面紧接着商业街，东面挨着觅渡桥和莫邪路，南面隔着觅渡河与环古城河景观带相对，是古运河流向京杭大运河的一个节点。

基地紧邻环古城风貌带，自然景色以及绿化条件好，周边多为居住用地，商业氛围不浓，公共服务设施和文化教育设施不多，多服务于当地的居民。虽然位于运河的节点上，且旅游资源相当丰富，但是对游客的吸引力不足，其周边的公园绿地也没被很好地利用。交通便利，水陆可并行。基地多面与水相邻，但是仅仅设置了陆上步行通道，没有充分利用其地理优势带动该区域的发展。

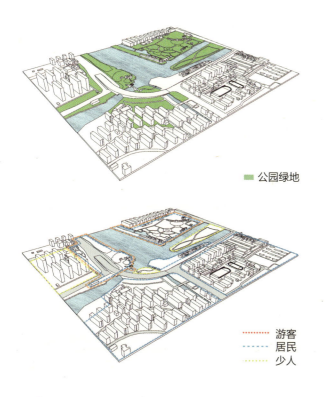
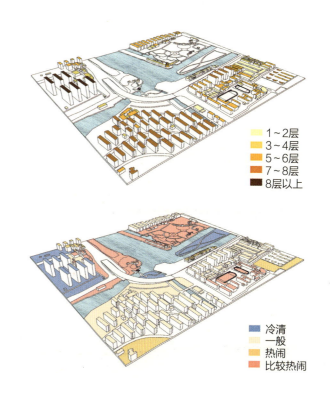

基地现状与周围环境概况

基地处于觅渡桥景区内，自然环境条件优越，周边有较大范围的公园绿地，西北角为桂花公园，也是蛇门的所在地，历史氛围浓厚。基地附近设有码头，可用于游船停泊。基地现在为商业区，功能局限性比较大，而且现在的发展一般，多服务于当地居民，游客鲜有到达。

文化元素的提取

运河文化活动中心不仅是当地居民活动的地方，也应满足向外来游客展示当地文化的功能需求。所以，设计者从城市、历史、生活、文化四个方面提取了能代表苏州特色的元素，使之成为建筑设计的一部分。

城市：苏州是著名的水城，同时运河与之有着密不可分的关系，水是一个不可或缺的因素。

历史：城门既是古城区域的界定，也是其身份的象征，而且运河申遗成功的7个点段中，盘门以其独特的水陆并联式城门占得一席之地，因此，城门及其水陆并联系统或许能成为设计中的亮点所在。

生活：苏州开始尝试让生活节奏慢下来，对于运河的影响，则是在其边上设置慢行系统，让人体会到在河畔漫步、寻古探幽的乐趣。

文化：苏州评弹、丝织、刺绣、桃花坞木刻年画等都能体现苏州特色，在设计中会有特色空间呈现和展示这些文化。

总平面图

东立面图

西立面图

一层平面图

方案介绍

看与被看——视线的选择

基地处于三条河道的交汇处，古城的边缘处以及道路的丁字路口处，因为其特殊且复杂的地理环境，造就了其丰富的视线选择，看与被看成为概念的出发点。

视线的选择上，首先是城门和灭渡桥，这两个可算是历史的代表，人置身于建筑中，一定会有强烈的意愿去看这两个点。而提取的文化元素——水陆并联，在设计中主要体现在水陆两种不同的到达方式。就游客而言，他们更多的是坐游船从水路来参观，而市民则更多地从商业街来到这个建筑，那么环古城河风貌带的码头和商业街也将会是视线的焦点与出发点。最后，古运河和丁字路口也会成为视线的聚集点。

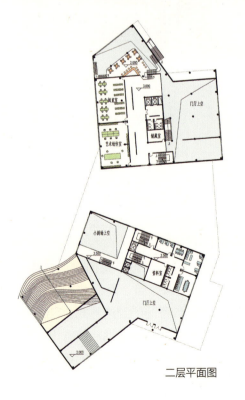

二层平面图

三层平面图

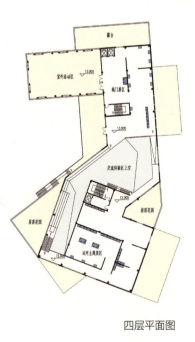

四层平面图

建筑总面积约9500平方米，主要提供展览空间、学习活动和公共交流空间，以及商业服务和办公空间。建筑的主要入口有三个，分别是位于北部，临近商业街的居民主入口；以及位于南部，靠近环古城河风光带的游客主入口；还有就是位于中部的办公入口。而中部的视觉通廊，既凸显了城门元素，让该元素不会因建筑体量较大而被遮挡，同时它还带来了空间的进深感，也引导了人们到达下沉滨水广场进行活动、体验运河。

因为基地处在多个方向的节点处，所以设计了比较多的露台，以及趣味草坡，既可便于更好地观景，同时也提供了足够的户外休闲空间，人们还可通过露台进入建筑。

趣味空间

位于建筑中部的室外视觉通廊是设计的亮点之一，因为基地东侧是一个设有红绿灯的丁字路口，三个方向的车流会在此短暂停留，视觉通廊令乘客在等红灯的间隙可眺望到城门和运河。

从慢行步道到下沉广场，再至滨水驳岸是个很有趣的体验过程。游客身在小剧场，既可听评弹，也可领略城门及运河美景。

对于建筑内部空间，通过设置四个主题展厅以及其他功能空间，规划不同人群的观览路径，使人们有不同的感受。

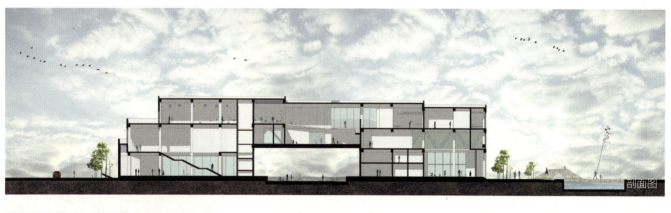

剖面图

剖面图

就游客而言，他们会通过在游船码头的停留，关注到该建筑，继而通过灭渡桥到达该区域。首先进入建筑内部后，游客能通过小剧场体验苏州评弹文化，领略城门风采，而且可以在手工艺展示区，更进一步了解苏州的特色。然后通过参观不同的展厅，达到不同的效果。从历史着手，通过桥、运河、城门三个主题展厅进行了解，然后是通过生活主题和日常展厅了解当地的生活，接着便是通过商业融入当地生活。

对于当地居民来说，会是不同的体验。他们常从商业街进入建筑，一层和夹层有专门设置的曲艺室、棋牌室、创作室、阅览室等休闲活动空间，然后通过二层、三层的展厅空间学习历史文化，最后回归到户外体验自然风光。游客和居民的交集多在二、三层的公共交流空间。

对于看与被看的响应，该建筑较为通透，采用大面积开窗，同时通过透明或者磨砂的玻璃，满足不同区域的需求，而且借助墙体介质界定视线。同时在主要的被看点位，设置半开放半私密的活动空间，给人以一种朦胧感，并激发探究的欲望。

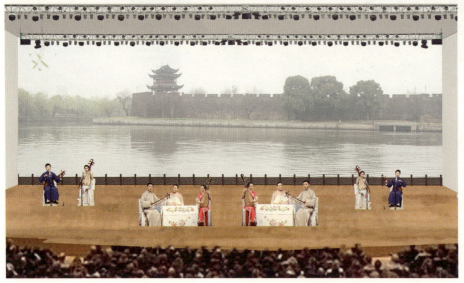

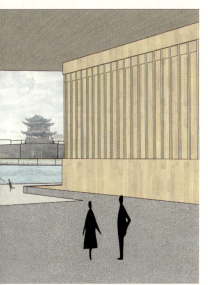

教师点评

车飞：整个方案从"看与被看"的概念上讲得还是很清楚的，当然还有一些地方可以加强，比如概念与立面开窗、材料本身以及周边关系方面可以做得更有意思。现在大概分成了"看"的与"被看"的，一种是半透的，另一种是开敞的，如果在它们之间的结合上更清楚、更丰富可能会得到更好的效果。

庄雅典：我觉得比较有趣的是这位同学的"敏感度"，比如我们开车是在右侧，所以这种视线的真正的轴线是在右边而不是在中间，单从这点就可以看出她对"视线"的敏感度，她做了非常明确的视线研究，这对设计师来说都是很重要的。

庄熙平：通常我们想做大，想做得花哨，这位同学反而是收。她选择了一个中度的尺度，相对也是中度的做法。她是在防守，不是攻击。她把该照顾到的都照顾到，并且不再多说，一般我们只懂得放不懂得收，这对建筑师来说是很重要的素质。这个方案最大的挑战是"二元性"，一个部分面对外部的游客，另一个部分面对居民，在一个主题上怎么恰如其分地表达，这是一个很高的要求。

大运河 2050
MATRIX —— 三堡船闸人工岛改造

浙江杭州　张国梁

基地分析

杭州作为以旅游业为主的经济相对比较发达的城市，针对大运河的保护性开发做了大量的工作，沿途与运河相关的文化建筑数量繁多。依据城市的发展概况，可以将流经市内的运河分为四段，即新城段、历史段、现代段、未来段。整个运河文化带以历史段为中心向新城段及现代段扩散，而未来段没有任何与运河相关的文化建筑。因此，杭州大运河文化的保护性开发所存在的并不是有无的问题，而是存在断档的问题，本方案也将着眼于断档区域，即运河未来段。

基地选址为未来段城区京杭大运河与钱塘江的交汇处三堡船闸。作为京杭大运河终点的三堡船闸是整个运河非常重要的文化节点，然而三堡船闸的现状非常不理想，完全没有起到原本应有的文化地标作用。

整个未来段的运河沿途景观与历史段有非常大的差异，这种不均衡发展的差异性是杭州京杭大运河存在的最严重的问题。京杭大运河同样在整个城区并没有起到积极的影响，反而起到了割裂城市的作用。

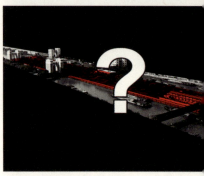

而三堡船闸及附属人工岛完全是一个封闭的体系，整个岛只有一个立体交通连接城市，因此整个岛与城市是相互孤立的状态，这种封闭式的体系同样也给三堡船闸自身带来了负面影响，比如船闸老旧失修、后备人员不足、社会关注度低等一系列的社会问题。

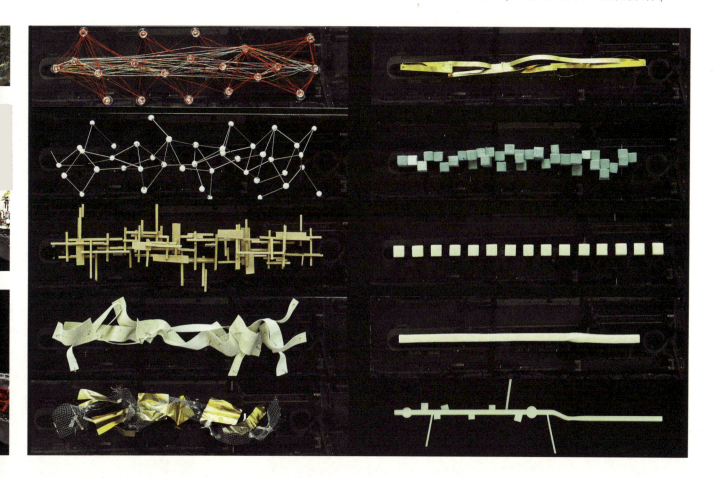

方案介绍

"中国式旅游",一个滑稽的集体社会行为正在中国各地发生着。在经济快速发展,旅游业迅速膨胀的大环境下,各地政府过度地利用当地可能发展为旅游业的各种文化历史元素。在几年甚至几个月的时间内迅速出现各种所谓依附于文化历史的文化建筑,将各地的游客吸引过来,然而这种政策、这种行为真的合理吗?

游客在游览这些文化建筑及名胜古迹的过程中是否真正体验了所谓的文化之旅?这些文化建筑在游览一遍后又有多少人会再次前往?游客在游览的过程中是否真正切实地感受到了文化的存在并且从中受益?当地居民是否也同时将这些文化建筑利用起来?这些文化建筑及附属相关设施占据的大量土地是否为当地居民带来了切实的利益与生活方式的改良?

最本质的问题,到底什么是文化?什么是文化建筑?文化建筑到底应具有什么样的职能?文化作为一种意识形态的本体到底是什么?

文化建筑不单单只应该具有展示文明的职能,文化建筑更应该起到开化民众的作用,让旅客真正从文化中收益,同时也让当地居民可以使用这些文化建筑,给当地居民自身带来切实的文化价值。文化建筑绝不应该是一个殿堂式的供人瞻仰的建筑,而是一种可以让人切身感受、参与其中、从中获益、留下印记的一个行为场所。

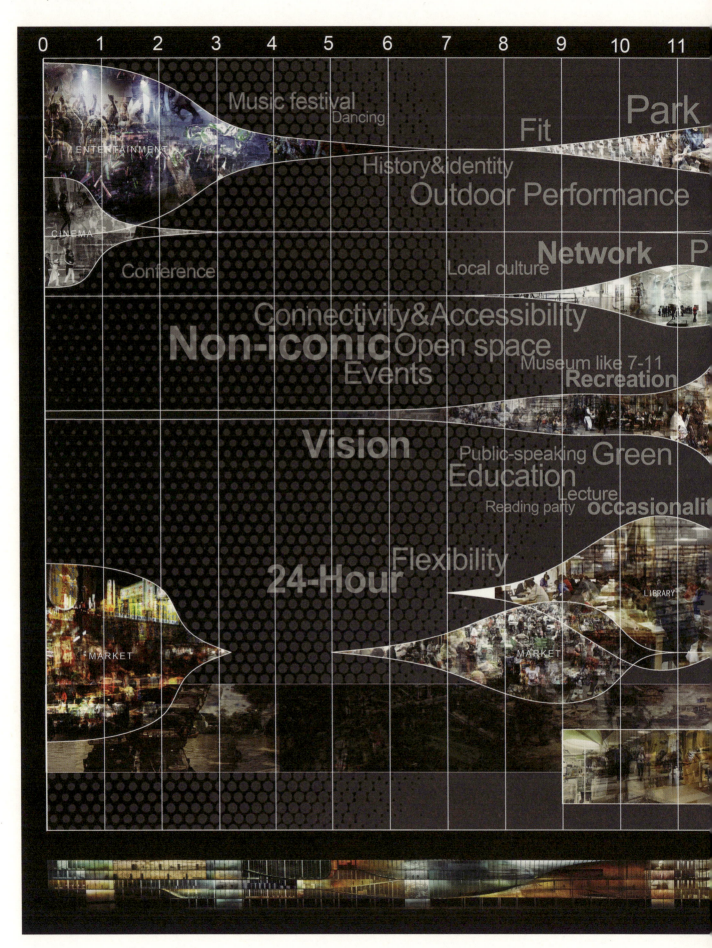

立面图

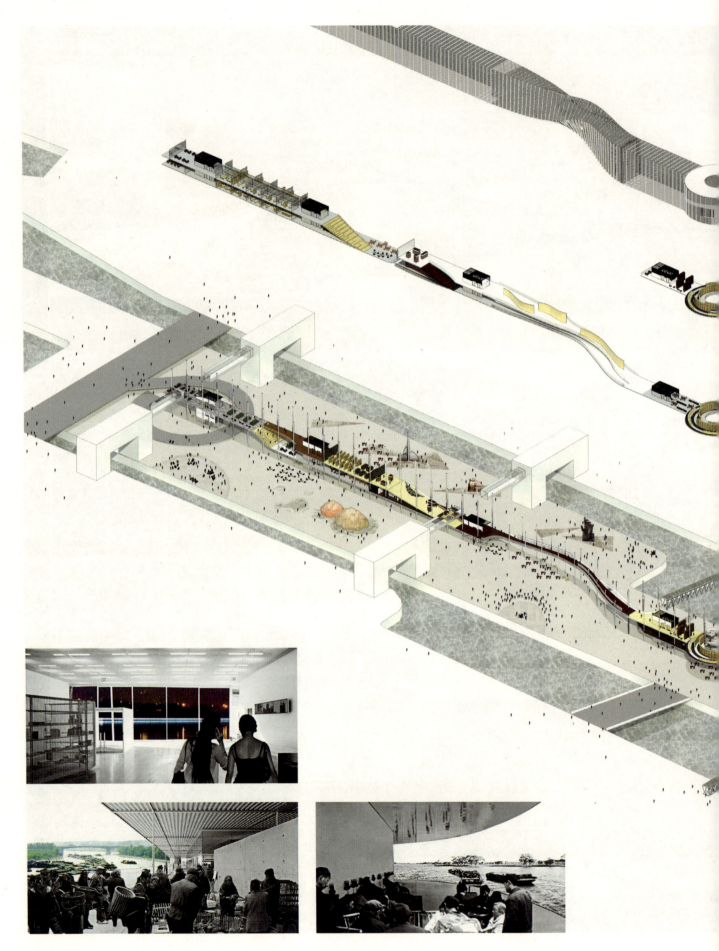

2014—2015 | 大运河2050 文化驿站 | 121

轴测图

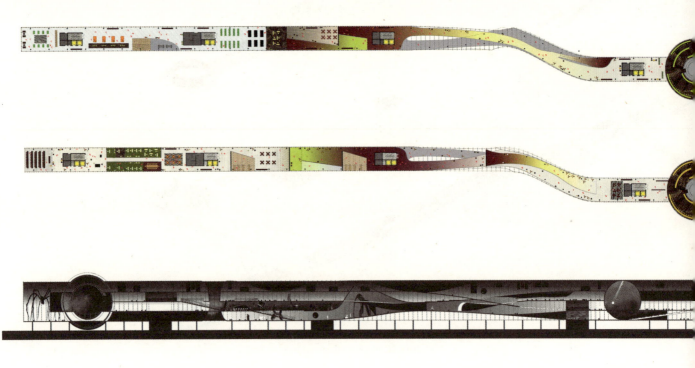

相比较被称为一个建筑，它更应该是一个场所，一个浓缩的城市，一个事件的催化器。它与城市的关系不应该是人与树的关系，而是像电影MATRIX当中人与母体的关系，母体在供养人的同时，人同样也在滋养着母体，这是一种共生关系，而非一种单向索取的关系。这个场所可以包容各种行为，让各种事件在这里爆炸式地发生、发展。

城市是一个事件的容器，各种理性、非理性，确定、非确定的事件在共同发生着。但人的行为、人与建筑的交互并不是一个无序状态。不同的时间段，人利用建筑的方式是不同的且有规律可循的。

这个建筑应该是一个24小时运作的城市心脏，人们可以在任何时间来到这里做自己想要做的事情，这里有各种随机事件可以发生。

将人与建筑的交互时间与方式进行分析，抽离出读书、展览、学习、市场、娱乐、办公、管理等常驻功能注入建筑。留有大面积的空白场所供各种随机性事件发生发展。

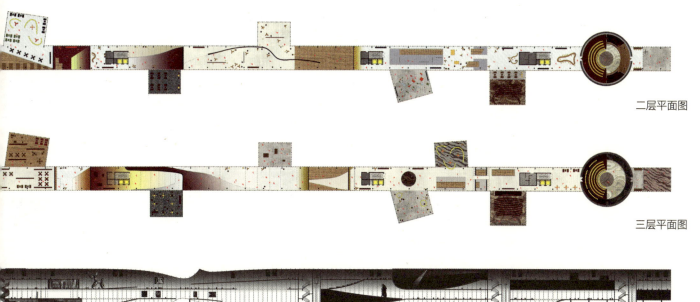

二层平面图

三层平面图

剖面图

教师点评

庄熙平：我很喜欢这位同学做这个设计的态度。但为什么城市这个母体进入的时候要用形容词"爆炸"？是因为它的愤怒？它可以缓缓地接入，也可以半接入或不接入。回到设计，对现状不满意，评论带着批判，白刀子进，红刀子出。因为要做控诉，所以他所用的底蕴的气质，图像的、色彩的、单线的，都在帮他表明他最想表达的那句话。一拳出去，一定要打到要害。我非常喜欢与母体之间连接的"混乱"，那种不确定性。假设，把这个方案作为9个批判点中的一个批判点，可以把前面8个同学的方案拿来在这里做一个批判，这并不是与他们过不去，而是可以把各种对社会的不同态度拿出来批判一次，批判是良性的，是正面的，是健康的。可以把他们的8个方案找8种表述在这里表现出来，可以是投影、可以是不典型的符号的东西，这8个方面代表了对大运河的8种控诉或者挑战，在这里一直放到2050年，那这里就可能成为杭州的超级景点。如果可以引起人民对城市的反思，那这个价值远远超过一个真实的房子。

史洋：这位同学把一个房子扩大到一个城市的尺度，把话题转到一个城市的范畴，这是一个特别复杂的问题。因为我们讨论城市从来没有一个统一的标准，我当然赞同我们需要一个人性化的城市，但我们可以有一个城市化的态度，或者反城市的态度，这都是自己的选择。假如建了一个600米的反城市的建筑，或者扩大到6000米，甚至横贯整个地球，如果在这之后，可以让大家觉悟，让大家真正地反思不再做类似反城市的事情，那么这就成功了。我觉得这位同学有很好的意识，也有很好的感觉，但在将来他需要有很好的控制，这完全取决于他自己如何来把握。

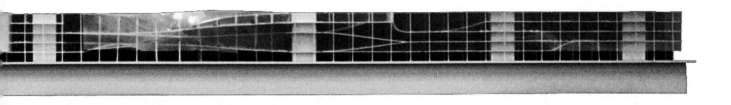

研 究 生 文 章

中央美术学院建筑学院第四工作室2014级研究生

中央美术学院建筑学院第四工作室 2014 级研究生 | 赵一诺

文化线路视角下京杭运河沿岸古镇保护发展探究
——以山东段微山湖区域南阳古镇为例（节选）

摘要：

　　京杭大运河作为一项人工开凿的陆内运河，横跨浙江、江苏、山东、河北四省，贯通长江、黄河两大水系，是世界历史上最大、工程实践最长的古代运河。作为古代南粮北运的运输干线，大运河的开凿带动了沿岸大量古镇的兴起。原本闭塞荒芜的鲁西南地区，在大运河济州段的开凿之后，转变成了南北水运的枢纽地区，诸多古镇聚落开始形成。

　　本研究以梳理山东段古运河的历史沿革入手，以古籍文献为资料来源，分析了山东段沿运古镇的分布状况，对聚落古镇的形成方式以及发展特征进行阐述。沿运古镇作为交通红利型城镇，其发展与大运河本身具有极为密切的关系，经过千年的文化历史积淀，无论是地理位置、经济基础还是文化积淀上都具有相对先进的优势，都具有较大的科学、经济、历史、文化、生态价值。为了掌握更为切实的信息，笔者走访了山东段古运河中枢纽型商贸城镇之一的南阳古镇，通过实地调查以及翻阅地方志等方式，对古镇建筑文化风貌以及文化遗产保存状况有了更为深入的了解，从而针对其保护开发问题提出相应的观点。

关键词： 运河；沿岸古镇；文化线路；遗产保护

南阳古镇文化线路的遗产价值分析

　　微山湖-南阳镇段运河从整个地理位置上看，处于中部略偏南部分。元代至元年间开凿济州河之后，其北部的济宁成为连接整个北方的交通要道，而南阳至济宁只需短短一日行程。可以说，南阳在整个大运河的运输交流方面发挥了关键作用。大量人口聚集下所产生的众多文化遗产令人目眩神迷。经过笔者的实地调查，暂按照价值标准如历史价值、经济价值、科学价值、艺术价值、生态价值分为五种，以便更清晰地认识到南阳古镇深厚的文化遗产积淀。

历史价值

作为一个已有两千年建城史的古城，南阳所具有历史文化遗产极其丰厚。作为见证历史发展和时代演变的亲历者，南阳见证了历史的变迁和时代的进步。在我国诸多类型的文化遗产中，京杭大运河应当属于一种较为特殊类型的文化遗产。因为整个大运河区域成带状分布，流域辐射区域内形成数量众多、类型丰富的古镇。而在这些古镇中，又布满了地标建筑、名胜古迹等非物质文化遗产。千百年来的风风雨雨、政治变幻，都流淌在这条沉静庞大的运河之中，其负载的政治、经济、文化、历史信息量是常人所难以想象的。微山段-南阳镇古运河作为股胧之地，自运河开通后，南北漕粮客商在此汇集，留下了诸多历史文化名迹。这些遗产背后所隐藏着的，是时间深处无法替代的历史见证角色，必须对之加以保护。

经济价值

经济价值是指古镇重要的历史文化遗产如古建筑、古街道等，在古镇的空间范围内，以及独特的文化吸引力引资开发所形成的经济效益。可以说遗产历史文化价值就是文化遗产的经济价值的母体。作为南粮北运的咽喉古镇，由于微山湖段运河的杰出地理位置，诸多客商在此留下深厚的历史文化名迹积淀。进入新世纪后，微山湖段河运功能退化，如何从旅游资源开发的角度来发展南阳古镇所蕴含的深厚遗产资源，是开发南阳古镇文化经济价值的首要问题。

科学价值

文化遗产的科学价值则是个更为客观的概念。经过系统的考古学、社会学、人类学研究，我们可以从遗产中提取出诸多与历史文化的地理、经济、科学、技术、社会信息。通过这些"历史的见证者"，过去关于历史的一些陈旧观点与错误认识将会被推翻，对古代劳动人民所掌握的科学技术水平也能够有最为客观可靠的认识。微山湖段最富有科学价值的地方，应该就是其南旺分水枢纽工程。所谓分水枢纽，指的是南旺上下两个船闸之间，加有蜀山湖、庙旺、马踏湖等三个水柜，通过三大水柜，原本难以控制的湖峰层层下落。而南阳周围的数个大型湖泊，在洪峰期时将汶水的大量雨水引入于此，枯水期再将其输入运河，这是极为先进、至今仍有部分地区在使用的圈地蓄水抗洪的治水策略。

艺术价值

相对于科技价值，南阳古镇文化遗产的艺术价值则是更为直观可见的。其南方的微山打鱼、南阳夜市等独特习俗，北方端鼓腔、八角鼓等民间表演艺术表演性极强，在民间广受欢迎。时代在发展，进入生产力大飞跃时代之后，其运输功能相对之前来说不再那么至关重要。但其作为文化遗产的艺术价值却不应随之磨灭。存在于运河周边古镇的众多文化遗产，经历上千年的风霜，凝结了先民的智慧，其艺术、历史价值极为杰出。南阳古镇作为诸多古镇中的代表性古镇，在历史的发展中演变出来诸多物质文化遗产与非物质文化遗产，无论是否具有实体形式，其杰出的艺术价值应当作为先民的馈赠而加以郑重保存。

生态价值

运河文化遗产的生态价值则是近年来环境问题日益引起重视后，所关注的大运河新价值。首先，运河体系的存在，对于维持我国东部诸省市地区生态稳定和周边环境可持续发展具有重要意义。微山湖-南阳镇段运河河周边已经形成了众多湖泊、沼泽，这种湿地型生态对净化环境、蓄水净水具有不可替代的作用。中华人民共和国成立后，为了保护该地区生态环境，曾对运河河道进行了大规模的治理。严重损害航运的积沙问题逐渐改善，流域内退耕还林、退耕还湖工作的进行使得连年下降的植被覆盖率开始出现上升态势，原本恶化的生态功能也得到修复。总的来说，经过一系列综合治理，南阳镇周围湿地湖泊对于气候调节、生态多样性维持的作用开始得到恢复。

南阳古镇文化线路的功能价值分析

形成与发展时期的商贸功能

南阳古镇位于南粮北运的要冲地位，其城镇内吸引力大量南来北往的客商。商人的往来所带来的资本流动，对于南阳商贸功能的发展起到了极大的促进作用。而资本流动的主体主要分为三个层级：

1. 押运军队。京杭大运河作为水运官道，其大部分的运力都用来运输皇家用品，自然也需要押运的军队护送。在整个押运过程中，大多历时数月。负责押运货物的军队在沿途停靠的过程中，出于生活用品以及利益考量，会沿途交换货物赚取差价。从这种角度来看，他们具有军人与商人双重身份。中间换取的差价进一步促进了资本的流动，可以说，军队是资本流动的主体之一。

2. 商帮。商帮与漕帮是除了军人这种大型官商之外，商贸流动的另一主体阶层。由于单个商人力量有限，同乡或同州县的群体开始组成商帮性的组织壮大力量。群体的出现带来资本的富集，伴随着漕运的发展，大量的资本富集在运河古镇的沿岸地带，成为资本流动的重要组成部分。

3. 民间散商。相对前两大阶层来说，散商所带来的流动力相对有限，但由于数量之庞大，也属于资本流动的基本层级之一。但相对于军队和商帮明确的目的性，散商资本存在较大的投机性与短期性，不确定因素较大，属于资本流动的基础层级。

形成与发展时期的交通运输与文化传播功能

大运河的开通带来经济利益的同时，也发展了沿岸古镇的交通运输与文化传播功能。其交通运输功能最为明显的体现就是体系化漕运组织的出现。

漕运的业务范围较广，如运货装卸、治理码头、河道疏通，以及货物押送等问题。官方有军队作为保障，民间群体则有漕帮作为保障。这种负责管理民间漕运规则的社群组织，大多称为粮帮或漕帮。发展到后期，如青帮这种带有暴力组织与社会组织相结合的高度发达组织开始发展壮大，掌控了民间漕运规则的制定权。

文化的传播则更为明显。最为直接的例子即为西方基督教借助大运河进行的传教活动。西方传教士利玛窦觐见明帝之后，获得传教的许可权。利玛窦便以大运河为传教路线，在沿运两岸古镇中留下了大批的传教团体。

现代时期的研究性功能

19世纪末，清政府逐渐失去了对运河的控制力，水患频繁发生、泥沙淤积等诸多问题使大运河的运力逐渐下降，失去了原有的航运主干地位。时至今日，大运河的航运能力相对有所恢复，其研究价值也更为增强。

作为水陆交通的主要方式，大运河历经三朝，上千年的时间中其自身的功能也在不断变化。地区与地区、民族与民族之间的相互交流，碰撞出了多维度的思想价值体系，这种价值观体系的直接体现，就是其周边大量的物质文化遗产与非物质文化遗产。且相对于其物质文化遗产来说，仍然鲜活的非物质文化遗产可以从另一个方面来了解昔日珍贵的历史信息，更增添了其研究价值。

南阳古镇的保护实践

遗产廊道的系统保护策略

南阳古镇是京杭运河上较为重要的历史文化城镇，它的兴盛与发展和运河整体的发展状况密切联系。而大运河作为遗产廊道这一新形式遗产项目，运河沿线所有与之相关的历史城镇的保护，都应纳入遗产廊道保护的体系之中，进行系统科学的保护与利用。

南阳古镇区域整体关系图

一、整体性原则

整体性原则是文化遗产保护中应该重视的首要原则。南阳古镇在发展的过程中,处于整个大运河体系中重要的一环,其建筑、码头、闸门、水柜、陆地、植被等一切自然人文景观,都已融入整个大运河的文化价值体系之中。它的价值构成是多元与多层次的,即作为大运河线路整体中的关键一环,它拥有自身的文化价值;作为自然界的重要生态组成部分,古镇承载了该区域的自然生态价值。从这些基本的角度来看,南阳古镇在联通中国南北地区、维系文化线路中的重要枢纽作用无可否认,只是单纯地保护南阳古镇内的某镇风貌无疑是不足的。整体性原则,必须逐渐被引入到南阳古镇的传统建筑保护当中去。

整体性的保护原则早在1964年的《威尼斯宪章》中就已经有了表述。在中国的物质文化遗产保护中,国务院早在批示城乡建设环境保护部、文化部关于请示公布第二批国家历史文化名城名单报告之际时,就已经强调要作为历史文化区对文物建筑加以保护。由此可见,整体性的原则,在修复南阳古镇传统风貌时,是必须坚持的首要原则。至于具体的实施策略,笔者结合自己的实地调查,提出以下几点建议:

1. 借助南水北调工程激活运河,对古运道进行修复,恢复南阳古镇区域运河的航运功能,恢复了航运功能的古镇才具有最根本的活力;

2. 恢复运河传统建筑的历史、文化、功能、经济职能;

3. 最大程度上维系运河古镇原有聚落形态,从立法、执法两个方面对一切破坏运河传统风貌的行为予以管理;

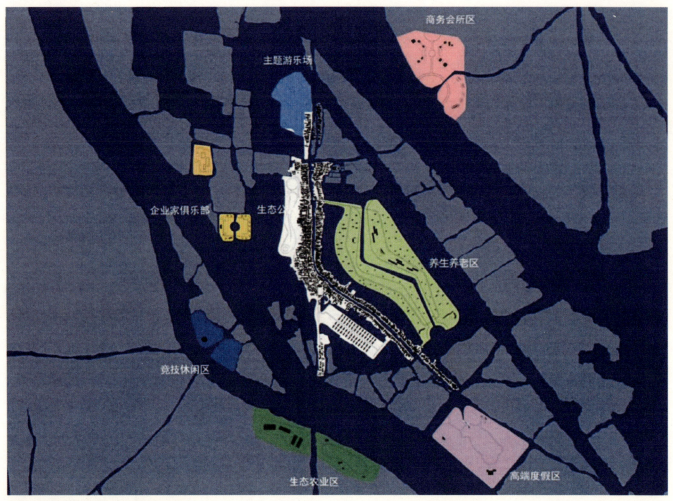

南阳古镇整合功能关系图（来源：自绘）

4. 明确划分区域，对于仍保留有明清及民国古建筑的集中区域划片保护，区域内建筑物、巷道、砖石分等级进行维护，最大程度恢复传统街区原有的历史格局；

5. 完善立法法规，强调执法力度，在文物保护方面建设完善的法律保护体系。

二、原真性的原则

原真性原则在保护历史文化遗产时，是另一条应当予以重视的基本原则。在国际文化遗产保护惯例当中，作为物质文化遗产评估的重要标准之一，原真性原则是其维护时所必须坚持的基本原则。1994年颁布的《奈良文件》中，首先肯定了原真性在文化遗产保护中的位置，并强调了原真性对于文化遗产保护的重要性。在国内，原真性的保护原则也是最初为文物保护工作者所认识到。新中国成立以来，国内的文物古迹保护长期遵循"修旧如旧"的原则，与国际公认的原真性原则不谋而合。

原真性在南阳古镇段运河的保护中同时也是适用的。大运河是一个由各种文化因素多重构成的复杂多元系统，只有维系南阳古镇传统建筑所承载的历史信息的原真性，方可谈继续保护其所蕴含的价值。所以，在保护南阳古镇传统建筑中所采取的任何措施，都不能对其原真性有实质性的影响。

建筑保护策略

相对于之前纲领性的两大原则，建筑保护则是一种更为具体的策略。在修复之前，必须考虑南阳古镇周边独特的自然环境，消减对古镇传统风貌不利的设施和项目，通过适度的土地调整满足城镇人口的发展规模，整治河道两侧和街区内部的建筑立面以提高古镇的整体环境和景观的传统特色，重塑南阳"运河古镇"和"岛中有河、河湖相依"相融的景观文脉。

古镇整合策略

城镇之间系统的联动策略同时也需要提上日程。在修复时，将古运河上独特的水利工程设施、运河古镇繁华的商业街市、水上生态渔业观光和水上运河的体验考虑进一个完整的城镇生态结合体系。对于古镇独特的传统风貌和生态资源特色进行多重整合，将原本传统南阳古镇转变为一个兼具南北方文化特色的旅游小镇。明确独特的功能分区和旅游活动功能区，以此提升南阳古镇的经济发展。

文化宣传策略

弘扬传统文化在恢复南阳古镇适宜地段的历史风貌的过程中是必须参考的重要方式。古运河所承载的千年文化使其具备其他优秀历史文化遗产同样的优势。然而，由于自身的宣传力度不到位，原本杰出的文化优势在旅游开发时完全没有展现。目前来看，国内的旅游业良莠不齐，如果强化南阳古镇运河古镇的文化内涵，恢复南阳传统商业街市服务性的功能地位，加强对于古代魁星楼、关帝庙等重要历史文化遗产建筑保护，必然会对南阳旅游业的提振具有重要作用。与此同时，南阳地区独特的历史以及夜市等民俗等多元的文化特色也必须突出展现出来，只有寻找自身优势，弘扬传统文化魅力，南阳古镇在修复的过程才能够真正恢复其政治、经济、文化活力。

结语

京杭大运河开凿千年，是中国历史上南北沟通运输的关键生命线。在运河的两岸，无数古镇因运河而兴，亦因运河而衰。可以说，沿运古镇的兴起，是交通红利型城镇发展的典型案例。通过对山东段京杭大运河流域古镇历史沿革与保护现状的调查分析，可以得出以下结论：

1. 京杭大运河的开凿、兴盛、发展、衰落经历了一个漫长的过程。随着其航运地位的变化，两岸的沿运古镇的兴衰也在不断地变化中。

2. 古镇的位置选择，在内力与外力的双重影响下，有一定规律可循。大运河航运的重要节点、水系交界处、停靠码头以及大型仓库存储地往往分布有一个或多个繁华古镇。

3. 古镇与古镇之间的分布具有层级分化的倾向。大型枢纽型古镇担负周转航运的主要功能，中等古镇则往往以各自所具有的优势如天然码头、天然粮仓等对大型枢纽型古镇起辅助性作用。而大量的第三层级自然村落则为枢纽型与中等古镇提供劳动力与生活必需用品，属于基础性一环。

4. 时至今日，在生产力高速发展的今日，虽然京杭大运河的航运功能在不断衰退，但其历史文化价值却不断上升。京杭大运河覆盖由北至南多省市，穿越多个不同文化风俗区，在其流域内形成了独一无二的交融文化线路体系。

5. 航运能力衰退的文化线路体系并非没有经济开发的价值。相反，其千年的历史文化积淀与大量的物质文化遗产将能衍生出大量的经济价值。本文以南阳古镇为切入案例，在衍生经济价值时，仍需要从整体性与原真性两方面对古镇进行修复保护。过快或单纯追求经济利益，忽视其维修保护的做法，无异于杀鸡取卵。

沿运古镇的发展研究是一项庞大复杂的研究过程，其内部涉及政治、经济、历史、文化等方方面面。受研究精力与篇幅所限，本文仅对山东段运河进行初步的分析，关于大运河及沿运古镇的保护等更多方面的问题，仍有待更多的实际调查与深入细致的研究。

中央美术学院建筑学院第四工作室 2014 级研究生 | 尤世峰

工业遗产廊道概念下苏北运河沿运工业遗产更新改造研究（节选）

摘要：

　　本论文是"大运河2050"课题研究的一部分。该课题研究的主要目的之一就是以水路作为链接各工业建筑的纽带，对京杭大运河苏北段沿岸工业建筑进行梳理和研究，提出带有苏北地域特征的沿运旧工业建筑更新改造策略。

　　京杭大运河的工业遗产廊道是一种特殊类型的遗产廊道，是以京杭大运河为依托，将工业建、构筑物作为核心资源，整理出达到工业遗产保护标准的建构筑物和相关环境作为廊道构成的基本元素，由京杭大运河串联成一条线性的工业文化景观区域，并且具有共同的历史主题。运河工业遗产廊道将沿线的自然资源、工业遗产资源及休闲旅游资源构架成为一个整体，实现整体区域保护与开发，并且创造出一定的社会、文化和经济效应。

　　京杭大运河自农耕时代起就作为联系南北方物资运输的要道，从空间上繁荣了我国地方经济，从时间上孕育了不同时期的地域文化。发展至近代乃至现代历史，也为我国工业进程的发展发挥了重要作用。其中，大运河苏北沿线自19世纪60年代"洋务运动"开始，就开始发展了以矿业、电业、农产品加工业为核心的民族工业，是民族工业的诞生地之一，在近代工业历史上有着举足轻重的地位。沿运河存留下来的诸多具有历史性和人文情怀的工业遗迹既丰富了运河的线性文化景观，也为多元化的运河遗产廊道构建提供了以工业为视角的遗产类型。

　　就像现今大型工业企业选址在高速公路两侧的原因一样，物流始终是工业生产的重要角色，在中国陆路运输发展起来之前的近代中国，漕运始终占有着国内至关重要的运输地位。因此京杭大运河沿岸两侧分布了相当数量、并且具有特殊历史以及地理特征的工业建筑，这种带有强烈地域性色彩的工业建筑，也是沿运城市记忆的特殊遗存。

关键词： 苏北运河；工业遗产；工业廊道

苏北沿运工业遗产廊道及廊道内工业遗产点更新改造整体策略

　　苏北沿运工业遗产不同于一般的工业遗产，而是具有共同主题的并承载着深厚文化的。苏北沿运工业遗产廊道的架构也是为廊道内工业遗产改造更新提供新的大环境背景。

　　苏北沿运工业遗产廊道串联了徐州、宿迁、淮安和扬州四大地级城市。以沿运四大城市作为腹地，为建设集工业遗产地、文化旅游地、公共活动和艺术活动场所于一体的综合廊道区域提供雄厚的支撑力。

　　由于江苏大面积的限制建设区域（大部分为耕地保护区域）都集中在苏北，因此苏北沿运工业遗产廊道中的大部分沿运工业遗产都集中在四市建成区内，出现了四大集中的沿运工业遗产据点。整个廊道呈现出整体松散、但局部集中的格局。

　　苏北运河是串联廊道内工业结点发展的纽带，是不同时代中不同地域环境下的工业生产记忆的载体。因此我们有必要基于遗产廊道的概念，来提出苏北沿运工业遗产廊道的建设，同时并且整体地延续沿运四市工业生产的脉络。因此本文认为，首先在保护层面上，苏北沿运工业遗产廊道应划分出三个区域，即核心保护区、控制开发区、更新开发区，从历史、文化、经济、生态等方面全方位架构起保护体制；其次，明确苏北工业结构转型和四市沿运工业用地的调整方向，以沿运工业遗产改造为契机，治理修复已污染的生态环境，优化生态资源，为下一步的改造工作做好基础铺垫；最后，根据现有据考证的工业遗产整理出适合改造的，并且能在未来发挥出社会职能和经济效益的工业遗产点，提出廊道内工业遗产点整体的改造和更新策略。本文尝试提出以下整体改造更新策略。

运河主题博物馆展览馆联动策略模式

站在以城市为单位的角度来看，沿运城市中某些体量庞大的遗产点没有改作他用、维持原有功能，开发潜力较大。因此，可以改为根植于当地文化的博物馆、规划展览馆或相关会展中心，让更多的人可以"看得见"一个时代所留下的城市记忆，如扬州老麦粉厂和淮安霍培元皂厂。将每座城市中具有这些共同属性的遗产点联动起来，形成廊道内一条具有寓教于乐和传递工业特色的工业遗产文化路线。

开辟沿运城市公共开放空间策略模式

尊重原有水系，保留原有工业格局，建设滨水绿地、滨水公园等滨水开放空间。利用原有工业遗产点（尤其是那些缺乏实际功能的建构筑物）形成城市滨水节点，实现记忆与现实的对话，建设具有活力的滨水工业风貌。如建立古运河沿岸工业遗产景观点，如扬州江扬船厂。江扬船厂位于扬州古运河和现代京杭大运河的交汇点，其所处位置就体现了其文化价值，如果整体开发为城市公共空间，完全能够实现现代与历史的隔空对话。经过改造后的运河沿线公共空间，势必会成为运河工业遗产廊道上一处处的闪光点。

开发体验式园区的策略模式

挖掘当地运河文化的开发潜力，保留当地一部分废弃的老厂房、老仓库，进行体验式创意产业园区开发建设。企业有专门的对外展示场所，向公众演示一些工业流程，公众也可以参与到生产活动中，达到展览、交流、创作、服务相结合的目的，形成新的经济增长点。这一点可以充分利用扬州手工作坊的工业文化底蕴。

廊道内工业旅游开发策略模式

沿运工业遗产可以结合当地工业遗址公园进行商业旅游开发，将具有特色的遗存建筑重新设计改造为可居住的酒店或者是商业建筑，虽有些工业遗产并不处于繁华的商业街区，但结合周边遗产的旅游开发改造，满足游客需求的同时，又可以加强工业遗产特色旅游的概念，不光是"游"工业遗产和"体验"工业流程，甚至还可以"住在"工业建筑里，也为工业遗产在功能置换方面提供一个新的想法。

基于苏北地域性特征的建筑单体改造策略

从苏北运河构成上来讲，苏北运河包含了不牢河和里运河两大河段。而一条贯穿淮安境内的苏北灌溉总渠却又恰恰将中国气候条件分割为暖温带季风气候和亚热带季风气候。同时根植于苏北地域形成了楚汉文化和淮扬文化，因此，在遗产廊道构建体系中以及苏北沿运工业遗产点改造设计中应充分考虑到这两种文化对根植于当地的工业厂房所作用和产生的差异性。本部分从遗产自身特点、材料、气候条件以及能耗反思上进行敏锐地捕捉。

从沿运工业遗产特点考虑改造的基本设计概念

沿运工业遗产区别于新建筑的最大特点是其存在性，从大方面讲，首先后续的改造设计师一定要考虑其原来的建造构架、企业文化和厂址的物理条件等；从小方面讲，也要考虑到建筑单体的结构特征、建筑外维护体系、市政排水、强弱电系统等。这就好比是一个命题作文，既是设计师的限制条件，又是设计改造概念创造的出发点。

其次，沿运工业遗产区别于其他工业遗产是因其沿运这一属性。沿运是沿着运河边兴建，是运河直接对工业生产和厂区的建设产生作用和影响。虽然本文以苏北沿运四个地级市为单位进行运河工业遗产的改造研究，但一定要区分开两个概念：一是沿运城市中的工业遗产，二是沿运的工业遗产。其实两者有相互包含的关系，前者概念更广且包含后者。前者概念中，沿运城市中的工业遗产可以兴建于运河边且让运河直接产生作用，但也包含了非修建于运河边的工业遗产且运河对其没有产生丝毫作用，只是基于城市的一个工业生产需求。后者概念中，所谓沿运的工业遗产的必要条件就是运河作为其厂区选址、交通运输，以及原料供给的决定性因素，其工业遗产所处的城市只是本文的一个研究背景，是承载地域文化和特征的舞台，也是这些工业遗产从属关系的战略考虑。后者是区别于前者，且后者也是本文真正的研究对象。区分明确后，也让改造设计师在提出改造方案时更能打准靶心，提出因地制宜的改造概念。

从材料选择角度考虑改造设计策略

首先，在改造设计材料的选择上，应注重配合苏北四市现有工业建筑的材料，不宜使用与现有工业建筑气质反差极大且与苏北城市整体建筑形象反差极大的建筑材料，秉承"整旧如旧"的设计原则，要极大程度地留存城市记忆，并能让改造后的工业建筑更能适应当地的地域性特征，扎根于沿运城市的工业文化内涵。

其次，应首选使用地域性材料。这不仅能够在外观上体现工业建筑的地域性特征，而且地域性材料也是经过时间和历史的证实而被选择出来的，更能适应当地气候条件，从而也能降低日后对建筑的维护成本。再者，就地取材也能够降低运输和劳务成本。

尤其是洋务运动到民国这段时期内建起的工业遗产，这些工厂的厂房大多都秉承着中式建筑的传统，有着鲜明的时代和地域建筑特色。像淮扬一带的手工作坊类型的工业遗产的修缮和改造，就更应该注重材料的运用，而不能为了改造就忽略掉历史和环境的成因。纵览苏北沿运工业遗产，虽然新中国成立后兴建的厂区大多建筑风格相似，其大部分原因是根植于当时国家的大氛围和政策的主导而形成的，厂房的建设求大、求廉价、求高效，似乎没有什么苏北沿运特色，但也仍旧不能在材料的选择上过分追求异端化。

从气候条件角度考虑改造技术措施

苏北位于亚洲大陆东岸中纬度地带，属东亚季风气候区且地势平坦，一般以淮河、苏北灌溉总渠一线为界，以北地区（徐州-淮安）属暖温带湿润、半湿润季风气候，以南地区（淮安-扬州）属亚热带湿润季风气候。综合来看，苏北自然环境优越。苏北基本气候特点基本可以概括为以下四点：

季风气候，四季分明。苏北沿运四市受季风影响，春秋较短，冬夏偏长，温差明显。相比较于同省长江以南地区，苏北在季节起止时间上有比较明显的差别，一般和苏南地区会相差一周左右。

降水丰沛，雨热同季。整体来看沿运四市的雨水量充沛，由北至南差异不大，年际变化小，夏季降水量集中，基本占全年的一半，冬季降水量最少，占全年的十分之一左右，春季和秋季降水量各占全年的五分之一左右。六、七月间受东亚季风的影响，淮河以南至扬州地区进入梅雨期，梅雨开始后的一周左右，淮北地区进入"淮北雨季"。

气候资源，优越丰富。在太阳能方面，苏北沿运四市的太阳辐射总量和日照时间的分布上为北多南少，但整体在4700MJ/m^{2}左右，季节分布是夏多冬少、春秋均匀。风能方面苏北潜力巨大，沿运四市中沿湖（主要为洪泽湖、高邮湖、骆马湖）地带，具有风能开发的潜能。

灾害频发，影响严重。春季低温阴雨，初夏暴雨洪涝，盛夏高温干旱、台风，秋季大雾及连阴雨，冬季低温冻害和寒潮等。沿运四市中，这些气象灾害均有可能发生。

从苏北沿运四市整体的气候条件得出影响建筑单体改造的以下因素：

日照主要影响建筑单体改造的遮阳以及采光措施；季节风向主要影响建筑单体改造的通风措施；降水和气温主要影响建筑单体改造的外围护结构设计和隔热性能设计。而这些气候条件下的综合作用，亦能影响改造后的建筑形式。其实，现存的工业遗产在建造之初由于政策导向原因，工厂厂房建设求大、求廉价、求高效，为避免日后过多地在厂房维护方面上的支出，大多优先考虑解决由于气候对工业建筑造成的不良影响，这也使得沿运工业遗产建筑本身就带有了趋利避害的性质，无形中结合了沿运当地的文化，这也为之后在沿运工业遗产项目的改造过程中提供了良好的技术措施切入点。

从能耗角度考虑改造的空间规划

旧工业建筑尤其是像纺织厂、造船厂等一系列制造业的工厂厂房，层高大、面宽广、进深宽、视野开阔的内部空间成为众多改造设计师心目中的"缪斯空间"，因其能够充分发挥设计师的改造理念和激发创作欲望，而声名大噪。而众多工业遗产改造的开发商们也认为，改造为复式的、少有内墙隔断的高挑开敞空间是流行、高端、有趣、时尚、情怀、文艺等的代名词，同样趋之若鹜。冯·格康也先生认为，"那些在后工业时代改造后的旧厂房却以其高大的空间和充裕的面积为正在形成的新型生活方式提供理想的场所"。

但设置的空间过大，通高空间过多的设计缺点也逐渐开始暴露，那就是能耗过大。虽然本文在改造技术措施中提倡以自然调节的办法来降低建筑的能耗，但在现今社会中，机械和其他电气设备的辅助调节也是必不可少的。因此在将工业遗产建筑改造为人的尺度来使用时，过分地追求改造后的大空间、通高空间所造成的能源浪费是不可避免的。通常情况下，在室内环境的调节过程中，电气设备所耗费的能源是和空间的大小成正比例函数关系的。本文在此不是反对高大空间以及通高空间在改造中的运用，而是建议在改造中权衡在资源成本、能源消耗、功能和美学之间的利弊，毕竟在满足功能需求的前提下，人们对优质的空间感受、舒适的使用环境以及旧空间的昔日情怀都有着更高的期待。

总结

京杭大运河苏北段是中国南北走向的内河交通大动脉，承担着国家电煤等重点物资的运输任务。它承接着山东运河的光荣，通向江南运河的繁荣，是历史与现代、光荣与伟大的承接之地。运河沿线四大地级城市从"洋务运动"时期开始就是中国民族工业的拓荒者。依托于运河漕运功能而建的沿运工厂，更为当时并不发达的近代中国支撑起一片兴业救国的希望。现如今历经产业转型后，这些发源于近现代的沿运工业企业逐步退出历史舞台，或者由于城市土地功能置换不得不外迁，这些原因导致遗留下的沿运旧工业建筑不应被废弃拆除，而应当被整体挖掘，让这条遗产运河丰富起来。因此本文选取京杭运河苏北段作为研究对象，以遗产廊道的概念为切入点，梳理苏北沿运工业遗产点，提出廊道概念统筹下的更新改造设计策略，让沿运工业遗产重新承载社会职能。

第一，界定"沿运工业遗产"而非"工业遗产"，其一要看是否沿运而建，其二主要依据工业生产环节上是否（曾经）利用运河的漕运功能以及运河的供水功能。随着时间的推移，物流方式和供给方式会发生改变，历史上中国在陆路运输系统不发达的情况下，沿运工业生产几乎都依靠其漕运及供水功能，随其发展，逐渐脱离运河而转为其他运输或供给方式的工业企业依旧具有沿运工业遗产价值。

第二，苏北沿运工业遗产具有极高价值，价值不单单体现在实物层面上，更多的应该是文化内涵层面上的价值挖掘。应该建立一套成熟的苏北沿运工业遗产价值评价体系，遵从廊道区域到沿运城市到工业聚集区到具体企业再到厂区内的建筑物和构筑物，评判出不同价值等级的工业遗产并进行分类整理，载入登记苏北工业遗产名册，为沿运工业遗产廊道的整体构建和整体开发奠定基础。

第三，在苏北运河沿运改造过程中要具有大局观和廊道视野。通过对苏北沿运四市的沿运工业遗产的历史梳理及共同点挖掘，其工业遗产点都根植于地域文化特征，在更新改造过程中不能一味地标新立异，要避免改造得面目全非的情况出现。再者，工业遗产廊道观是沿运工业遗产未来协同发展的必要原则，各工业遗产点所承载的文化、价值、开发潜力以及竞争力等毕竟有限，将遗产点在概念上通过廊道观串联，在空间上通过运河串联起来，形成一条文化脉络、一条旅游路线、甚至是一条经济增长带……都能创造出强大的社会影响和品牌效应。

第四，苏北沿运工业遗产廊道内的旧工业建筑改造要因地制宜。从地域文化上挖掘改造材料及空间营造方式，用传承的理念呼应当地建筑文化；从工业文化层面切入顺应文脉的更新改造概念，用"修旧如旧"的原则最大化地保存工业记忆；从气候层面选取适宜当地气候的技术改造措施，用经济的手段营造舒适的空间环境避免高能耗。

第五，在改造上也要体现建筑师的美学价值。虽然工业遗产的更新改造设计类似一篇命题作文，但从限定的条件出发亦可创造出亮点。

2015—2016 | 大运河2050　山东运河文化带再生

大运河微山湖段调研

2015年10月5日,中央美术学院建筑学院第四工作室2011级本科生在工作室导师吕品晶教授、史洋老师带队,以及雅庄建筑设计公司总经理庄雅典先生的陪同下,前往山东省微山湖区进行考察调研(图1)。考察重点围绕着运河历史、运河现状、运河道遗址保护、运河旅游产业和运河乡土展开。

围绕微山湖(图2),师生们路过南阳岛(图3)-湖西航道-沛县-微山岛-台儿庄古镇-韩庄,一路走访了古运河河道、近现代运河原址、仍处于正在使用的运河航道、运河古镇、以运河为主题的旅游区以及各地的博物馆,亲身体验了运河的兴与衰,感受了古老运河文明与现代交通运输的交汇与碰撞,并询问了各地与运河有关的相关政策。

近年来县到乡各级政府部门认为打造当地旅游品牌时机已到,短短几年内,对小镇进行了大量规划,投入资金,全面翻新镇里的基础设施和配套项目,修建仿古建筑、游客中心。但随着建设规模的扩大,也产生了或多或少需要解决的问题:重经济利益忽略文化内涵发掘;规划与建设脱离;旅游产品数量少,形式单一;以及一系列基础设施建设与民生问题等。

优质的旅游资源,七分天然,三分打造,不是一朝一夕可以成就。微山湖一带的大运河资源开发需要审时度势,准确定位,同时也要注重改善民生。欣慰的是,相较十年前的状况,大运河附近民生和经济条件均有所改善。师生们也做出了自己的努力,为大运河的复兴贡献了力量。

1

"创意与创业"工作营

2015年11月12日,以"创意与创业"为主题的工作坊活动在中央美术学院第四工作室开展,来自台湾交通大学建筑研究所的庄熙平教授将"创意与创业"的思路和技巧与建筑设计巧妙结合,为同学们带来了一场生动有趣的讲演(图4~图6)。

期间,庄教授同第四工作室的老师和同学们一道,针对"创意与创业"的核心思路进行了相关的体验与尝试。参与课程的老师有:台湾交通大学建筑研究所教授庄熙平,台湾交通大学建筑研究所教授兼人文社会学院院长曾成德,雅庄建筑设计公司总经理庄雅典,时任中央美术学院建筑学院院长、第四工作室主任吕品晶,中央美术学院建筑学院第四工作室合作导师史洋。

当今社会,对于资源的优化配置一度成为时下人们最热衷的讨论话题。其中,占有绝对优势的"跨领域者"将社会资源高度整合,以求借此达到社会与个人的共存共荣。

庄教授细致地为同学们讲解了其中的核心思维方式,即作为"创意与创业"行为工具的——The business model canvas,在"策略设计的预先规划"和"事业模式的不断改进"两个方面的共同作用下,借助"九宫格"学习如何从既成产业中寻找并创造新的价值,从而给予设计更多活力。

"九宫格"——即以价值主张(Value Proposition)作为核心内容的九个关键内容,其中还包括:关键合作伙伴(Key Partners)、关键活动(Key Activities)、顾客关系(Customer Relationships)、目标客群(Customer)、通路(Channels)、关键资源(Key Resources)、成本结构(Cost Structure)和收益流(Revenue Streams)。

第四工作室的同学们分为三组,结合庄教授的授课内容和自身兴趣点,进行了不同主题的"创意与创业"构思尝试,包括"一块口香糖引发的城市环保公益事业""民间海外代购平台搭建探究"以及"大运河青年旅社"。

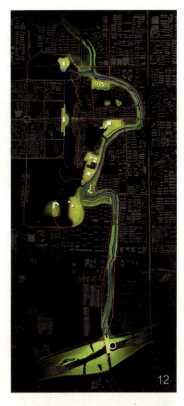

微山湖上的嘉年华 —— 水上移动建筑

在大运河微山湖段实地调研的基础上，结合庄熙平教授在"创意与创业"工作营中的教学指导，第四工作室的老师们为同学们设置了一个小型课题——"微山湖上的嘉年华"，作为毕业设计之前的热身。

"微山湖上的嘉年华"设计从"水上移动建筑"的角度切入，透过在大运河社区"植入新元素"的手法，来带动大运河社区的活力。八位同学根据自身兴趣，或对大运河相关问题的挖掘，找到不同的事业主题，并以驳船设计为载体发挥建筑创意，各自设计一栋漂浮在大运河上的移动建筑。八个不同功能的移动建筑形成一个"水上城市综合体"，如同嘉年华会一般在大运河上移动穿梭，到达不同城市、不同运河社区，并在当地运营一段时间，为运河社区带来新的活力。

除了第四工作室的吕品晶、史洋两位老师，雅庄建筑的庄雅典先生也深入参与到日常教学之中，参与最终评图的庄雅典、庄熙平、David Porter几位老师也对同学们的方案提出了宝贵意见。

大运河山东段调研

2016年2月28日晚，来自中央美术学院建筑学院第四工作室和台湾交通大学建筑研究所的师生们赴山东，开始了为期六天的调研活动（图7）。此次调研由吕品晶、史洋、庄熙平几位老师带队，调研内容包括了运河历史文化、运河及相关建筑遗址、运河现状和未来规划方向。

沿运河南下，师生们考察了临清市（图8）、聊城市东昌府古城（图9）、四河头（图10）、刘道之村，阳谷县七级镇、张秋镇，汶上县南旺镇，济宁市，曲阜市以及南阳古镇。途中探访了运河河道、运河水利工程遗址、因运河而兴废的古村古镇、与运河相关的重要建筑、各地博物馆等，聆听运河故事的同时，亲身体会着运河从古到今对人们生活的重要影响。这不仅是一次运河文化的考察之旅，也是一次难得的两岸师生思想的交流与碰撞。

大运河2050东昌府运河文化带再生设计

先后两次赴山东调研后，中央美术学院和台湾交通大学两校围绕运河文化的激活与再生开展了联合设计课题，基地均选址于山东段运河沿线。台湾交通大学建筑研究所2016春季大运河工作室的同学们通过八个各具特色的设计方案生动展示了"重启京杭大运河的四种历史观点"。

中央美术学院建筑学院第四工作室2016年的毕业设计——"大运河2050东昌府运河文化带再生"是对前一年"大运河2050文化驿站"设计的延续,本次研究和设计将目光聚焦于聊城市东昌府区运河沿线。素有"江北水城,运河古都"之称的聊城,如今却给人"古城不古,水城无水"的感受。于是,寻找失落的历史文化,重新激活运河、激活聊城,成了本次研究、设计的首要目标。

在开始单体建筑设计之前,同学们首先对基地进行了总体规划(图11、图12):在运河及沿线设置船行线、自行车道和与之相配套的码头、自行车停车场等,使运河一线形成系统的交通出行模式。整合运河沿线的空地和无规划绿地,设计特色景观带。在运河节点处放置各具特色的文化建筑,打造运河文化带,以重现运河活力。

课题进行期间,两校还通过网络视频的方式交流方案,两校老师对同学们的阶段性成果进行了点评(图13)。

基地总体规划过后,第四工作室的十位同学在东昌府区运河沿线各自挑选一个地块,分别设计一万平方米左右的单体建筑或建筑群,定性为文化建筑或公共建筑。探究运河在古城与新城间如何起到脐带般的作用;如何用文化建筑和公共建筑重新激活运河沿线,从而为整个城市注入活力,使运河焕发新的生机,赋予运河新的存在价值与意义。

2016年6月6日,两校师生齐聚中央美术学院,进行了课题最终的两校联合评图,曾成德、庄熙平、庄雅典、韩涛几位评委嘉宾为同学们带来了非常精彩的点评(图14、图15)。

相关展览

2016北京国际设计周 | 大运河2050东昌府运河文化带再生设计展

"大运河2050东昌府运河文化带再生"设计展作为"大运河2050"课题第二年的研究成果和中央美术学院建筑学院第四工作室2016年的毕业设计成果,于2016年9~10月在北京751D·PARK成功举办。本展览是2016北京国际设计周751板块中的重要展览之一,并荣获"最佳设计传承奖"(图16~图19)。

七百多年来,国家级历史文化名城聊城,随着京杭大运河发展的起伏而兴衰。"大运河2050东昌府运河文化带再生"设计是在聊城的东昌府区展开全新的运河之旅,在"大运河2050"的背景之下挖掘聊城东昌府的运河文化,用设计让运河文化带重生。

本次展览的成功举办使"大运河2050"课题的研究与设计成果走出课堂、走出学校,产生更大的社会影响力,为运河文化的保护与再生提供了新思路。

16

17

18

19

20

21

2016北京国际设计周 | W.E Plus之城 | 大运河2050运河上的嘉年华

2016年9月28日，由北京经开投资开发股份有限公司、城市复兴2050、北京经开·智汇园联合主办的"创新聚变，遇见未来"主题论坛暨"W.E Plus之城@北京经开·智汇园"展览盛大开幕。此次展览和论坛作为北京国际设计周设计之旅学术板块在位于北京城市副中心的北京经开·智汇园盛大亮相，并且连线威尼斯双年展，成为第15届威尼斯建筑双年展"共享·再生"平行展在中国的分展之一，进一步探索共享模式，重塑空间生产力。

"大运河2050运河上的嘉年华"展览包含了"大运河2050文化驿站"设计和"微山湖上的嘉年华——水上移动建筑"设计两部分内容（图20、图21）。后者作为前者的延续，它致敬了三十多年前意大利建筑师首度在威尼斯发起的水上剧场文化事件，再度把文化概念植入到当代设计当中，立足区域再生激发更多元的文化创意事件。

微山湖上的嘉年华——水上移动建筑

中央美术学院建筑学院第四工作室2016届本科生

微山湖上的嘉年华
——水上移动建筑

青年旅社

微山湖　郭怡欣

青年旅社

在一切以"快"为标准的现代社会中，人们对于"回归自然"的要求也日益增加，因此，如何找到一种返璞归真的"朴素"的生活状态，设计者希望通过"慢"来表达。借助"青年旅社"的概念，立足于回归大运河最原始的"慢生活"，摒弃目的地明确的起点与终点，借此给人们一个充分享受旅程、体会运河文化的契机。

在本次设计中，我将以运河风光和运河底蕴为出发点，对青年旅社的体验进行更深层次的挖掘，加入"直升飞机"和"可移动居住舱体"的概念，将运河观光、运河体验变得更加立体和丰满。

相对于普通的旅行，本次运河青年旅社可以充分用白天和黑夜的各个时间段，行驶时间主要为夜晚，游客上岸观览的时间主要为白天。"人生代代无穷已，江月年年只相似"，游客可以在运河上，观赏最"朴质"的漫漫星辰和日出日落；而在白天，毫无束缚的自由探索，等待大家一起来挖掘大运河的无限可能。

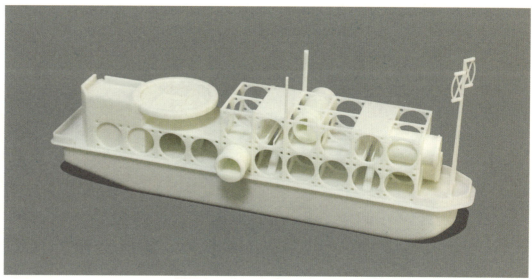
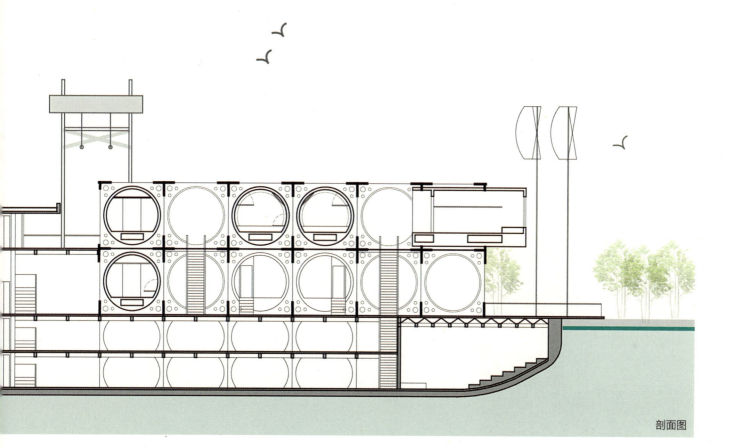

剖面图

微山湖上的嘉年华
——水上移动建筑

C³: CANAL CARNIVAL CLUB

📍 微山湖　张天禹

C³: CANAL CARNIVAL CLUB

　　微山湖地区的运河风光并没有展现出如《清明上河图》一样的繁荣热闹。相反我们看到了受到污染的河水、冷清的沿岸、没有规划的现代建筑。我们不禁发出了疑问：为什么运河活力日渐消逝？

　　通过调研探究，总结出了以下原因：自上而下的规划；建设缺乏执行力；忽略人"聚集"的力量。进而明确了"运河嘉年华"的目的——激发活力。设计者希望向大运河注入"新的元素"，使"互动发生"，并且提供"活动"的场所。

　　设计方案主要包括舞台及剧场、酒吧、交通廊道等功能空间。借鉴利用资源整合类App，建立游客与运河、运河与商家、商家与游客共同的交流平台。使人在运河自发地聚集，从而激发运河活力。如同起搏器一样，在运河有开发潜力的景区带动起新的脉搏。

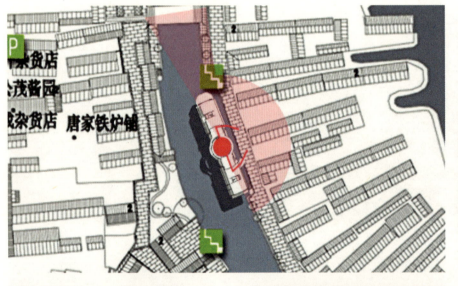

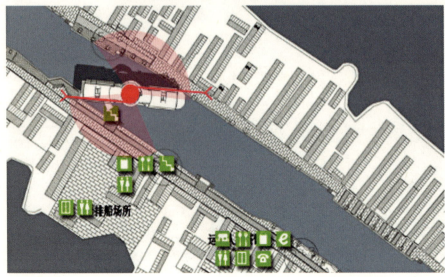

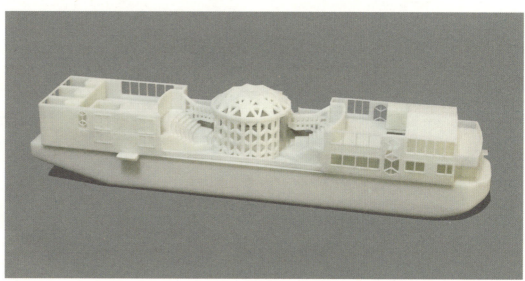

微山湖上的嘉年华
——水上移动建筑

水上电影院

📍 微山湖　殷漫宇

水上电影院

　　影院，作为观看电影的典型场所，为观影的人们提供了不同于任何其他艺术形式的体验。正是影院的出现使得电影改变了多在咖啡厅、游艺场、嘉年华与集市等充满喧闹的场所放映的历史，更促进了观众观看长片的需求，为电影制作者开辟了新的领地，使得电影具有了承载严肃的艺术创作的潜力，也使电影获得商业上的成功成为可能，逐渐帮助电影成为21世纪最为重要的艺术形式与最为耀眼的媒介。

　　水上露天电影院是可移动建筑，是对传统建筑概念的颠覆、公共电影对当代观影形式的反戈。岸——观众、观众席、配套设施、附加产业；水——LED及音响等放映设备、工作人员、辅助用房。可移动、可变形的建筑在使用过程中，不断提供环境变换和功能变换，使建筑在不同环境与状态中承担不同功能。

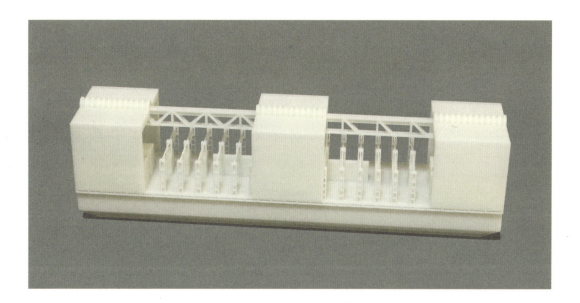

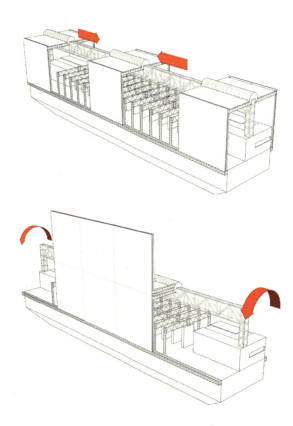

162 | 大运河 2050

微山湖上的嘉年华
——水上移动建筑

鸟类博物馆与观察室

📍 微山湖 颜梓珺

观鸟平台

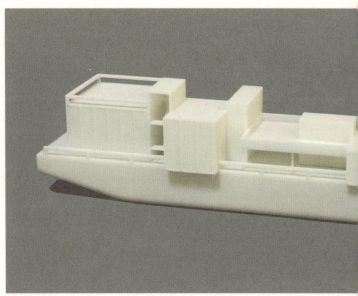

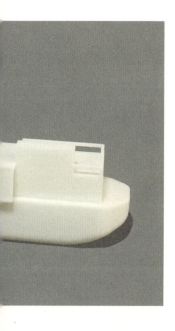

鸟类博物馆与观察室

微山湖地区的鸟类资源十分丰富,以微山湖为中心的滨湖涝洼区,水陆生植物繁茂,覆盖率高,水源及食料丰富,栖息区域广,环境幽静,是多种鸟类的汇集区,以水禽鸟类繁多而独具特色,经初步鉴定,共有鸟类205种。

这里是迁徙水禽重要的越冬栖息地,因此方案将以此为着手点,激活大运河的冬季。以拍鸟"发烧友"、"湿地迷"、合家欢和青少年为目标人群,营造体验式博物馆。

在主要功能方面,人们可以在体验空间中欣赏鸟类的自然美,观察它们的外形姿态、取食方式、食物种类、繁殖行为、迁徙特点和栖息环境等,从而了解鸟类与自然、鸟类与人类之间的关系,展示空间与科技结合,系统介绍湿地与鸟类,展示3D鸟类模型。

剖面图

微山湖上的嘉年华
——水上移动建筑

水上移动浴所

📍 微山湖　宋颖

水上移动浴所

在大运河的交通功能逐渐丧失后,大运河与人和生活的关系逐渐疏远,人与大运河之间不仅有不情愿的视线交流,关系消极;大运河中的水资源也没有得到有效的利用。运河两岸废弃的船只随意停靠,垃圾遍布,缺乏生机。一些必备的基础设施仍然缺乏,生活环境有待改善。

水上移动浴所的设计希望对运河水资源加以有效利用,拉近人的生活与运河的关系;补充缺乏的基础设施,提高居民的生活质量。微山湖中住户规模小且分散,将必要的基础设施安置在移动的船只上,定期巡回于各居民点之间,更加有效地利用资源。

浴所主要功能包括:洗浴、茶室及阅览(休闲空间)、餐厅,以及服务空间。将洗浴和休闲空间放入一个单元内,并形成大小不同的满足不同人群的三种空间单元,依次排列,形成船上的建筑空间。单元可横向移动,于是形成了可变的负空间,作为餐厅,以适合各种类型的就餐需要。

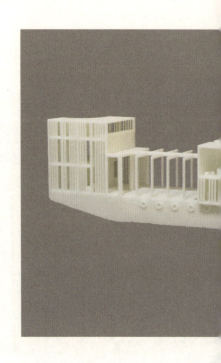

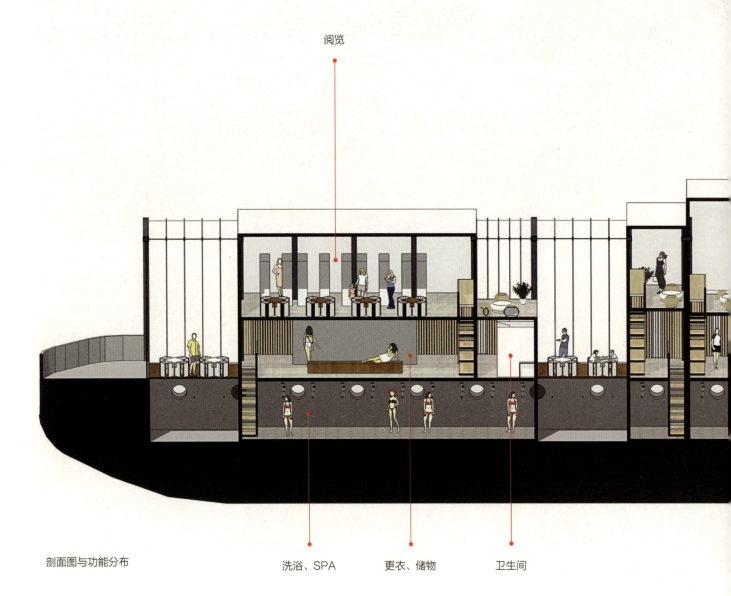

剖面图与功能分布 　　　　　　　　　洗浴、SPA　　　更衣、储物　　　卫生间

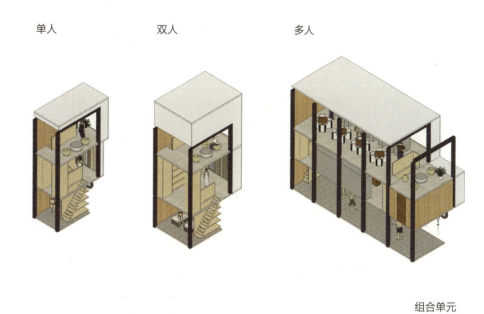

单人　　双人　　多人

组合单元

饮茶　　　　　　　　　　　　　　　　　　驾驶　　办公

餐厅　　　　　　　　　　接待　水循环　　厨房、库房

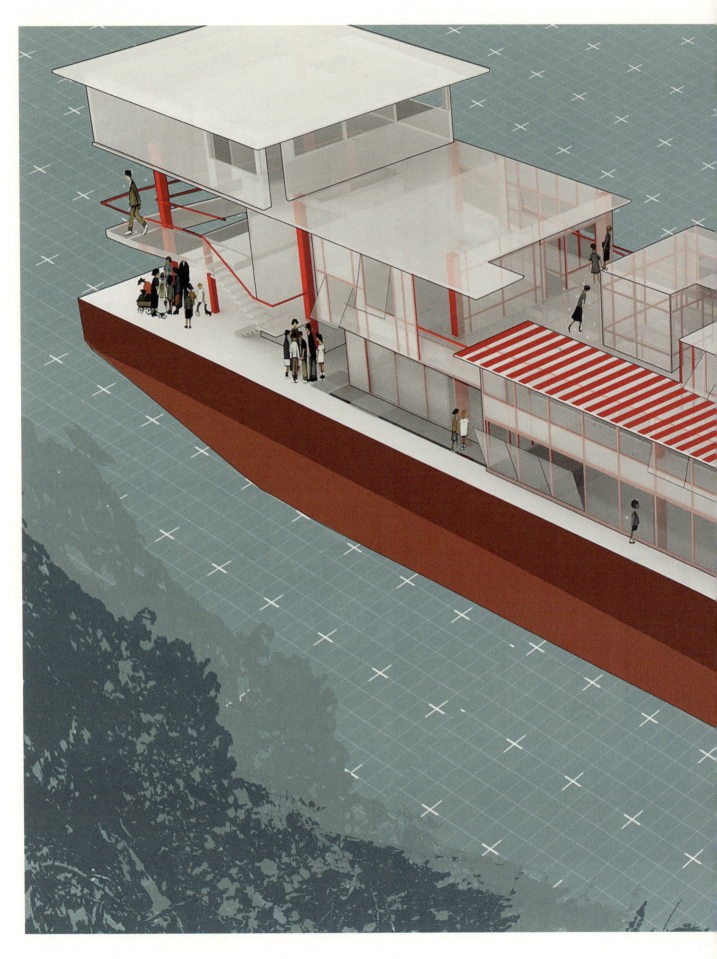

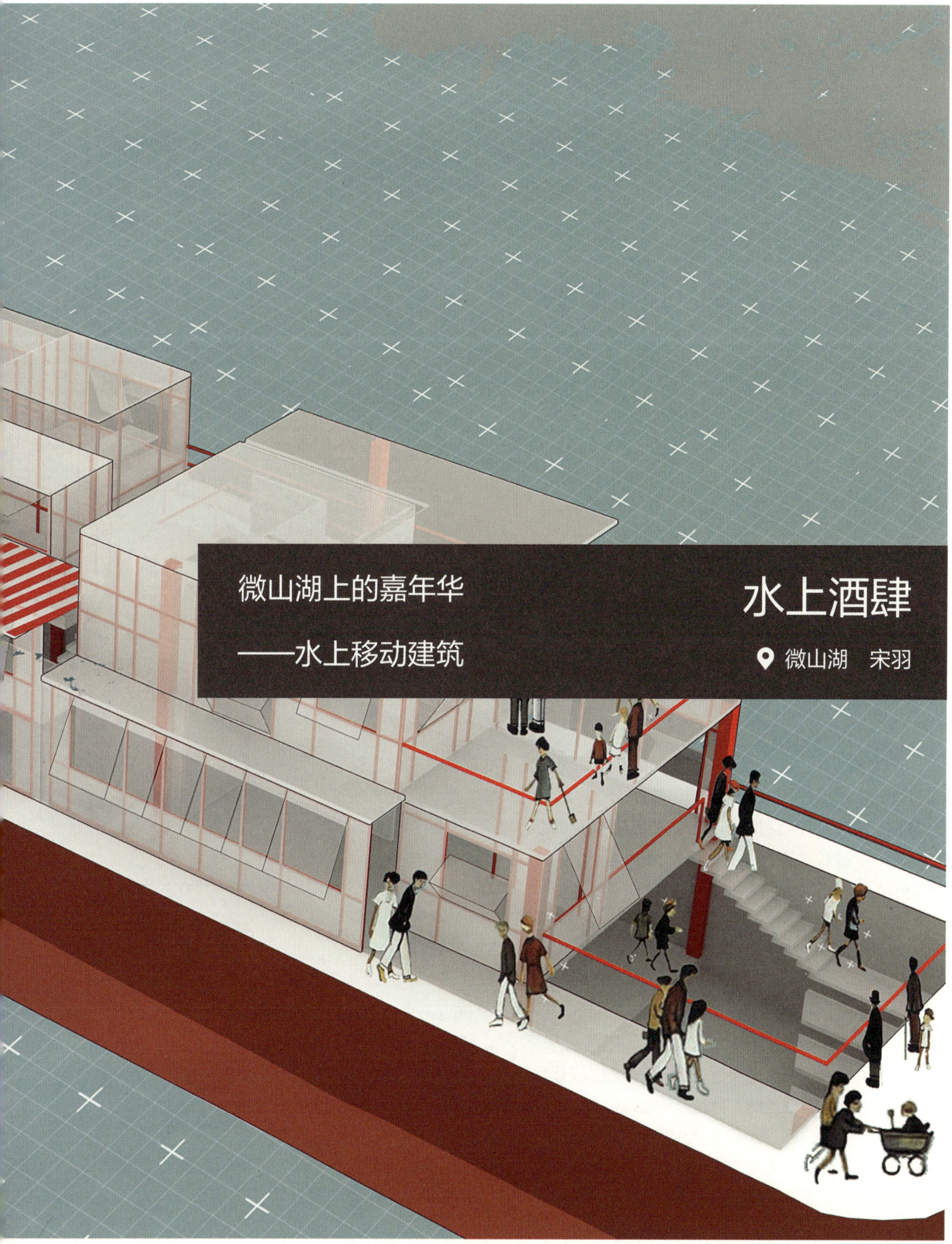

水上酒肆

微山湖上的嘉年华
——水上移动建筑

📍 微山湖　宋羽

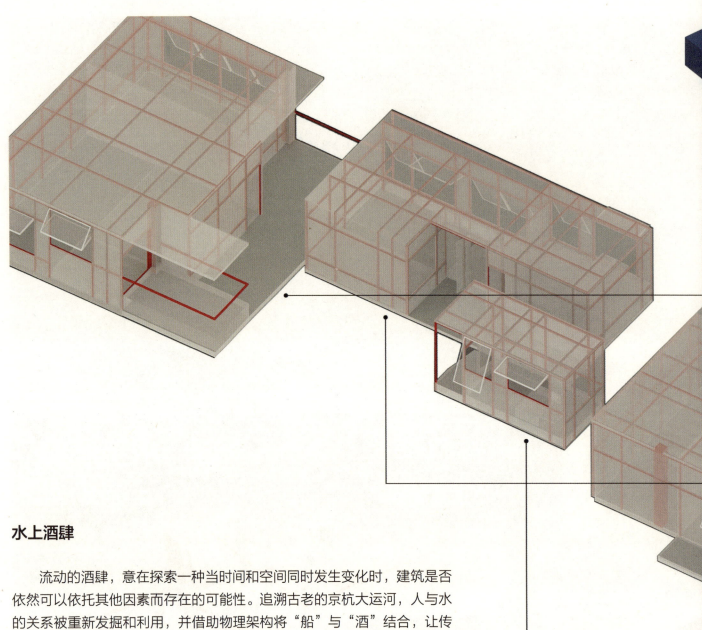

水上酒肆

　　流动的酒肆，意在探索一种当时间和空间同时发生变化时，建筑是否依然可以依托其他因素而存在的可能性。追溯古老的京杭大运河，人与水的关系被重新发掘和利用，并借助物理架构将"船"与"酒"结合，让传统文化中所谓的"饮人、饮地、饮候、饮趣、饮禁"在流动的船体中实现更多的体验式交流。

　　当今消费社会盛行之时，人们已经逐渐习惯并乐于探索更多新鲜的消费模式，流动的酒肆恰恰利用这一特征，结合线上与线下，借助App完成即时性的多方面体验模式的尝新。

　　这里可以是开放的交友平台，所谓"有朋自远方来，不亦乐乎"，无论是白头如新抑或倾盖如故，都能借此"酒逢知己千杯少"。同时，随着船体的移动，每次靠岸都会在当地举行"农家酒"交换集市，让传统的"酿酒技术"可以借助"流动酒肆"真正流动起来，在此，消费的主体和客体完成了物理位移上的身份互换，便于提供给消费者更多实体体验的可能性。并且，移动的船体本身就是良好的观光工具，依靠即时性的手机消息发布，将传统观光体验与线上消费更好结合，无论对于消费者还是商家，都不失为一种更好的消费体验模式。设计本身也因此被赋予更多乐趣与能量。

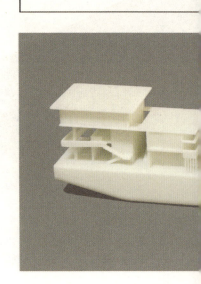

2015—2016 | 大运河2050 山东运河文化带再生 | 173

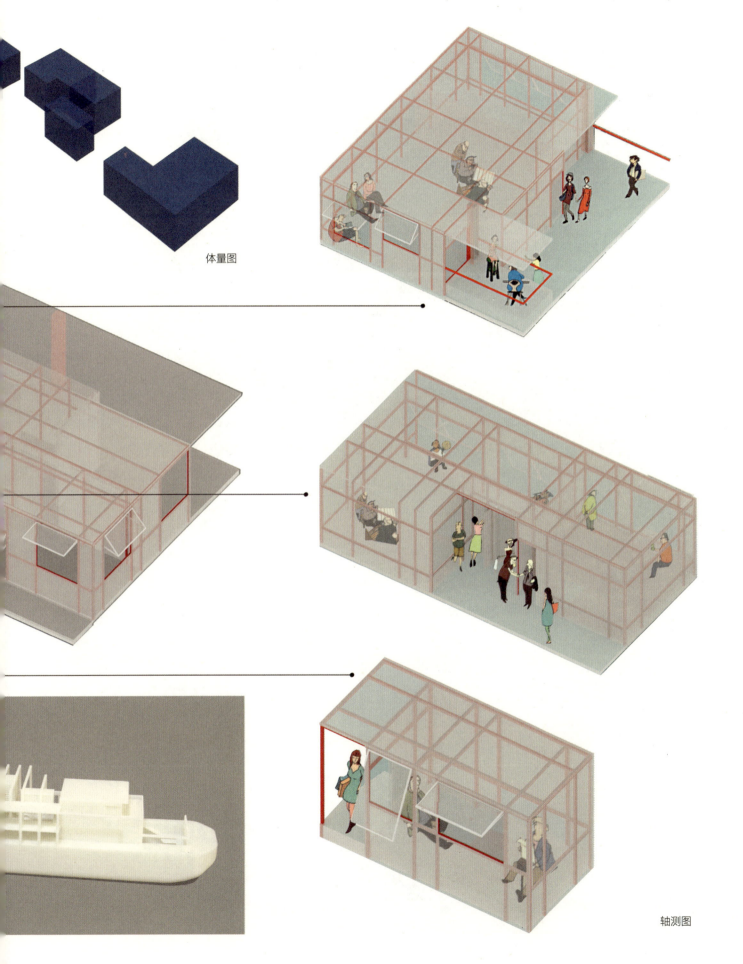

体量图

轴测图

微山湖上的嘉年华
——水上移动建筑

水上临时茶室

📍 微山湖　李师峣

水上临时茶室

在设计这样一个地理位置经常变化的嘉年华时,没有太多地考虑当地性,因为外界的环境一直变化,而各个地方的人文和自然条件也并不相同。所以设计者的出发点是将更多的关注点放在船本身,希望通过给船本身注入有趣的想法从而带动嘉年华甚至周围的商业活力。

船体设计概念强调两点。第一是强化水上空间的特点。水上空间和船上空间有什么区别?首先最主要的区别是身体感受的不同,人身处甲板上感受着水的晃动。如若将人从船板上升起,将视平线升高到感觉水从身下流动,也就是船浮在水上,人浮在船上的概念。

第二是灵活性与私人订制。从商业角度来说,与其说是销售商品,不如说是打包商品顺带销售体验。从建筑设计角度来说,消费空间的形成可以吸引顾客一同来完成。尤纳·弗莱德曼在20世纪50年代"移动建筑"的理论中提到:受过训练的居民,可以完成自己的建筑设计。给顾客提供一个使用规则,同时给商户提供一个快捷的搭建方法。运用现有的互联网技术,用户在这个规则内,可以预定出属于自己的消费环境。

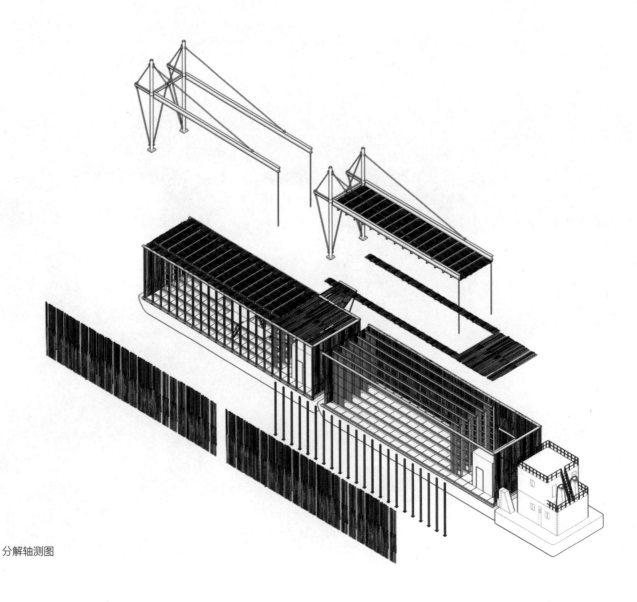

分解轴测图

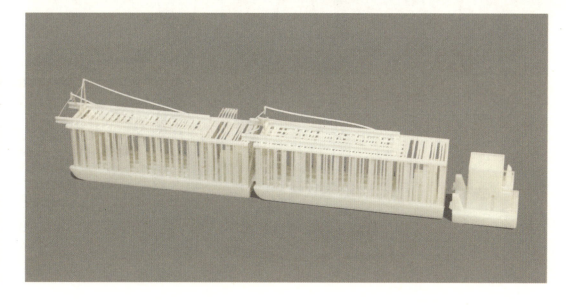

社会服务综合体

微山湖上的嘉年华
——水上移动建筑

📍 微山湖　张村吉

社会服务综合体

基地所在的南阳古镇的主要人群为中老年人群和留守青少年儿童,除南阳古镇主岛,其他岛屿和驳船上都有居民居住。以村为一个社区,众多沿岸社区连续起来,就构成了京杭大运河沿岸社会。

本方案希望为中老年人群和青少年儿童提供活动的场所,构建一个社会服务综合体,以图书阅览、短期训练、办公会议、医疗保健、餐饮娱乐等为主要功能,为运河两岸居民提供"一站式"便民服务。移动的服务综合体沿岸航行、定期到访,形成积极的社会效应。政府部门、社会服务、第三部门,三部联动,资源互补,利国利民。

建筑选用钢木轻型结构,具备低成本和绿色的特点,并增加防水结构。在体量的设计上体现出对于沿河两岸的无差别性。

结构轴测图

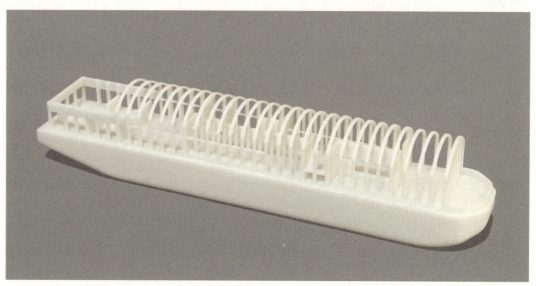

大运河2050东昌府运河文化带再生设计

中央美术学院建筑学院第四工作室2016届本科生毕业设计

大运河 2050

以水观复 城源潜径 —— 聊城四河头水利体验馆

📍 山东聊城　李师峣

基地分析

基地位置

基地位于聊城南郊一处名为四河头的地方。四河头如名，有四条河流在这片区域汇集，而建筑选择的地点，则是其中运河和一条自然河徒骇河交叉的地方。四河头是运河遗址上一个重要的水利枢纽，因徒骇河、金线河、赵王河及京杭运河四河在此交汇而得名。四河头因四河交汇的地理风貌和具有特色的水利工程的存在而一度被人熟识，曾经是聊城市民休闲游玩的最佳景点。

基地水利历史

四河头的水利历史可以回溯到到明朝。记载明永乐九年（1411年）东关通济桥改为通济闸，并建聊城李海务5座涵洞。清光绪元年（1875年）于城南四河头建金线河穿运涵洞（后淤废）。民国25年（1936年）建四河头徒骇河穿运涵洞4孔。同年，建四河头赵王河入徒骇河涵洞1座。中华人民共和国成立后，为了东昌湖注水和聊城农业生产的用水问题，1969年修建四河头渡槽枢纽工程。2000年，随着徒骇河橡胶坝的建成使用，四河头水利枢纽工程的拦蓄水功能丧失，遂停止使用。

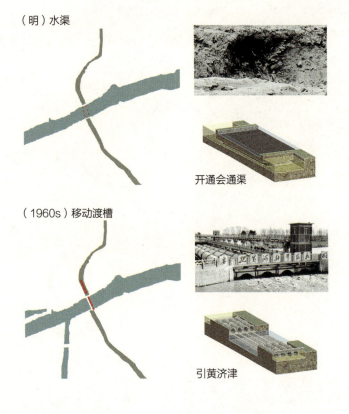

（明）水渠　　开通会通渠

（1960s）移动渡槽　　引黄济津

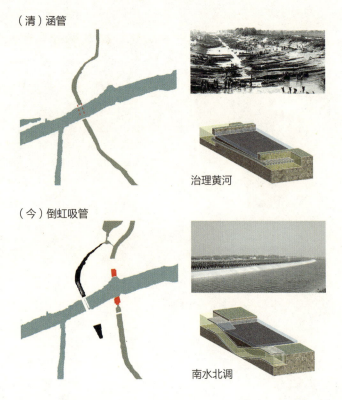

（清）涵管　　治理黄河

（今）倒虹吸管　　南水北调

掘

截

导

均

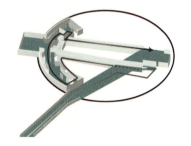
蓄

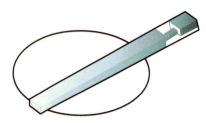
泻

基地现状

四河头如今既是京杭运河度假区段与市区段的交汇点，也是古城旅游与度假区旅游的重要节点。在古运河保护中，度假区计划以即将建设的四河头公园为圆心，向北对现有2000亩的凤凰苑农业科技苑进行改造提升，向南对现有的姜堤乐园进行提档升级，同时新开挖近5000亩的金龙湖项目，发掘运河文化，突出运河特色，打包建设以运河为纽带，以运河文化为内涵的生态休闲旅游区，与市城区的古城游、运河游有机地结合在一起，共同构建大水城旅游格局。目前，包含四河头水利枢纽遗址保护性开发工程在内的四河头公园项目已完成规划设计，即将实施。

同时，人工河道如今仍从南至北穿过徒骇河开始流向市区，这里也遗留下来历史上水利设施的痕迹，这些遗址如今融入周边的自然环境里，成为沿河景观上的一道特色。

188 | 大运河 2050

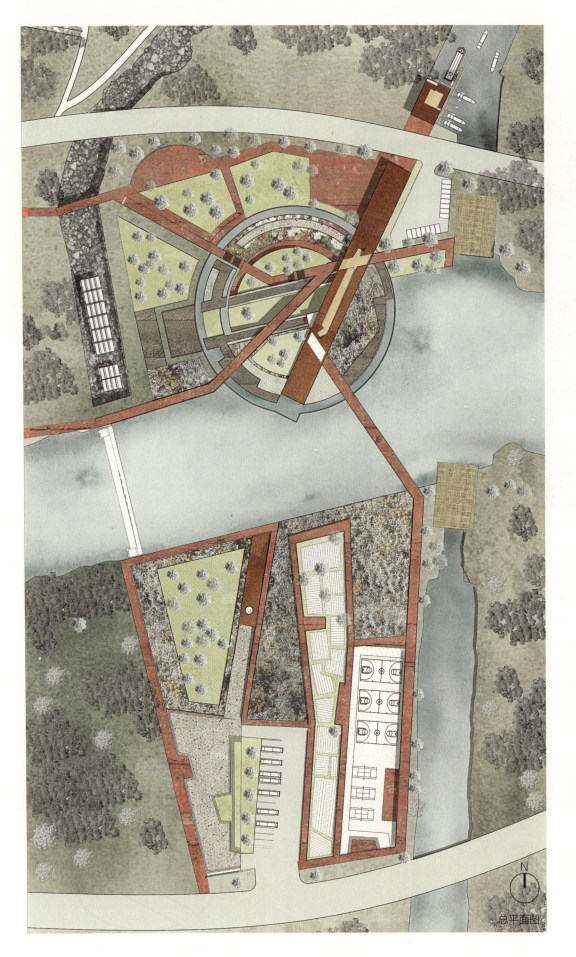

总平面图

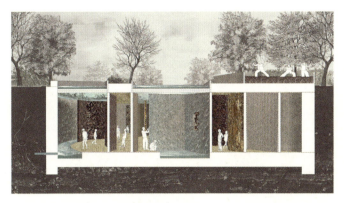

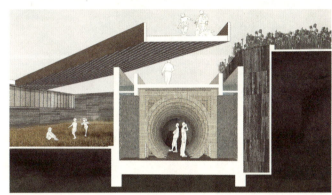
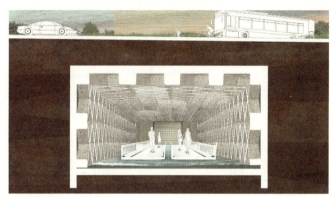

方案介绍

自然与人工——从宏观水利意义方面入手

水利其实就是人对自然的一种关系调整，所以解决人和自然的关系或者说人造空间和自然环境的关系是入手的切入点。鉴于大型公共建筑的体量，首先会对如今保有的自然河滨风光存在破坏性，并且会对周遭水利遗址有着压迫感，所以便想到了最原始的水利手法——破土，将人造空间安设在自然界面之下，这样最大限度地保持地表的自然风貌。人在地下，通过建筑的手法，也能制造出独特的体验，使人能从另外一个角度窥探地上环境，或是流水，或是植被，抑或是光，将建筑消隐在地表环境中。

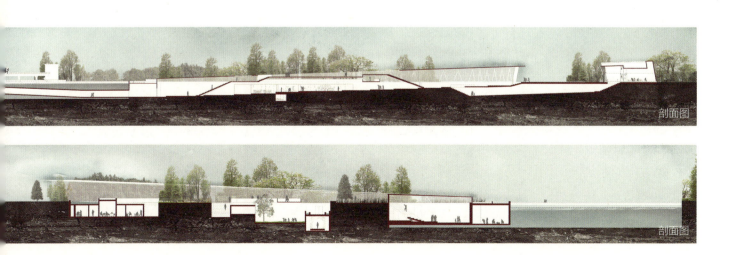

剖面图

地下一层平面图

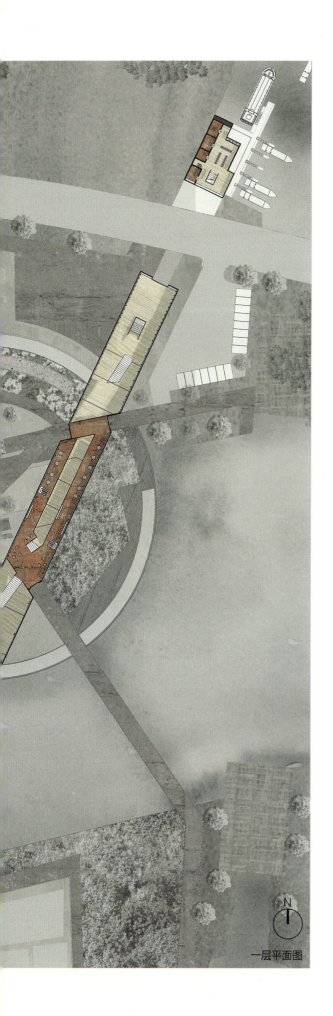

一层平面图

本地人与外地人——从本地水利特点方面深入

从基于此处的水利原理找到答案。文上所提到的四种输水路线，解决的都是人工河流和自然河流的矛盾，如何将水从南跨过自然河流往北输送一直是这里的议题。他们的共同特征是两条水线可以同时运作但互相不干扰，引申过来就是将两种不同动线的矛盾妥善处理。

所以方案中处理游客和市民在各自的游走动机下有独自行动的路线，彼此互相不打扰。做到他们在空间内可以相互看见但是不能互相接触。将地表环境保留在开放透气的环境下，是为了服务市民的休闲功能。而地下的功能空间也不完全封闭，两者即使在同一空间出现，也相互之间不能达到。通过这样二分法的手法，将游客和市民分离开来处理，又不完全剥离。市民在游客眼中也是一种展品，展示市民生活。而游客对市民也是一种刺激，提醒市民此地对聊城的意义。

功能的分配

作为起头点的建筑，既要有自身完善的功能组织，又要有服务于整条文化线的功能安排。地下空间按动静分，分为静的展览、办公及配套功能以及动的游客中心、码头等配套功能。展览功能区与交通区两者咬合，互为起点。而地上的室内空间则作为市民线与游客线的彼此缓冲，在空间内有个小面积的重叠。

游客从南边经过改造的河道入口进入，通过下沉水下通道进入地下建筑主体空间，再通过向上抬升的路线到达码头离开前往下一站，整条路线是设定好的线性路线。而市民则从北部到达，公园区的路线则是散乱、没有具体安排的休息观光空间。

水利类型在室内空间的植入

室内的展览体验空间，从历史上发生在四河头的水利类型得以变形。从明代的水渠、清代的涵管、中华人民共和国成立后的移动渡槽到现在的倒虹吸管。将这些发生在此地的水利设施，取其中的意境来打造室内的各种感觉，丰富其中的空间层次和观感，结合地下空间和水的引入，主要从声、形、动、感四个方面进行空间区分。

室外空间与水利场所的联系

地表遗留的遗址，处理策略为使之保存在透气、每个人都可看、可达的环境里，将其完全公众化。手法分别为：对渡槽管的保留作为室外展品、对废弃河道进行改造作为入口广场、对倒虹吸管地面部分作为滨水景观区域、对输水线沿岸作为滨河运动区域、对渡槽管及工作桥保留原样。再用地表路线将其串联，在此基础上还添加体验农区和水上活动区域。景观上面以树林和人造湿地为主，强化滨水属性。

这里也许是对聊城最重要的节点之一，但却也是现在最不容易被人记住的一个地方。百年来，水从这里流向聊城，滋养聊城的过去也将激活聊城的未来。但是在这样一个场所，我愿它还是一个弱化在自然环境里的场所，人类和自然在这里能够结合，不必互相打扰，就跟这里的人工河流和自然河流的关系一样。人类在这个城源隧渠之处，以水观复。

东立面图

西立面图

展览一

市民通道

 展览二
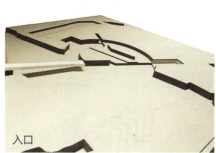 入口
 办公
 交通
 公园平台
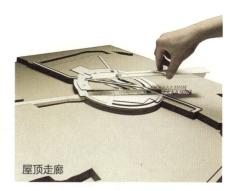 屋顶走廊

教师点评

庄雅典：这个方案利用四个时代的不同水利技术作为空间来呈现水利博物馆的真实内容，让参观人员亲自体验"水利工程"的空间，是一个最聪明的切入点。

李师晓同学利用当地水利特点，把公园游玩的市民的动线与博物馆参观动线分离，博物馆的户外空间和都市社区空间紧密结合，使得四河头水利博物馆融入自然，更融入社区与社会公园。

大运河 2050
城墙脚下 —— 贡砖文化公园

📍 山东聊城　殷漫宇

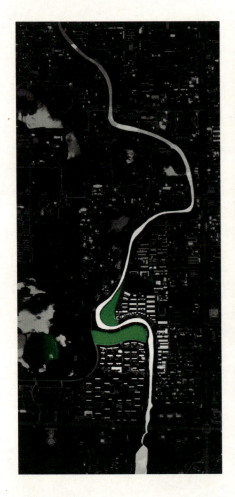

基地分析

城市问题

古城不古：古城内遍地混凝土浇筑的仿古建筑群，以及古城外"千城一面"的天际线，这些现象都反映出现代建造技术的普及提高了城市更新的效率，但是也误导了很多人盲目地摒弃传统建造工艺，大量混凝土与涂料、壁纸等廉价装饰材料的滥用，塔吊丛林间的仿古建筑群，以及复制的"台儿庄古城""西班牙小镇"，其实都是对所在地文化与风土精神的破坏，最终形成了没有灵魂的"千城一面""千古一赝"。

水城无水：大运河还在，东昌湖还在，但行走在这座城市中很难产生水城的联想。穿城而过的庞大水系更像一道地界，把城市分裂。沿岸规划忽略的亲水属性，也削弱了人与运河发生关系的可能性。相同的现象也出现在当地的景点，对特色元素的提取与开发还停留在科普层面，缺乏参与性与体验性的再设计。游客在这里只能走马观花，过目即忘。

临清贡砖

临清贡砖是临清当地烧制的一种青砖，是一种古老的手工技艺。烧制时间从明永乐初到清代末，经过了五百余年的实践。临清贡砖敲之有声，断之无孔，坚硬茁实，不碱不蚀。北京故宫、天坛、地坛、各城门楼、钟鼓楼、文庙、国子监以及各王府、陵墓中都有大量使用临清贡砖。2008年临清贡砖烧制技艺被列入第二批国家级非物质文化遗产名录。而如今，在以经济为中心的社会意识下，人们只看到其中的经济效益，传承人被当成地方的宣传工具，被限制在固定的表演格式与套路里，传承活动从文化整体中被剥离出来。这种急功近利的方式，不符合传统文化的精神内涵，甚至造成文化空间的严重破坏。

贡砖烧制技艺是一项"人在艺在，人亡艺绝"的活态遗产。临清贡砖烧制技艺遗产的唯一传承人景永祥今已年过70，其他学习烧窑的人是传承人自己的孩子，但是年龄也已经50岁上下。中青年一代又未形成职业化趋势，传承断代现象严重。而且传承人自身文化知识储备不足，只有熟练技巧，没有知识体系。当地的青年宁愿外出打工也不愿学习贡砖烧制。

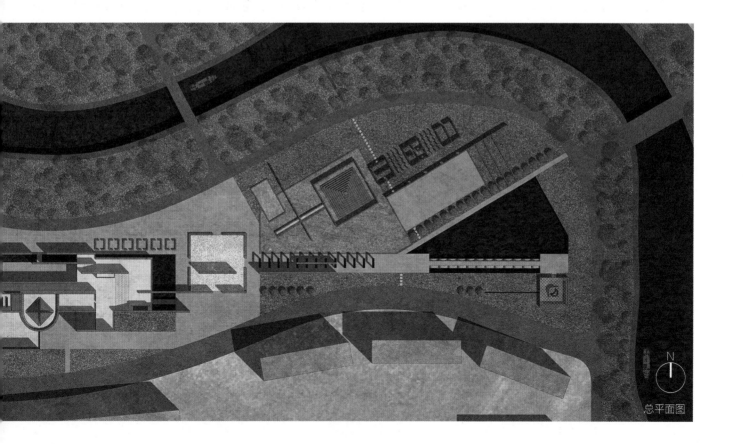

总平面图

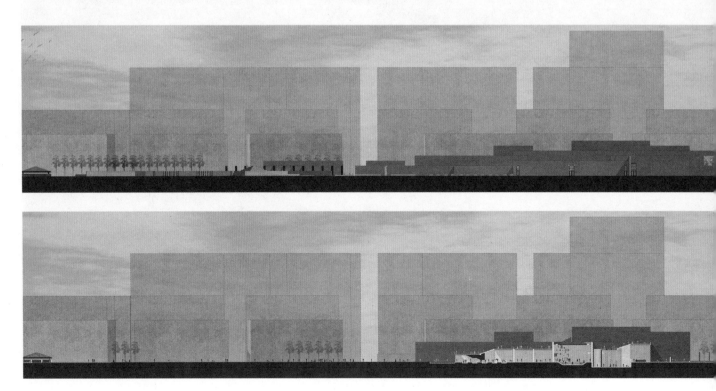

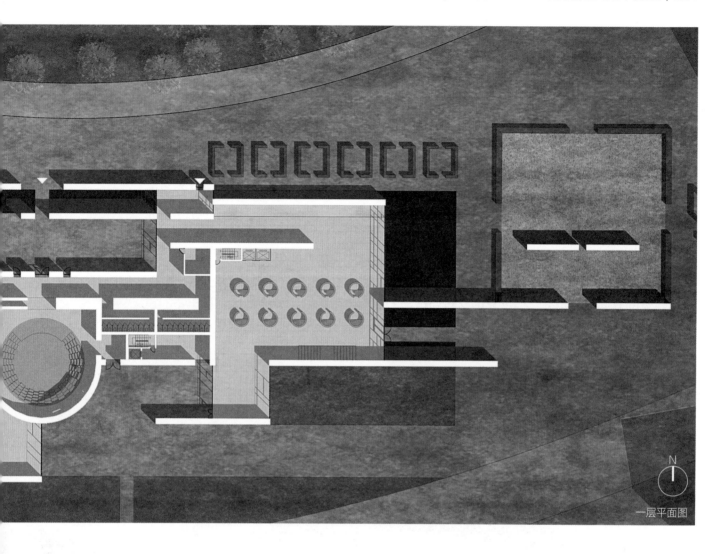

一层平面图

立面图

方案介绍

概念阐释

在唤醒当地居民的文化自觉性，在迷失中找寻出路的同时，设计者希望尝试重塑贡砖文化的神圣性。提到神圣性，首先想到的就是用贡砖建造的皇城，考古学上称它为飘来的北京城，但太和殿等故宫的宫殿都是木结构的，用贡砖修筑的其实只是紫禁城的城墙、天坛的回音壁、定陵的金刚壁等。所以，我想把"墙"作为后期方案设计的一个核心意象，于是我用层层叠叠的墙构筑了这样一座建筑，屹立在城市中，就像一座废墟，充满末日景象，正如贡砖文化目前的窘境。人们站在它的面前充满了迷失感，正如他们对贡砖文化的误读。建筑正如一座迷宫，有着明确的出入口与穿越它的路径，只是身在其中的人察觉不到，而指引他们找寻出路的标记，就是烦琐而精密、一步也不能少、一步也不能错的贡砖烧制流程。

成果展示

基地位于聊城市东昌府区古城以南的运河转折处。周边除了另外两位同学的基地外，主要还包括两座学校——聊城一中与文轩中学，以及一座住宅区——新东方·龙湾，三者之间又频繁发生着流线联系。而基地使用现状是一座在建的城市公园，放学的学生穿过场地进入南侧的住宅区。所以，方案初步规划保留基地的原有属性，即城市公园，设计的功能模块以小体量的建筑与装置的形式置入其中。两条主要流线也被保留下来，并把基地分成两大部分：西侧面向运河纵向河道的部分为主要的建筑立面与功能分区，东侧则是城市公园。两条流线的节点空间在保留必要的通过性的基础上，增加视觉引导性，达到流线通过、视线停留的目的。

结合功能设计，在这里生成了四种功能意象，分别为：看——贡砖博物馆——陈列展示临清贡砖的烧制技艺遗产；做——贡砖DIY手工工坊——提供具有全民参与性和体验性的贡砖烧制实验活动；用——贡砖建造广场——以贡砖为主要材料的儿童搭建活动场地，在这里有一件有意思的事情是积木，它与砖具有相似性，都是一种模数化的材料，通过手工搭建完成；以及感——一座象征贡砖文化神圣崇拜的贡砖主题城市公园，希望它不是普通的城市绿地，而是一座以贡砖为主要材料构筑的，具有更多行为发生可能性的场所。

建筑主体的层次与背后城市的错落关系具有某种相似性，但是与千城一面的城市相比，这座建筑的立面虽然匀质，但是它的材料中蕴含的底蕴与承载的精神会带给它更丰富的表情。希望人们在抬起头看到这座建筑时，内心深处对这种文化的认同感与敬畏之心能被唤醒一点点。

空间分析图

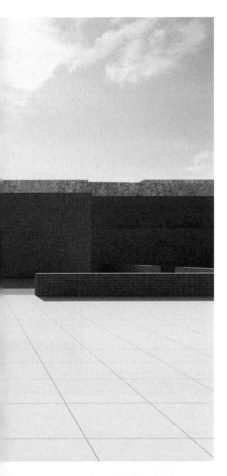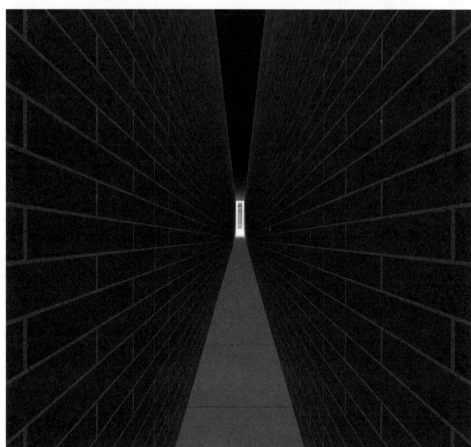

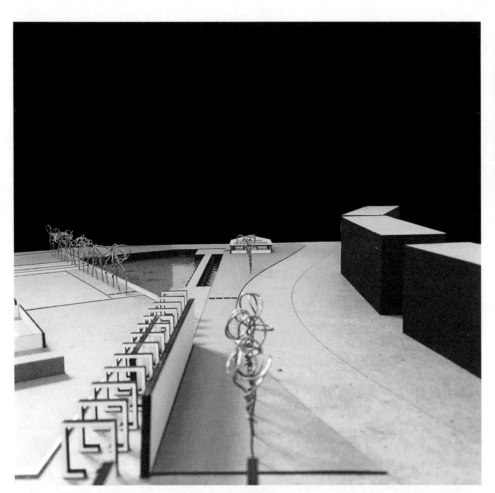
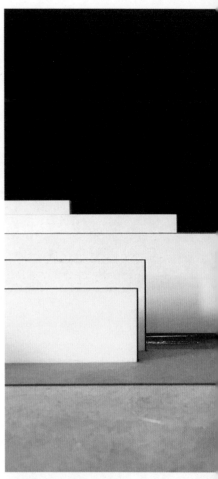

教师点评

庄雅典：用"贡砖"这个材料来建构贡砖文化公园，是一个非常耐人寻味的议题。从"贡砖"的本质，到建造的本质，都是寻找这个材料在现代的新的可能性。"砖"这个材质，在不同的建筑大师手里，可以变换出千变万化的形式与空间。路易斯康说"砖说，我要成为拱。"找到一种材料最能打动人的建筑形式是每一个建筑师的责任。

殷漫宇同学在这个文化公园的广场设计中，把贡砖和乐高相联结，是非常有创意的想法。把贡砖原本是用在皇家纪念性建筑的材料转化成"童趣"的材料，把纪念性转化成"游戏性"，解放了贡砖材料的可能性。然而乐高的游戏性在"文化公园"的前提下，走向纪念性的呈现。

当然，贡砖所创造出的空间变化与品质应该是令人惊艳的。

大运河 2050
裁山浸序 —— 酒文化博物馆

山东聊城　张村吉

基地分析

交通

代表中国商业文明的京杭大运河和代表农业文明的黄河在此交汇，贯穿中国南北的京九铁路和链接祖国东西的胶济邯铁路及高速公路在此相交形成"黄金大十字"。

历史

聊城的城市发展可追溯至两千五百年前，元至元二十六年，经聊城的会通河被开凿为京杭大运河之一段，成为沿河九大商埠之一。1855年之后，因大运河流断道涸，聊城又变为交通闭塞之城。但20世纪90年代，铁路和高速公路的开通为聊城带来了新的契机。所以聊城一直以来是鲁西政治、经济、文化中心，于1994年被国务院批准为国家级历史文化名城。

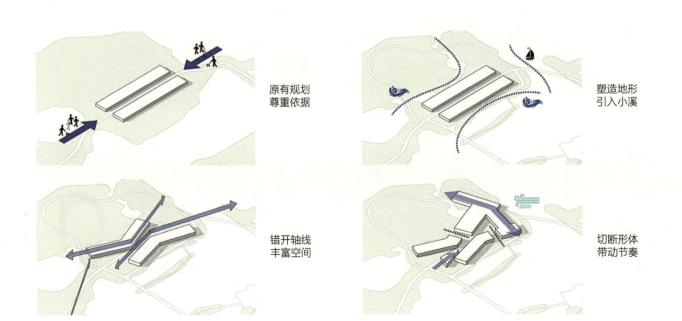

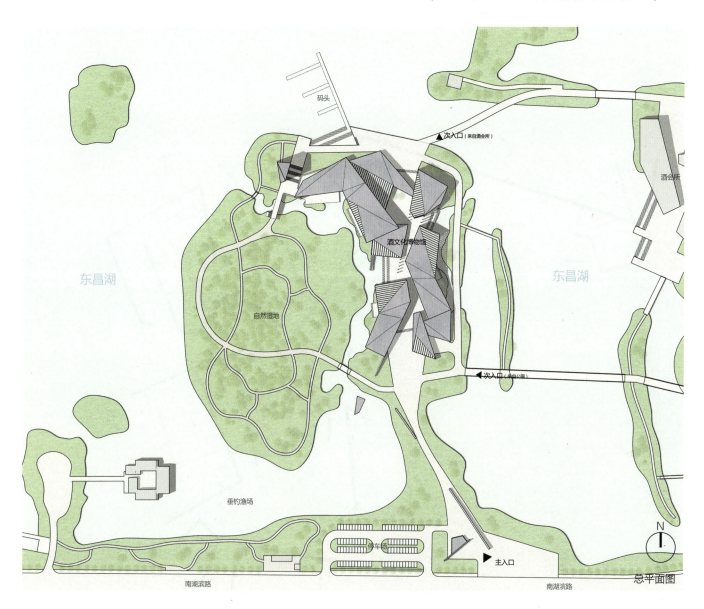

总平面图

创造绿地
山水建筑

南入阳光
错落形体

聊城市古城区

运河以西，砖房瓦舍，湖水环绕，为历史发展延续下来的老城区且又分为运河文化带和古城区（东昌古城）两部分。古城方方正正，面积1.17平方公里，环绕古城四周的是东昌湖，碧水环古城，古城环碧水，古城与新城一起形成"城中有湖，湖中有城，城湖一体"的独特格局，被中外专家称为"中国的威尼斯"、东方的"诺亚方舟"。

聊城酒市场

聊城白酒市场，本地品牌占有份额为20%，外来品牌占有份额为80%。整个白酒市场的喜好由高度酒转变为低度酒。聊城白酒市场销售额2012年为31亿，2014年为28亿，2016年，销售额大幅下降至15亿。

应对策略：重塑本地品牌，产品定位转向，契合养生理念，培养消费习惯。

一层平面图

二层平面图

A-A剖面图

方案介绍

概念阐释

弘扬酒文化不仅是重塑人们对当前酒文化的态度，也助力古都聊城焕发新生机。酒文化本是闲适生活的重要表现形式，虽然酒在当前社会极为盛行，其文化地位却大不如前，正如聊城当前已远不及历史曾赋予它的辉煌地位。聊城现在四通八达的交通旨在焕发它作为运河古都新的生机，回归寄情山水的酒文化也将重塑人们对酒和现代生活方式新的认知。

数千年来，在中国的历史长河里，酒文化与中国文化中的其他项已密不可分，相互交融影响，紧密地结合在一起。而在这其中，选取最有人文情怀的"酒与诗词"作为探索酒文化博物馆设计灵感与方式切入点。

"醉翁之意不在酒，在乎山水之间也。山水之乐，得之心而寓之酒也。"欧阳修当时呈现的就是高堂庙宇之外的闲情野趣，这句诗恰好为"在现实社会短暂抽离，追求精神自由"的酒文化主题做了贴切的代言。故以此为灵感，将山水与酒在设计中具象化，将设计方案作为诗句的建筑载体。

B-B剖面图

裁剪山水，浸透秩序

　　建筑形态来自于欧阳修的"醉翁之意不在酒，在乎山水之间也。山水之乐，得之心而寓之酒也。"取竖向山林与连绵山峦为载体，通过建筑形态表达山水意向。具体呈现在屋顶上，也就通过剖面图和立面图来表现。建筑的流线设计是对于饮酒过程的转化，打破秩序，重新再现饮酒过程中"清醒——醉——清醒"的状态。体现在平面上就是各功能体量的独立，以及丰富的流线。

　　裁剪山水，浸透秩序。用聊城酒文化博物馆设计去酿造发酵酒文化的魅力。依托大运河与东昌湖，意在探究酒文化与空间形态、人行流线之间的关系。并借形于山水，积极利用基地，创造出展览体验与自然环境相互交融的状态。振兴聊城酒品牌与市场的同时，为当地居民提供一个亲水休闲的好去处。

南立面图

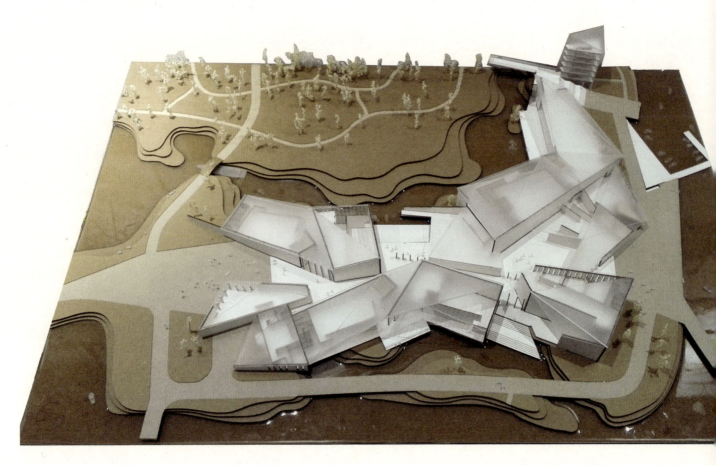

教师点评

庄雅典:"酒文化"作为一个设计问题,很难找到切入点。虚的概念该如何落实表达?建筑空间如何呈现"酒文化"?张村吉同学从欧阳修的酒诗"山水之乐,得之心而寓之酒也"转化,把酒之乐与山水之乐联结起来,把"酒文化"与山水文化并置出一个有趣的可能性。

既然是"醉翁之意",建筑空间一定是东倒西歪的,因此在岛上造了一座山,吸引参观酒文化的观众入山寻酒!

"酒文化"虽然不是"山水文化",只是"醉翁之意"相通而已,因此公共空间极力颠倒阴阳。但展览空间中规中矩,只觉得"裁山""浸序"浅酌即止,少了狂草的醉翁画性。在山之乐为何乐上还可以再深入。

2015—2016 | 大运河2050　山东运河文化带再生 | 219

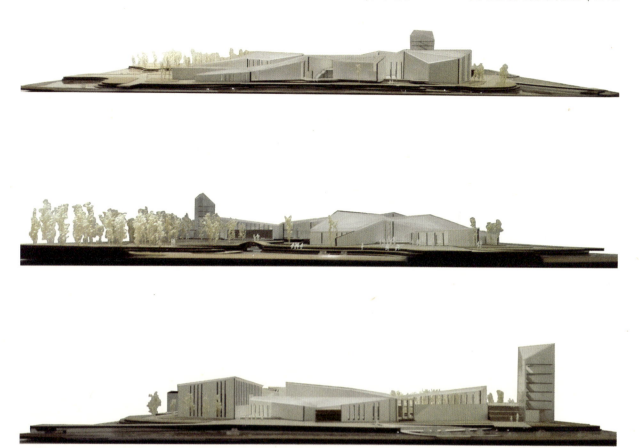

大运河 2050
聊园智志 —— 明清小说创客工场

📍 山东聊城　颜梓珺

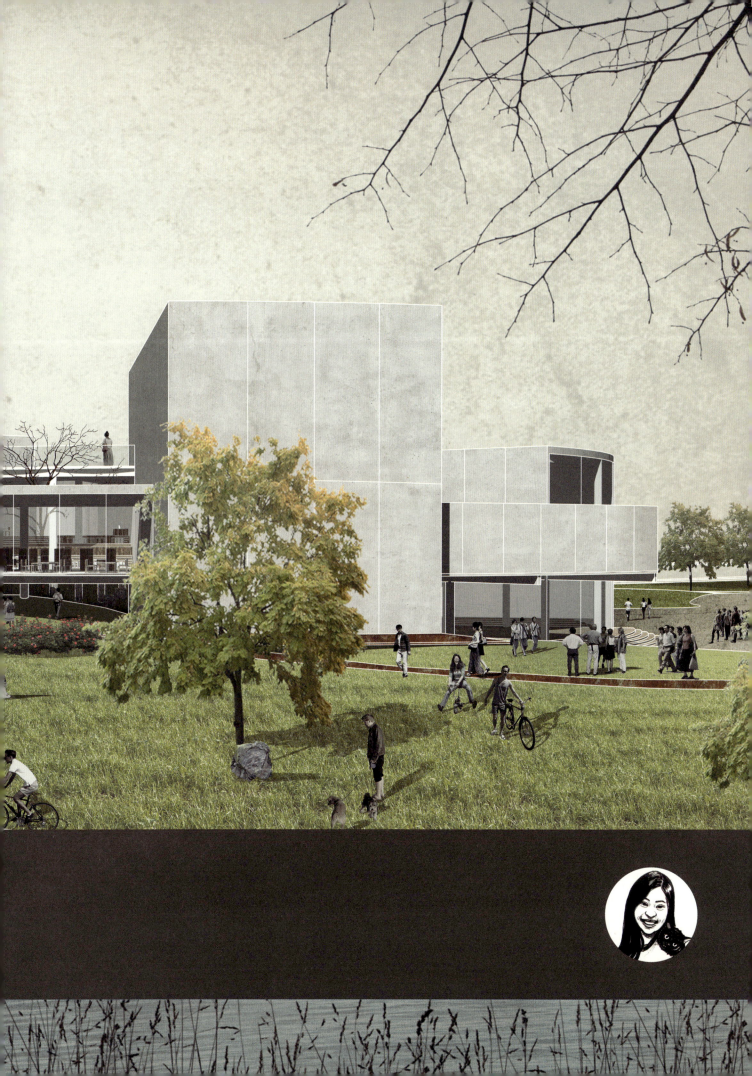

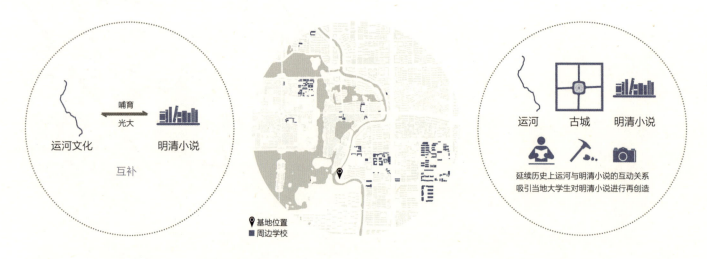

基地分析

聊城素有"中国北方的威尼斯"之称。大运河穿城而过，明清时期借助京杭大运河漕运的优势，成为沿岸九大商都之一，繁荣昌盛达400年之久，被誉为"江北一都会"。而环绕东昌府古城的东昌湖则是中国北方最大的湖泊。

设计者将基地选在了面朝东昌湖，紧邻大运河的一个小半岛上。小半岛地处文教区，周围多是学校、居民区，拥有良好的文化教育氛围。基地又位于大运河2050的中部，起到了沟通联系上下不同文化建筑的作用。但是基地上有大量的树木，阻挡了人在广场上观看运河的视线，造成了人在运河边却看不到运河的怪异现象。希望可以通过一些手段改善基地的不足，让市民、学生和游客拥有一处亲水亲自然的休闲娱乐的绝佳场所。

明清小说的主体是运河流域小说，运河流域的市井生活则是明清小说的主流题材。一是

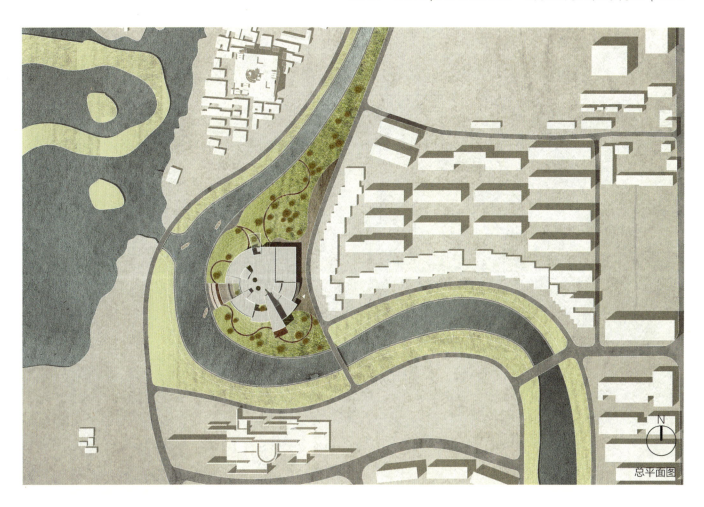

总平面图

因为运河流域小说在明清小说之中占据了极大的比重和分量；其二是因为运河流域小说在当今研究领域中的涉及率高，许多被深入研究的明清小说多出自于运河流域文人之手，例如我们熟知的《聊斋志异》中的《胭脂》就是发生在东昌湖畔边上的有名篇章：牛医的女儿胭脂在东昌湖水边洗衣时与秀才鄂秋隼相遇，一见钟情，本欲结成佳偶，不料卷入一场杀人案，两人含怨受尽牢狱之苦，幸得山东学政智破此案，才洗清了他们的不白之冤，最后县令做媒，让有情人终成眷属。

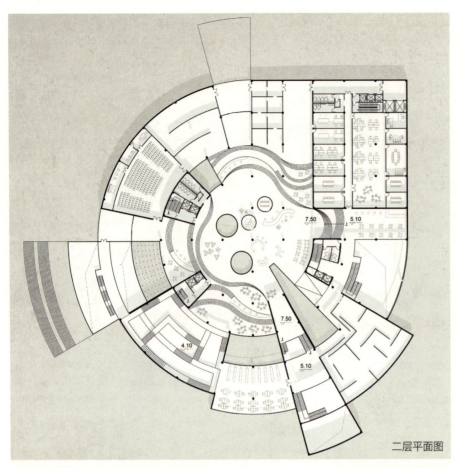

二层平面图

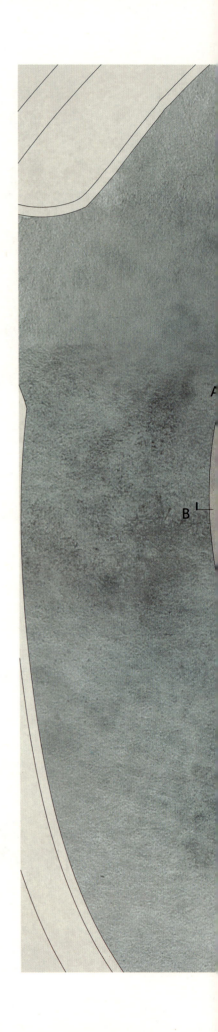

方案介绍

体量生成

　　首先从功能上考虑，将建筑分成三个部分，其一是原始资料的展示，其二是通过原始资料进行再创作的智力工场，其三为经过智力工场发酵生产的产品体验区（多媒体展示、市集、市场）。根据功能需求打散体量，并根据展示、报告厅、智力工厂等不同功能、空间需求错动体量。基地、建筑作为亲水、亲自然的公共文化空间使用，让艺术与书籍走进大众。

　　接着从体量上考虑，沿河退线并根据河岸线的弧形走势生成初步体量。基地原址为一个供周边居民休闲娱乐的小广场和一个小坡地，设计师

一层平面图

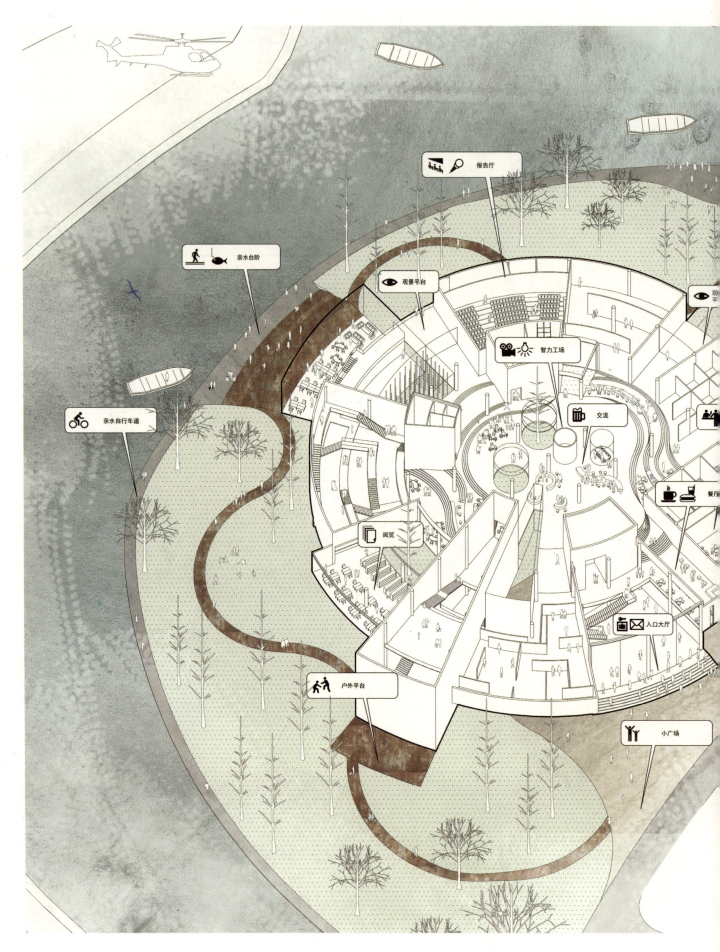

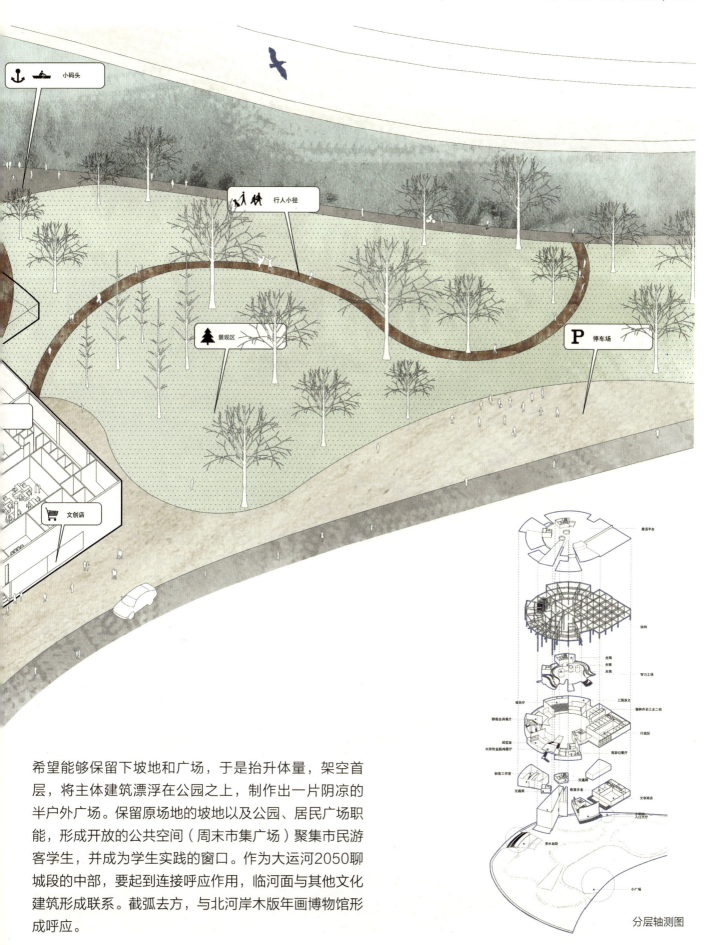

分层轴测图

希望能够保留下坡地和广场，于是抬升体量，架空首层，将主体建筑漂浮在公园之上，制作出一片阴凉的半户外广场。保留原场地的坡地以及公园、居民广场职能，形成开放的公共空间（周末市集广场）聚集市民游客学生，并成为学生实践的窗口。作为大运河2050聊城段的中部，要起到连接呼应作用，临河面与其他文化建筑形成联系。截弧去方，与北河岸木版年画博物馆形成呼应。

A-A剖面图

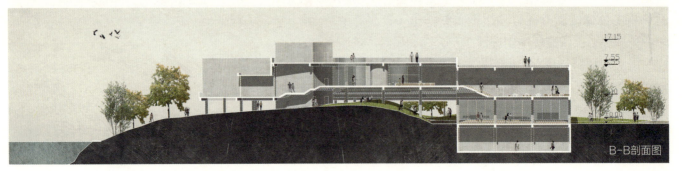

B-B剖面图

剖透视图

功能空间

在方案中首层架空，留出了一个入口小广场以及自然坡地，又加入了随着地形起伏的行人小径，可供行走，行人可以随意地穿行于建筑内外。沿着河岸是亲水自行车道，并设置有小码头以及亲水阶梯，游人可以在此休息，远眺古城风光，创客学生们可以在自然中讨论创意创业、激发灵感。由台阶上行，是比较私密的创客工作室，与二层中间的智力工场不同，这里满足一些不想要被他人打扰的创客的不同需要。首层还设置有文创商店、入口大厅、沙龙、教室等多种体验明清小说的功能空间。

通过入口大厅或者两个交通筒进入建筑二层，则是原始资料的陈列以及智力工场的部分。创客空间最重要的就是开放自由，让使用者可以在此互相交流，激励大家从事自己热爱的事业，形成新型产业的孵化器。明清是中国小说史上的繁荣时期。从明代开始，小说这种文学形式充分显示出其社会作用和文学价值，打破了正统诗文的垄断，在文学史上，取得与唐诗、宋词、元曲并列的地位。清代则是中国古典小说盛极而衰并向近现代小说转变的时期。我国小说在魏晋南北朝时期初具规模，志人志怪，为明清小说的繁荣准备了条件。元末明初，在话本的基础上，产生了长篇章回小说《三国演义》《水浒传》《西游记》等。而明清小说创客工场就是要将二者结合在一起，古今融合，激发出更有趣的思维创意。

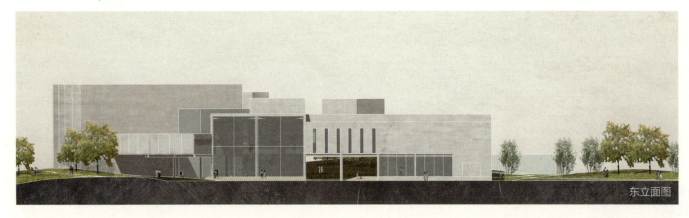

东立面图

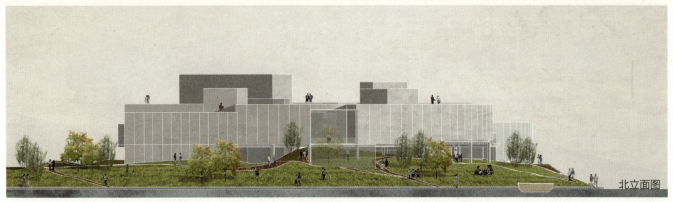

北立面图

教师点评

韩涛：颜梓珺的方案选择的场地是极具挑战性的，即古城、运河水系与护城河水系的交汇地带。建筑在这样的敏感地带有两种策略，场域的地景化处理，或物体性的雕塑感点景。颜梓珺的方案选择了后者，但也有意识地结合了前者。即在一个整体化的团块处理基础上，有意识地将体量内部切入多重裂缝。比如架空的地表、渗透性的内院、错落的屋顶机理，这些手法一定程度上化解了大体量介入的环境压迫力。颜梓珺的第二个策略在于对地方文化生产方式的系统性引入，即小说创客工场的当代激活，由此系统性地组织了整个功能计划，并在图纸中进行了深入与有质量的表达，这是一个值得肯定的文化策划能力与当代立场。

方案的主要商榷之处在于建筑学语言的研究与深度，比如架空手法的有效性还可以挖掘，地景空间需要戏剧性的正负形组织，入口空间的序列与趣味、停车场的高差组织、重要节点与古城的对景都需要强化。当然这些维度作者都有回应了，但只有到了一个深度之后，才能被感知。

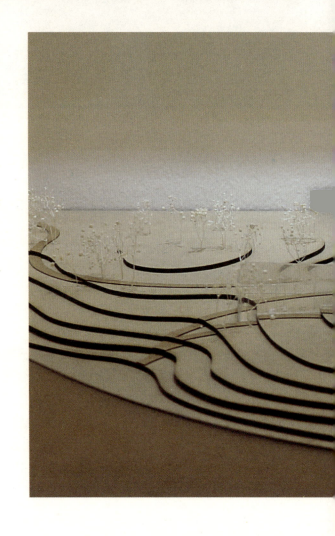

大运河 2050
镌城印漾 —— 东昌府木版年画博物馆

山东聊城　张天禹

基地分析

东昌古城

东昌古城是坐落在聊城市区内东昌湖中间，北宋时期的城垣。城呈正方形，总面积约100万平方米。从空中俯瞰，湖水像一幅巨大的缎带环绕古城，古老的大运河似玉带在古城区蜿蜒而过，铁塔、光岳楼、山陕会馆如明珠闪烁于城中湖畔。历史的渊源给东昌古城留下了繁多的文化艺术和生活气息。民间剪纸、东昌葫芦、木版年画等民间艺术，还有古城的状

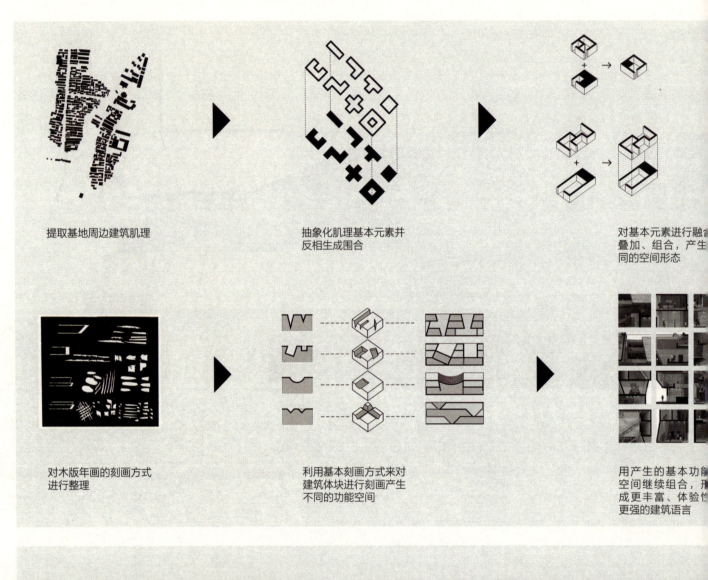

选取基地中旧城老房中处于交通核心的保留较为完善的作为建筑生成的基本模板

保留老房子的基本位置和平面布局

新建筑在旧城布局之上根据功能需求不同进行改造

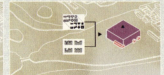

建筑生成过程中加入两个基本空间生成概念

三大主要功能体块：展
体验、传承

元街、考院街、十县胡同、火神庙街、关帝庙街等传统风貌街……提起这些文化见证，古城老居民津津乐道。这些古城文脉为我们提供了大量可利用的资源，深入探究古城与运河的关系，激发了我们对于新城与古城关系的进一步思考。

东昌府在明、清时期曾为古运河沿线九大商埠之一，被誉为"漕挽之咽喉，天都之肘腋，江北一都会"。明清两代东昌府得益于京杭大运河漕运而兴盛，经济繁荣、文化昌盛达四百年之久。而乾隆皇帝御笔题名的天下第一楼——光岳楼，是康乾盛世康熙帝四次驾临、乾隆帝九次驻跸的地方。如今的东昌古城，依然保持着原有的城市格局——四条经纬分明的

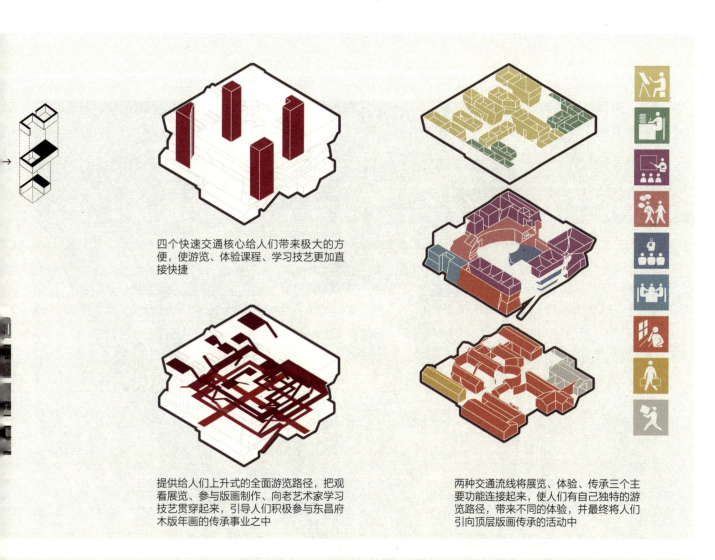

四个快速交通核心给人们带来极大的方便，使游览、体验课程、学习技艺更加直接快捷

提供给人们上升式的全面游览路径，把观看展览、参与版画制作、向老艺术家学习技艺贯穿起来，引导人们积极参与东昌府木版年画的传承事业之中

两种交通流线将展览、体验、传承三个主要功能连接起来，使人们有自己独特的游览路径，带来不同的体验，并最终将人们引向顶层版画传承的活动中

将旧城的其他老房融入周围的景观之中

设立三种交通方式链接运河文化建筑带

利用周围景致和旧城元素增加互动性

增加建筑的体验性，激发运河的活力

古老街道向四处延伸,通过长长的拱桥与湖对岸连接。从第一次古城规划算起,五十多年来,东昌古城特色格局基本没有改变,这在各地古城保护行列中称得上是一个"奇迹"。在齐鲁大地有一座被誉为"东方威尼斯""中国江北水城"的凤凰古城,方方正正、状如棋盘,在环城湖的环绕下,悠然而宁静地漂浮在千顷碧波之上……

东昌府木版年画

刻印方式:东昌府年画的发展有自己的独特方式,即历来刻制、印刷分家,印工早期雇自张秋镇,刻版来自东昌府刻书地堂邑县西的三奶奶庙、徐一发村和骆驼山一带。聊城在明清之际刻书业尤为发达,先后有文英堂、聚锦堂、聚和堂、聚盛堂等二十多家书场开业,印制出版物有数百种之多。当时的刻书雕版及印刷装订,虽是手工操作,但经过民间艺人的长

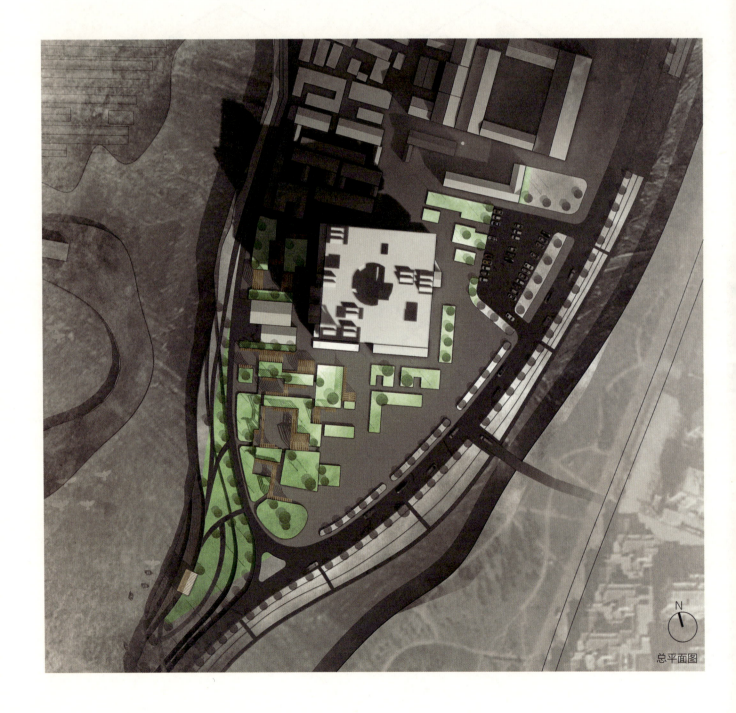

总平面图

二层平面图

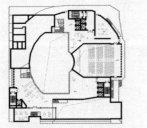
三层平面图

四层平面图

五层平面图

六层平面图

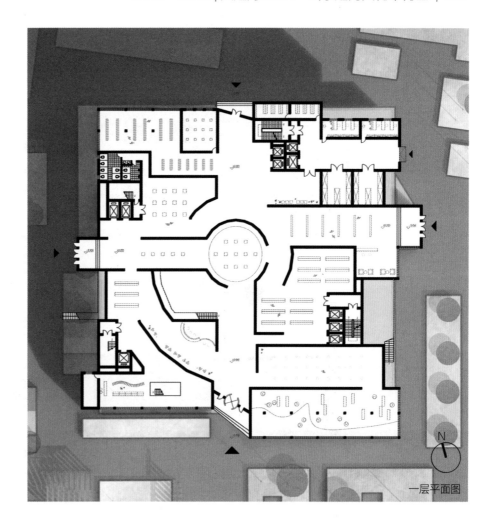
一层平面图

期实践锻炼，工艺却十分讲究，清朝末年，随着石印和铅印的出现，木版手工刻印受到严重的排挤，兴旺发达的刻书业从此一蹶不振，刻书业者开始转行，当地著名的刻书高手徐广忠、徐广成二人后来就从事门神纸码的刻版，为东昌府的门神艺术做出了巨大的贡献。据调查，雕刻版画的有上百人，大都是从刻书业转型到刻印木版年画的，形成了一个艺术群体，这个艺术群体的刻工大多数是从为书籍雕刻插图开始，扩展到门神、纸码等品类的创作，即从木版印刷书业转业到印刷民间版画，这种现象是其他年画产地不曾有的。不仅在刻版上东昌府年画受到刻书业的影响，甚至在印刷年画的过程中同样借鉴了刻书业印刷绝活。

题材类型：东昌府年画以神像画为主，仅"门神"一项就达37个种类，年画题材丰富多彩，多取材于历史故事、戏曲故事、民间传说，以及福禄喜庆性质的吉利画等方面。从题材来看，东昌府年画和其他年画产地一样，都反映了与群众生活息息相关的特点，同时又具有自己的特点。在类型上，东昌府年画中有一种特殊的类型，即"书夹子"，也被人称为"书本子""布轴子"。"书夹子"在创作题材上缺乏东昌府年画中的神像素材，而更多的是戏剧故事和花鸟题材以及一些吉祥图案，但它和其他年画一样，也是一种群众喜闻乐见的以图像为主的民间艺术形式。

方案介绍

　　提取东昌府木版年画的制作过程来塑造建筑空间，主要分刻画和印制两大方向。通过抽象化模板雕刻的四种刀法形式来增添建筑的变化，产生更多的互动性。建筑不仅寄托了对运河文化的崇敬，同时也祈望能够吸引大众投入到大运河的文化传承之中，运河之水长流聊城，运河文化经久不息。

　　此次设计意在表达对运河文化的崇敬，对保护、传承非物质文化遗产的一种推动，希望在"大运河2050"的大环境之下，进行对古城更新的进一步探讨与探索。从而展现一种态度：新城的更新在空间上可以有多种多样的形式，但一定要建立在对古城精神的继承与创新之上，一味地拆迁重建仿古建筑是不明智且不可取的。

剖面图

剖面图

教师点评

庄雅典：这个方案从木版画的刀法找到了剖面空间的手法是令人拍案惊奇的点子。展示空间与展示动线之间变化丰富，而这些变化又是基于对东昌府老城都市空间纹理的提炼。老城的都市"平面"在木刻刀法"剖面"的手法下，碰出令人意想不到的空间火花。

立面量体试图以"展览""体验""承传"三个主题来呈现。把平面的机能造型堆叠起来，形成一个非常强烈的并置效果。如果立面可以选择有更强对比效果的材料会更有意思。

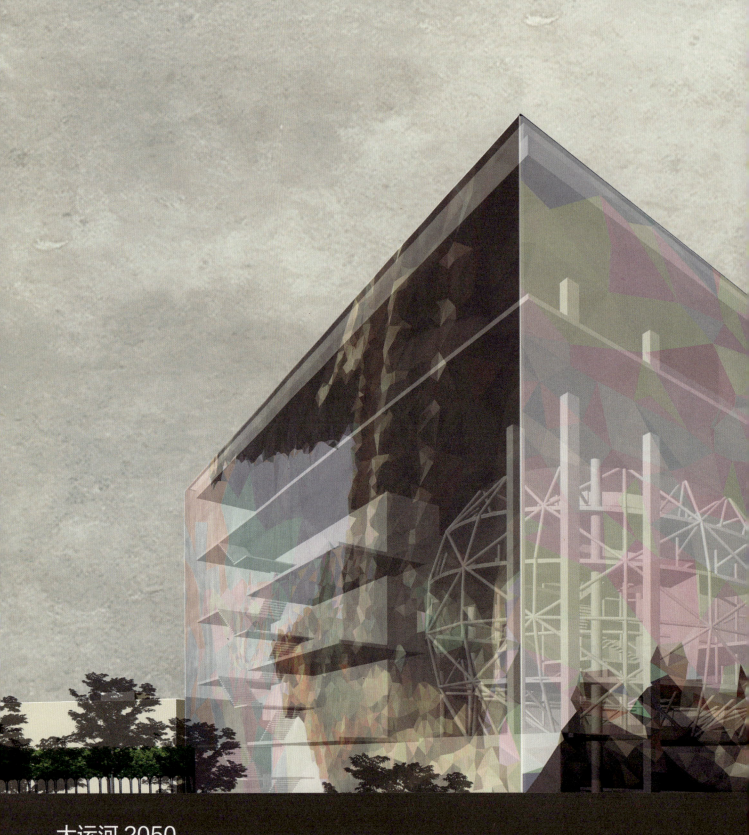

大运河 2050
瞥·映——东昌府会馆综合体
山东聊城　宋羽

基地分析

聊城市东昌府区

东昌府区隶属属于山东省聊城市，位于山东省西部。全区总面积844平方公里，户籍总人数有77.11万人。悠久的历史和灿烂的文化，均得益于明清时期京杭大运河改道通惠河后流经东昌府区，让这里一度成为沿河九大商埠之一，被誉为"江北一都会"，文化昌盛达400年之久。

据资料统计，东昌府区作为第三产业的"旅游服务业"发展蒸蒸日上，在这样一座城市肌理依然保存较完整，拥有独特护城河，并且紧邻大运河古道的古老土上，如何利用其悠久的历史文化发展旅游服务业，同时也能造福于当地居民，为他们提供一个更佳怡人的生活场地，是非常有意义的探讨话题。

聊城山陕会馆

聊城山陕会馆位于东昌府区南部，大运河西岸，见证了明清时期聊城经济的兴盛和繁荣。其最初建于清乾隆八年（1743年），是山西、陕西的商人为"祀神明而联桑梓"集资兴建的，从开始到建成共历时66年，耗银9.2万多两。山陕商人一路沿大运河来到山东聊城经商，面对一个陌生的城市，他们以乡缘关系为纽带，自发创立了这种社会管理组织，即山陕会馆，它主要供同乡人士聚会、寄居，是中国古代一种特殊的公共建筑。

山陕会馆在明清时期本身已经作为一个建筑综合体供当地商人使用，这个特点与当今时代是紧密相连的。然而，如今我们在参观这座古老的"建筑综合体"时，除了精致的木雕和导游嘴中那些华丽的词语，基本不能在功能和体量上亲自体会这座完善的会馆建筑当年的风采。

基地位置选择

"东昌会馆"的设计全部基于基地东昌府区，这座在明清时期的命运完全取决于"运河改道"的古老城市。根据地图和相关历史文献资料可以看出，聊城山陕会馆的地理位置恰好位于运河与古城之间，不难发现山陕会馆面朝运河的特点，也相对容易地推理得出如此建筑布局对于当时山陕商人经商的便利之处：货物沿运河到达东昌府区，停靠在会馆附近，商人们各自上岸，在会馆里休息聊天，彼此交流最近的商业行情，互通有无，相互帮衬。从某种意义上讲，会馆的地理位置更多地依赖于运河而非距离山陕会馆相对更远的东昌府区。

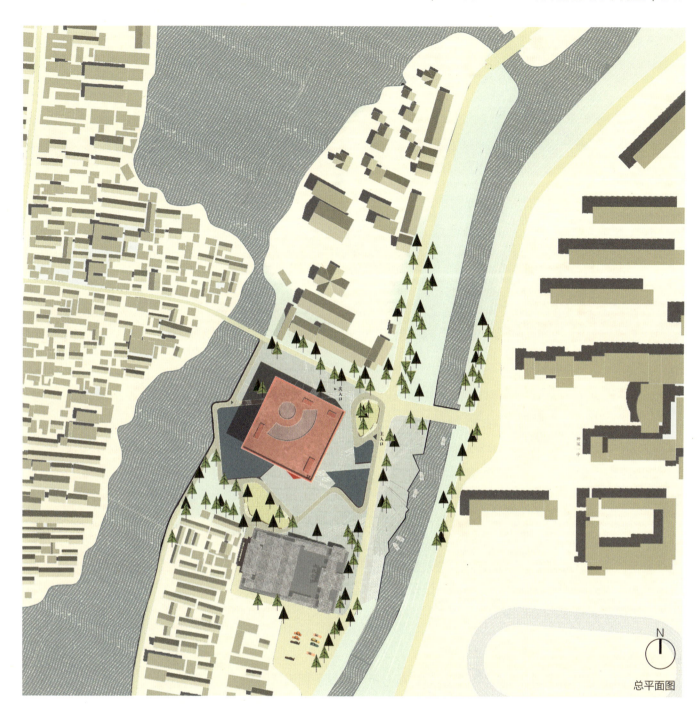

总平面图

　　在基地选址的过程中，恰好利用山陕会馆面朝运河这一特点，将基地定位于山陕会馆北面的建筑空地，继而把周边一部分建筑形制破旧单一的民房也囊括其中，如此一来打通了运河于护城河的连接问题，也解决了在实地调研过程中看到的由于当地居民使用不当，私搭乱建造成河水积淤严重，形成众多小面积臭水死水的现象。让新会馆和老会馆在彼此作用的同时，能够辐射照顾周边的建筑和景观。

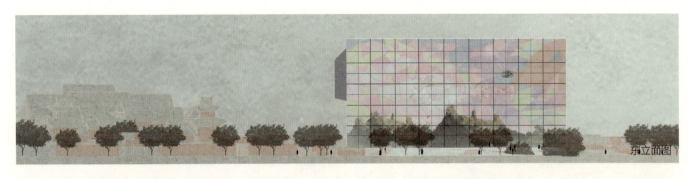

东立面图

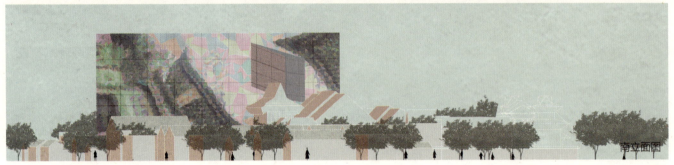

南立面图

方案介绍

景观布置

考虑周边建筑形态、临水即交通分布，主要通过设置不同的看台将区域打散为若干小的面积，通过主体建筑与周边建筑的各自作用下，赋予不同小看台以不同的实用功能，同时引水进入景观，提升景观质量。为了更好地照顾到游客和居民对于基地的使用，设置上下两层交通，区分静动的同时也方便了游客与当地居民的使用。

主体建筑设计

通过把山陕会馆的每一个建筑体量进行拆解分析，根据前期设置的功能分区将它们重新拼接组合，在保证空间使用合理的基础上，抽取其中可以被利用的空间节点，进行再次加工和处理。通过这种方法，可以保证新建筑在空间上与老建筑的相似和相异性。相似在于空间比例和尺度上完全基于老建筑城，而相异在于这些新生成的空间是经过二次加工处理的，并且结合"功能置换"的方法，在使用途径上也做出了相应的调整。

考虑到实际场地的具体情况，结合"亲水"建筑特性，将建筑作出下沉，使面向运河与面向护城河的两个立面形成错层，从而利于游客和居民更好地亲近自然和水体。设置一个主入口，两个次入口。主要入口位于建筑东南，两个次入口分别位于建筑东北（工作人员）和建筑西北（临近护城河，主要供当地居民使用），建筑总面积达124800平方米，地下两层，地上五层。其中一层和地下一层分别对接靠近运河立面和靠近护城河立面。

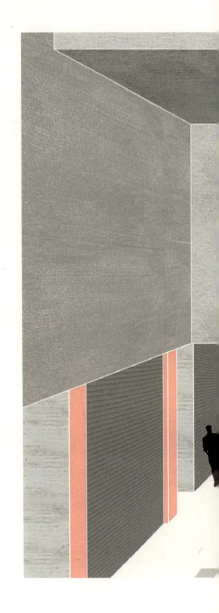

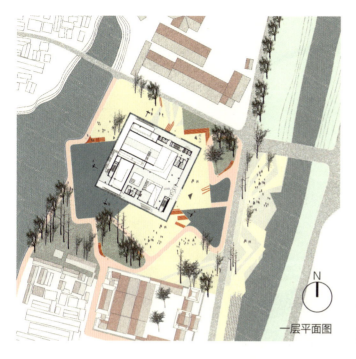

一层平面图

地下一层平面图

250 | 大运河 2050

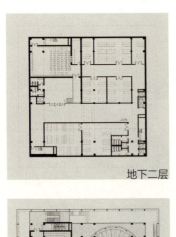
地下二层

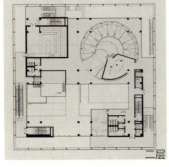
二层

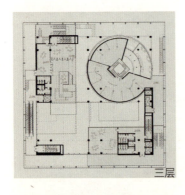
三层

四层

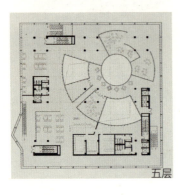
五层

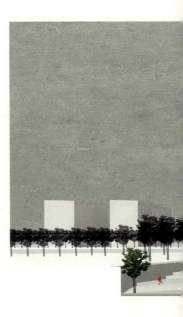

A-A剖面图

B-B剖面图

剖面设计

小型戏台的设置力求制造空间错层，给人"看与被看"的不同空间体验。这些小型戏台多数情况下可作为学生社团活动室，积极和开放的空间布局给予学生更多的使用空间的灵活性。

"运河与商人会馆"是"东昌会馆"展览部分的主要展出内容，展览空间被集中设置在一个球形建筑中，参观者环内部阶梯而上，如同戏台里的"藻井"一般，也是反映了商人沿着运河一路经历困苦，在时间的长河里铺设一条艰辛的经商致富之路。展览空间被设置在球形展览厅中，分为五层，每层之间会有相应的错层和挑高，主要运用影像和图片的展览方式，更好地结合聊城山陕会馆实体建筑，从而做到抽象与具象的良好转化。

立面设计

　　立面采用双层透明玻璃外挂结构，玻璃上附一层彩色拼图案。图案来源于山陕会馆不同角度的影像，经过几何和色彩上的抽象简化处理，分成若干方形，附着在透明玻璃上。日光照射下，建筑如同一个彩色的方盒子，在半透明中隐隐透露出会馆的冰山一角。夜晚则幻化出一个发光的透明体，尽力消隐于一片古建筑之中，更好地融入周围环境，与老会馆彼此呼应，相得益彰。

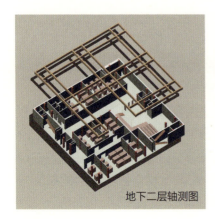

地下二层轴测图

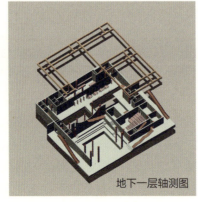

地下一层轴测图

一层轴测图

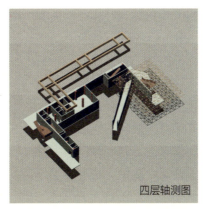

二层轴测图　　　三层轴测图　　　四层轴测图　　　五层轴测图

教师点评

韩涛：宋羽的方案明确地把设计议题引向了图像建筑的议题，或者说，是装饰重新回到当代建筑核心的议题，比如皮孔（Antoine Picon）在2013在《装饰：建筑的政治与主体性》（Ornament: The Politics of Architecture and Subjectivity）中的批判性谈论。当然这里所说的装饰概念与19世纪相去甚远，它实际上是全球化时代多元主体性回归与身份焦虑的反映。宋羽的方案正是从这个角度研究了如何与城市历史与现实环境产生激进性对话的可能。毕业创作与当代建筑学议题保持紧密的互动，这是我非常支持的。方案引出的第二个议题是新类型学的重塑，即对山陕会馆的当代重构，这问题与表皮的图像化是并行的两个策略，缺一不可。方案的第三个有趣之处在于基地地表的形式扭转，产生了一些有意味的景观。

结构与表皮的关系是内在于这个议题中的关键子问题。由于缺失了构造层面的深入研究，图像化双层玻璃的手法实际上将这个问题简化了，至少，从内部公共空间的关键节点看出去的城市意向需要深入的表达。这就涉及新类型的研发问题，我们能看到作者已经对此做了尝试，但仍感觉缺失了一些机锋式的破解，比如，某种正负形层面的转换。

大运河 2050

断障取艺 —— 曲艺文化综合体

山东聊城　宋颖

基地分析

聊城状况总论

聊城市总体结构为京杭大运河会通河段绕城东而过，中部为1公里见方的古城，古城与运河中间夹旧城区，运河东侧为新城区。聊城的现有规划中，商业主要沿城市主干道布局，城市肌理主要沿东-西、南-北方向延伸，运河的存在感较弱。因此，设计者试图从运河本身特点入手，结合城市建筑与道路，选择自己的基地位置。

建筑具体位置确定

在聊城境内运河的中段，靠近古城东侧，有一与运河相通的小型湖泊，名为丁家湾。与运河其他处狭窄的河道相比，这里是运河众多线性通过空间中一处可供徘徊、停留的空间。设计者希望将这里作为整个聊城运河文化带上的休息驿站。同时，丁家湾北侧为东关大街，自古以来连接古城与运河，地位重要，十分繁华。丁家湾为停留提供了地理条件，东关大街则保证了人群的来源。于是将建筑位置确定在丁家湾北岸，紧邻东关大街的一个丁字路口处。

在对该地实地调研后，有一些发现：选址南北两侧的景观差异巨大，北侧东关大街为典型的城市街景，毫无特点，行走其中没有任何"水城"气息；南侧丁家湾以自然湖光为主，环境较好。两种景观的割裂状态使聊城并没有充分展现出"江北水城，运河古都"应有的城市特色。在基地调研中，路遇在东关大街街头开展的室外文艺表演活动，附近居民积极地参与其中，这正说明了人对观演活动的需求以及这种活动方式具有的吸引力。

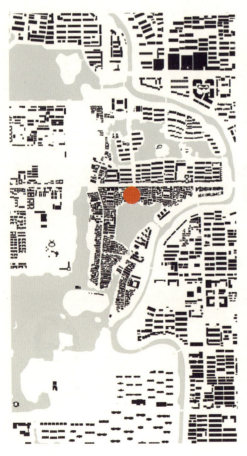

基地北侧

基地南侧

总平面图

基地分析

方案介绍

概念阐述

断"障"：在现有城市规划下，行走在聊城市区中，由于建筑物的阻挡，人与水的关系被切断，有"水城无水"之感。为改变这种消极状态，设计者将选址处原有的破旧厂房、即将拆迁的技校等建筑拆除。使人们沿路从远处走来，到达丁字路口，看到的不是一片质量低下的旧建筑，而是优美的自然景色。人们不再像之前那样，只能行走在呆板的街道上，而是可以自由漫步到亲水的空间。

在建筑体量的构思上，首先将完整的体量进行切割，打开一条连接城市与水的视觉通道；然后将体量进行错动，将部分体量延伸到水中，增加亲水性；将体量继续切割，形成室外舞台，并加入水上码头。设计者将建筑的屋顶设计成一个沟通城市与水的室外广场，丁家湾设置的码头，使建筑同时也成为一个转换交通方式的节点。在广场上，人们可以从事与建筑功能相关的多种活动，可以直接进入建筑，可以观看室外表演，也可沿视觉通道远眺水景，船队可在水上舞台观看曲艺表演，重现繁荣的码头文化。

一层平面图

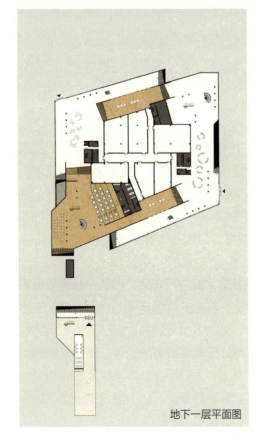

地下一层平面图

二层平面图

取"艺":在对聊城文化及表演形式研究之后,设计者决定将曲艺表演作为建筑的主要文化元素。山东聊城、临清一带因运河的开凿,兴起了很多具有地方特色的曲艺文化。2006年第一批山东省国家级非物质文化遗产名录中的曲艺部分,共十项,以山东快书、山东大鼓、山东八角鼓等最为著名,其中山东八角鼓正是起源于聊城市,为大众所喜闻乐见。

有一种说法,山东曲艺文化是从河里来的,这里说的河正是横贯南北的古运河。临清、济宁都是运河上的大码头,这里商贾云集,客人无聊,需要娱乐活动,也就养得住艺人,成为多种艺术形式荟萃之地。到20世纪二三十年代,曲艺表演者手执乐器在广场、庙会、集市上进行说唱和演奏以招揽听众,一派码头繁荣景象。其后,随着中华人民共和国的成立,部分艺人开始走进书场,甚至登上舞台,民间文化也第一次进入到主流文化之中。

曲艺文化曾经辉煌一时,但近些年其出现了传承危机。根据中国艺术研究院曲艺研究所的统计调查,在中华人民共和国成立后曾经活跃的400多个曲艺剧种中,如今依然在登台演出的只剩下不到80种。其中,除了苏州评弹、相声、二人转状况稍好之外,其余曲种都只能算是勉强维持,每年都有曲种在人们的视野中消失。

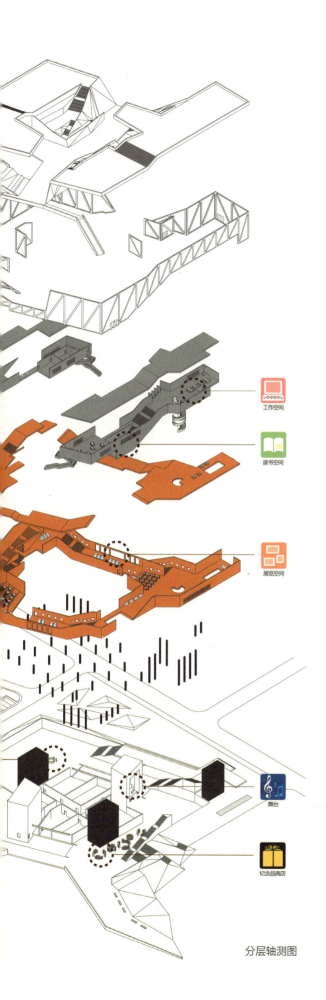

分层轴测图

曲艺在现代社会仍然需要在表演中生存，而不仅是成为博物馆中的标本，传统表演空间也需要逐渐调整，以适应现代观演人群的需要。传统曲艺观演空间多为平地上的茶座，现代剧场则是有高差的立体空间，将两种空间结合，保留传统观演茶座体验的同时通过高度变化给观众带来更好的观看视角，适应更多观众的观演需要。人们可以在不同的情景中，以不同视角观看曲艺表演，将传统的单一的观演方式转变为可在行走中驻足观看，可坐下仔细观看，也可在有隔断的空间中独坐饮茶品评的多元方式，打造一个城市灵活开放的曲艺综合体。

设计者希望将曲艺文化潜移默化地融入市民生活，以减少所谓的"专业性"给人带来的距离感。将表演空间、展览空间、教学空间、休闲空间与码头放入一个建筑中，人们可以在广场漫步、喝咖啡、聊天、观看展览等的同时以不同方式感受到曲艺表演的魅力，提供一个由浅入深了解曲艺文化的过程。

功能空间

建筑总体为三层，中部为可通过的内街和广场，主入口分别位于建筑水上码头处和邻近东关大街处，次入口分别位于屋顶广场和建筑西北、东南两角；机动车停车场位于建筑西侧，自行车停车场位于建筑东北侧。建筑与两侧民房之间是硬质铺地和绿化。

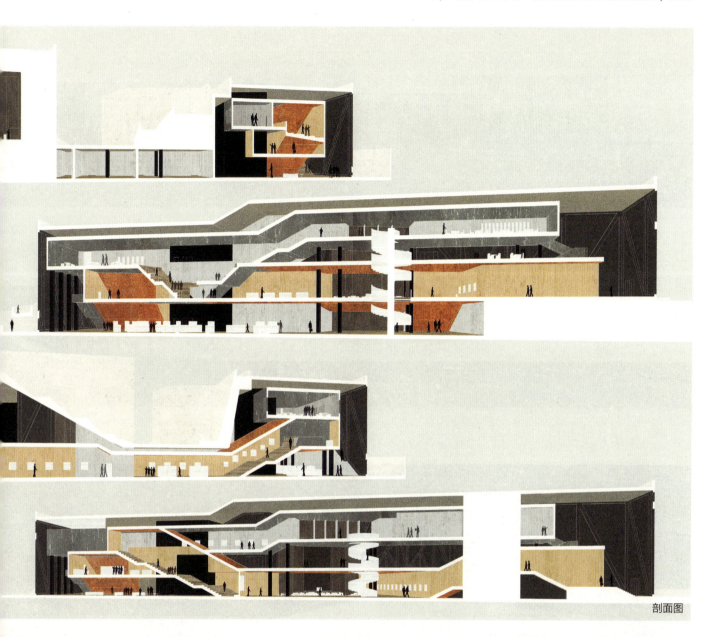

剖面图

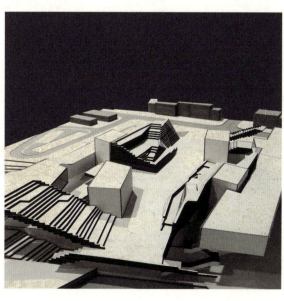

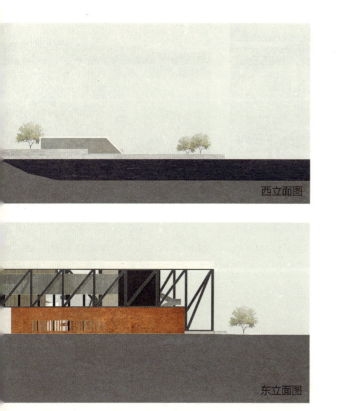

西立面图

东立面图

建筑的总体空间构成为上下两层管道式空间，下层环状管道为展览空间，上层条状管道，西侧为教学空间，东侧为创意办公空间，两条管道在功能重叠之处相互交错穿插（分别为报告厅和图书馆）；六个核心筒分别为两个舞台和四个交通筒；除去管道外的室内负空间为咖啡厅、沙龙、纪念品商店等休闲活动空间。无论行走在管道中还是负空间中，都可随时看到位于核心筒舞台上的表演，并在不同位置获得不同的观演体验。建筑的负一层设有设备间；建筑的屋顶是可以步入的开放广场；建筑立面为玻璃幕墙，保证采光的同时使室外人能够看到室内的各项活动，营造自由开放的空间。

266 | 大运河 2050

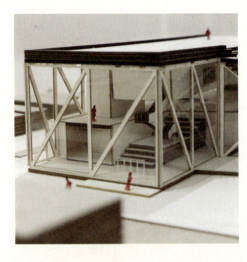

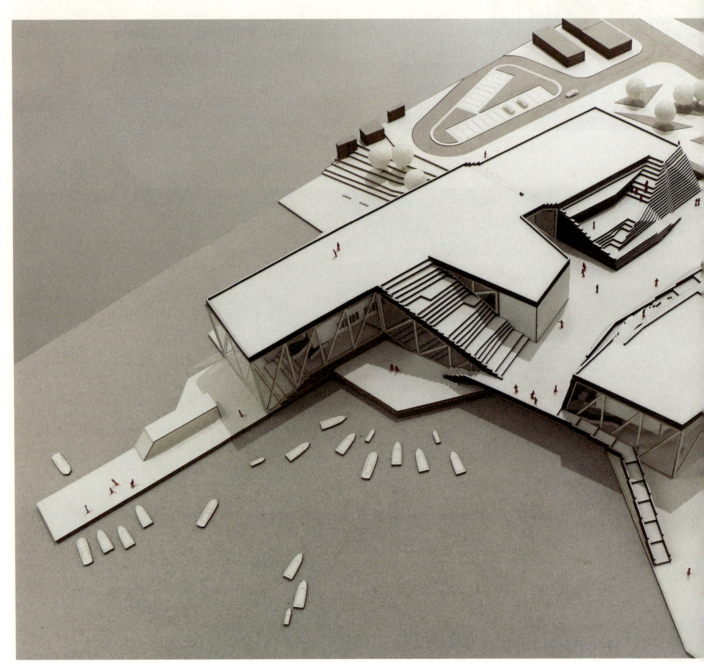

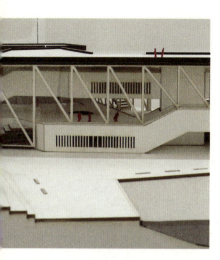

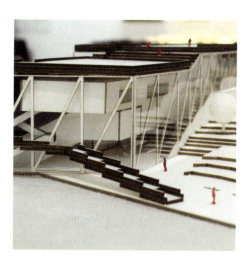

教师点评

庄雅典：在现代的年轻人看来，听曲喝茶实在太老古董了。但到底有一个什么样的空间能吸引年轻人愿意亲近一个传承了几千年的文化瑰宝呢？

充满强烈线条感的现代钢骨结构和通透的空间形式是一个让年轻人去了解传统文化非常友好的方式。其实曲艺在古代本来就是一种雅俗共赏的文化表演形式。但现代的茶楼茶馆把这些文化瑰宝给"圈禁"了起来，让普罗大众望而却步。宋颖同学通过更轻也更亲和的建筑材料和空间让这种艺术以更放松的空间形式进入到人们生活中，化解了曲艺艺术的庙堂之高，通过公共开放的场所冰释现代人对曲艺隔阂的第一步，也是振兴传统曲艺表演的重要一步。

大运河 2050

点·染 —— 毛笔艺术文化中心

山东聊城　夏悦

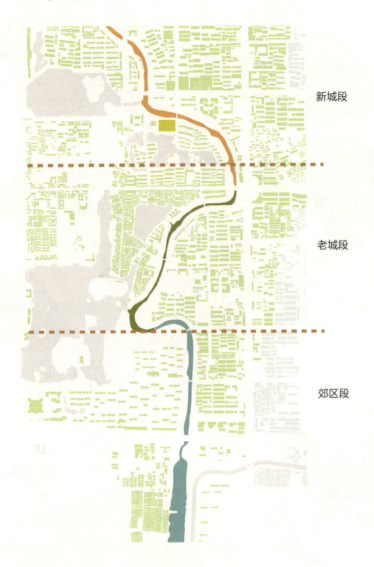

新城段

老城段

郊区段

基地分析

社会环境调研

聊城，是因运河而兴的一座城市，作为古代会通河的一部分，大运河聊城段穿过阳谷县、东昌府区、临清市，全长97.5公里，被誉为"漕挽之咽喉，天都之肘腋"，明清时期借助京杭大运河漕运之利，为当时运河沿线九大商埠之一。东昌的木版年画、毛笔制作、运河号子、运河秧歌、临清贡砖技艺等都是因为运河的开通、交通的便利发展壮大，发扬传承下来。

通过实地考察调研，发现随着大运河功能的减退和部分河段的干涸，以及现代化、城市化、经济快速发展的进程，运河两岸的很多非物质文化遗产面临着消失的危险，许多传统文化存在断裂以及传习困境，市民对传统文化知之甚少。许多传统文化原本分布于运河两岸旧

古城区域内，但随着时代的变迁，文化的传承地和传承人分散各地，工作空间局促，传习遇到很大困境。而大运河作为运输以及文化传承的功能也逐渐在消失，现在的聊城运河仅仅作为游览以及环境美化的功能，市民对于运河的理解也只是停留于历史和记忆中。城市中缺少了一些文化氛围，运河沿岸的业态发展应该跟随城市步伐，改变封闭的传统模式，主动连接城市与运河。

基地选址分析

基地选址位于聊城运河的新城段与老城段的过渡地带，周边缺乏一定的文化气息。大部分的文化遗址与文化相关功能区位于老城区，运河北侧缺乏相应的文化氛围，基地的西侧是政府正在规划的历史文化街区包括佛学堂以及隆兴寺，东侧是住宅小区，运河对岸是商业，基地南部是一片与运河连接的水域，基地周边辐射范围内分布住宅、学校、南部接着鼓楼东大街，是聊城古城的文化街区，周边的绿化丰富，处于自然向城市过渡、农舍向住宅过渡、古城向新城过渡的地段。激活该地段的文化因子，重新塑造有运河印象的文化中心是设计的初衷。

总平面图

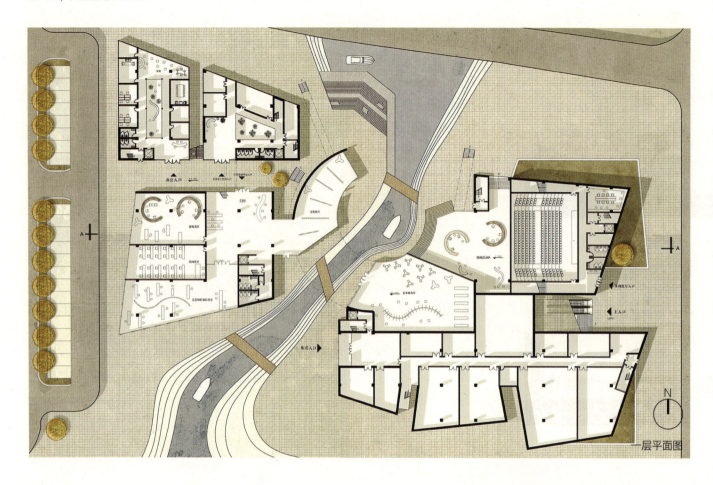

层平面图

方案介绍

基地规划

基地南侧紧邻大运河，北部是一片天然水域。基地周边的道路畅通，分别有车行线、人行线以及水路。但基地附近沿河的建筑景观单一，功能复杂，建筑很少考量与运河的关系，导致运河两侧建筑与文化的断裂。为了更好地沟通周边的建筑，连接运河上其他规划的点，设计想通过连接基地南北侧的水域，使河水从基地中穿过，形成与水的紧密联系。

方案总体布局和规划

方案的总体布局采用分散与集中相结合的布局方式，考虑到文化中心的观展路径的多元化以及三种不同人群的集中交流交换信息的需求，方案中采用以中心体量为主，周围体量向心聚合，形成有机整体的布局，以求获得丰富的空间体验和不同层次的体量关系。中心的体量位于南北贯通的河道中部，形成一个环抱的空间层次，面向运河并形成与运河呼应的视觉通廊。中心体量也是一个交流共享开放的公共空间。其他小体量与河岸呼应布置，形成错落凹凸的角度。

建筑体量跨河布置，设有三个主要入口。主入口设置在东侧，承接来自城市和运河沿岸的人流。办公区域和艺术家工作室以及学习中心位于基

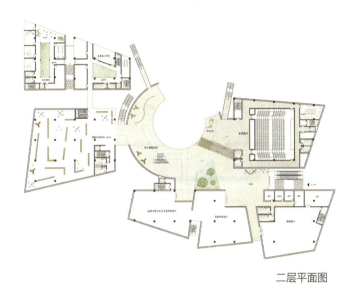
二层平面图

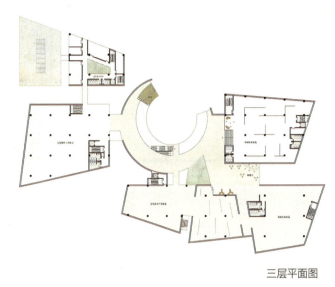
三层平面图

北立面图

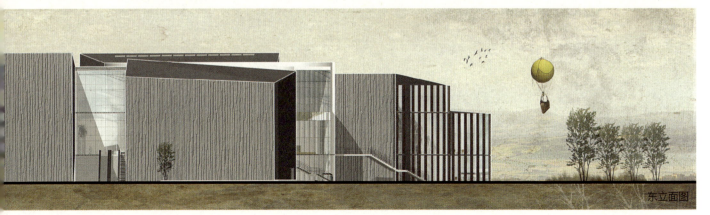
东立面图

A-A剖面图

地的西侧，办公区域较为独立，不受干扰。便于减少与主入口的公共人流冲突，方便与基地西侧以及南侧的学校，以及古楼东大街文化街区的交流和互动。文物的入口位于东南侧。以交流共享大厅为主的空间，形成东西方向上的主要展览空间。南北方向由内河为主轴，充分利用场地的景观资源，北侧设计滨水步道以及亲水平台，南侧设计步道台阶供市民及游客的休闲停留观赏，设计游船码头供往来的船只停泊。

文化中心内部功能组织

文化中心设计为三层，平面上来看，建筑一层被穿过的河道分割为两部分，分别为东侧是办公人员、艺术家工作室以及学习体验中心的入口，西侧是艺术品商店、多功能厅、库房，以及下沉的半室外的休息活动区。河岸两侧有桥可以连通，商店、休闲区域，以及学习中心的交流区向河道开敞方便往来船只与建筑的交流。

二层为主入口层，由中间的交流大厅串联各个展厅、多功能厅、学习中心、艺术家工作室。进入建筑，首先是来到入口大厅，左侧是展厅，右前方是交流共享大厅，各类观展人员可以在交流展示中心进行交流、观展、休憩、观景等活动。交流展示大厅与多功能厅连接部分设计大台阶供人们交流休息，面向运河，形成良好的视觉通廊，将运河元素与观展有机结合。环形大厅内设计中庭，将绿色引入室内，也便于内部采光需求。学习中心部分二层是灵活的展示、阅览以及沙龙区域。在一些活动举办时这部分可以作为沙龙、在平时可以作为展览或者阅览空间使用。

三层也是主要以展览空间为主，通过几条垂直交通可以通往三层，二层大厅通往三层的步行楼梯以及手扶电梯提供良好的视觉感受。

整个交流共享空间是通透的，面向运河，形成良好的视觉感受。采用网架结构，让人们在建筑中直观地感受运河，感受外部的自然环境。展厅部分设计整体较为封闭，配合"点·染"主题，"染"即为晕染，理解为光线的晕染，"点"即为在一些地方做光线的晕染。在个别展厅上方开有天窗，以及在东南方向的两个体量中间设计天窗，使得在封闭的展厅空间内部，用自然的天光来打破比较沉重的氛围。在办公区域和艺术家工作室两块体量部分都采用屋顶天窗设计，配合立面的木格栅搭配落地窗，营造一种含蓄而通透的光线感觉。

教师点评

韩涛：夏悦对自己方案所处的基地性质有清醒的认识，宏观尺度上，这是古城向新城的过渡地带；微观尺度上，这是运河与湖的连接节点。基地的这些性质构成了夏悦方案的基本出发点，即用文化机构激活社区，用聚落式体量塑造运河公共景观。在这些不同方向的晶体式体量之间，产生了框剪城市景观的裂缝，以及渗透性的公共路径，在晶体内部，产生了夏悦所说的点染式光线感知处理，入口的透明体量处理也不错，既与封闭的展厅体量形成有力的对比，也合理地组织了向公众开放的桥的意向，这些是值得肯定的形式与空间策略。

需要讨论的议题主要在于空间与结构的关系，即晶体的边界折叠手法与柱网的关系略显直白，空间切割的随意性还是明显的，同时，结构与顶光的几何配合还需要进一步深入结合，比如，顶光地下并未有完整的墙面来晕染，在剖面表达上，顶光的构造断面也被忽略了。

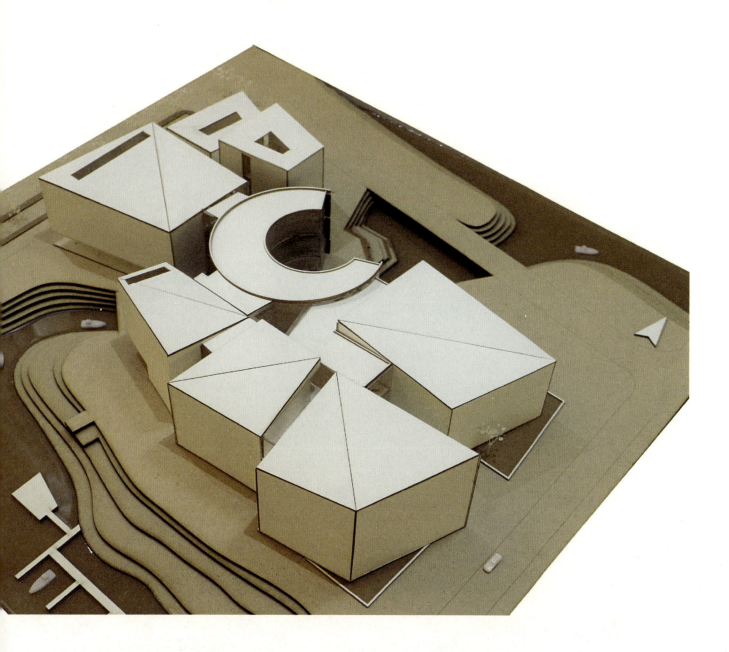

大运河 2050
滴水之间 —— 运河沉船纪念馆

山东聊城　齐笑微

282 | 大运河 2050

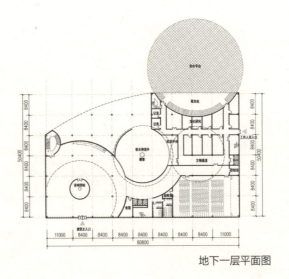

地下一层平面图

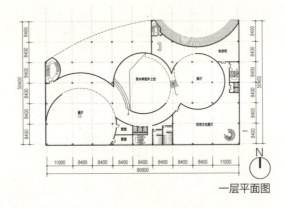

一层平面图

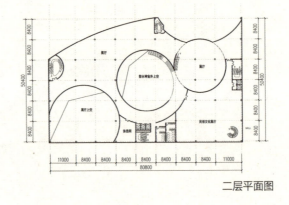

二层平面图

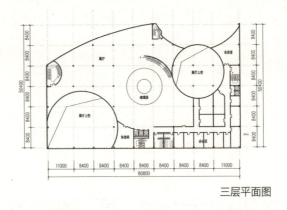

三层平面图

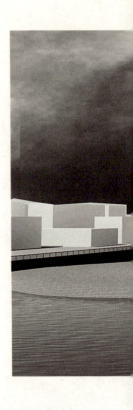

基地分析

聊城古今

曾经的聊城：大运河的开凿带给聊城经济、手工业和文化教育进一步发展；会通河的贯通，使聊城一跃成为热闹非凡的码头城市，商业日渐繁荣，人口大大增加；佛教、道教、伊斯兰教、犹太教、天主教、基督教等不同而又相同的信仰文化，因大运河而从南至北地广泛传播着，并扎根在聊城，流传至今，聊城也因此成为名副其实的宗教城市。

现在的聊城：现代高大空旷的建筑形式已把曾经热闹的古聊城侵蚀地面目全非，老城的灵魂已不在，城市冷清，人与人之间的距离也越来越远。老城以外的现状有以下几个方面，古城以外的地方，即使是市政府和商业中心附近，废弃空置的高楼随处可见，道路过于宽大，导致整个城市没有生机，人与人之间距离很远，信任度差；河道把整个城市分割成几个部分，彼此没有联系，"水城无水"；政府用一面人工"绿色大墙"阻断了人和水之间的联系，站在水边却不知身边有水。而老城以内的现状是，只留"仿古建外壳"，没有原住民。现代的城市规划，条状的城市空间结构，拉大了人与人之间的距离，完全不利于人们交流生活。

元代古船

1289年，忽必烈下令开凿会通河，自东平路须城县(今山东东平)安山西南，至临清抵达御河，全长250多里，建闸门31道。正是这条称为"会通河"的河道，为聊城带来明清时期数百年的繁荣。2002年春，聊城对运河进行疏浚，在闸口北运河河道里发现了一艘长17米多的古代沉船。经专家鉴定，沉船为元代官粮船，距今有700多年历史，是运河主河道发现的唯一一艘元代古船。该船的发现打破了700年的历史沉寂，也激起了人们早已遗忘的水乡记忆。曾经的水乡生活早已印记在生命里，在河边洗衣、祭拜水乡信仰——水神、赛龙舟等水城人民的生活也慢慢浮出脑海。

284 | 大运河 2050

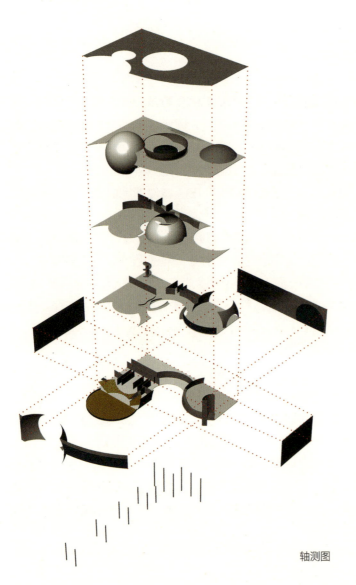

轴测图

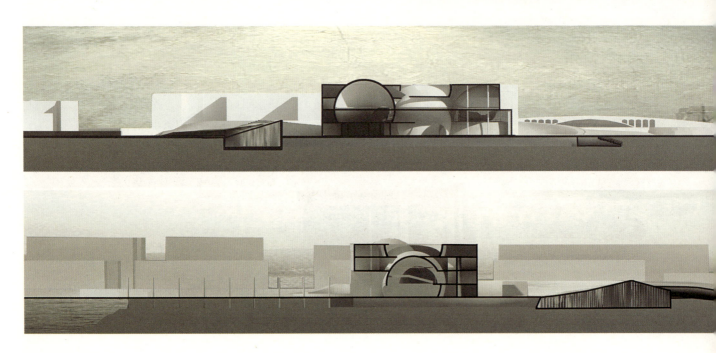

方案介绍

意向设计

概念意向：700年间，这条古船和水的空间关系一直在发生着变化。700年前，它在水面之上，为漕运航行；700年内，它在水底沉寂；700年后，它再次出现，打破沉寂，激起人们的回忆，存放在建筑之中，时刻唤醒人们的记忆和对自然的尊重；未来，运河会再次通航。因此本方案以水滴切割出负空间作为船的展览空间的方式为概念，来创造新的游览空间体验方式。

立面意向：入口东立面设计，位于建筑南部的主展厅展示着这艘元代古船，东西立面同位置开有大面积圆形玻璃窗，当从室外大坡道渐渐走到负一层入口的过程中，会看到室内的古船借景漂泊在建筑西侧的护城河上，以此对运河通船，恢复江北水城寄予的美好期望。

精神意向：同时将水神的祭拜过程引入建筑，渔民可行船进行祭拜，在现代的建筑中依然保留传统习俗，为始终以尊重自然为信仰传承的水乡人民提供一个精神信仰空间，建造一个历史与现代在空间与精神上的相遇场所。

空间的过渡方式

先抑后扬的空间过渡方式：运用球体切割的方式会自然出现这种先抑后扬的负空间，即在同样的宽度下结合不同的长和高可有不同的空间感受，而这种欲扬先抑的空间制造出的惊喜感则在后面，不同节奏的先抑后扬后创造出丰富的空间，让人在行走的过程中总有惊喜。

私密性的过渡：空间节奏感的设计还在于私密性的过渡，从室外到半室内再到室内，会缓和人们从室外到室内的内心紧张感，让空间过渡得更自然。例如，从负一层室外看台到室内的过程。

动与静的结合：空间主要以三个大球体切割而成，依次是常设展厅、祭祀空间、故事性展厅，球体以外空间为临时展厅、休息区、办公区、报告厅等。从南至北为"中—静—动"，从西至东则为"动—静—中"。

有所归

精神信仰的归宿：大运河的开凿，带来了佛教、道教、伊斯兰教、犹太教、天主教、基督教等不同的信仰文化，在聊城落地并扎根至今。现在的聊城60%的人口都有着宗教信仰，可谓是宗教之城，但属于本土的水神信仰却无处寄托。在本方案中将水神信仰空间放入建筑中心，为传统民俗提供一个归宿，为始终以尊重自然为信仰传承的水乡人民提供一个精神信仰空间。

西立面图

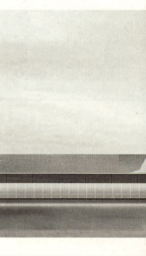

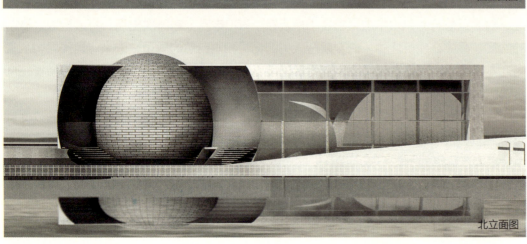

北立面图

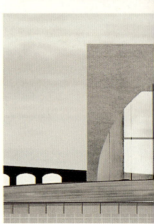

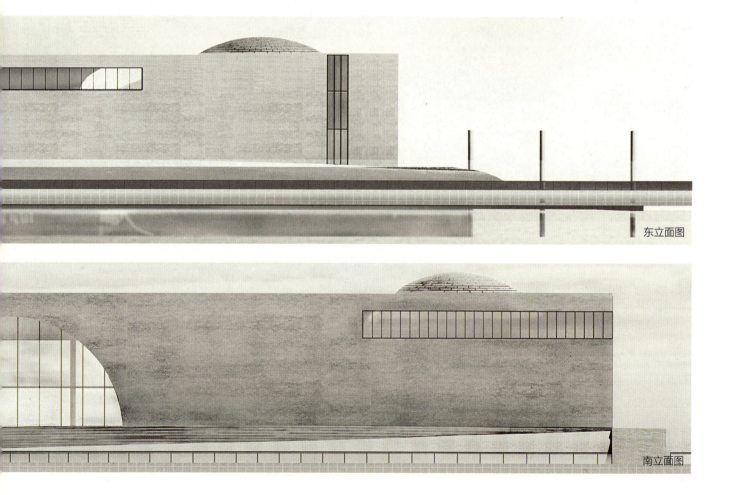

东立面图

南立面图

身体与心灵的归宿：建筑作为身体的归所以外，更是心灵的归宿。在穹顶空间之下，光在地上两米的距离是给人的；而两米以上到穹顶的这段光是给这个神圣的空间的。在这样的空间之下的我们更容易找到自己与心的归宿，穹顶空间的庇护感和穹顶与光的结合给人的安定感更利于让人心沉淀。

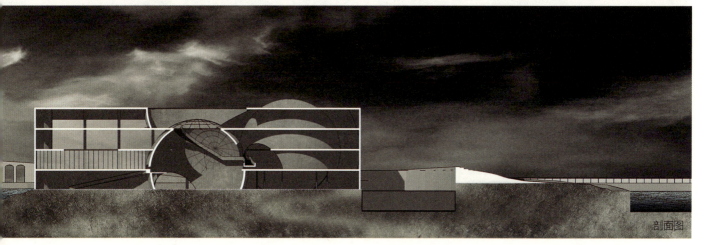

剖面图

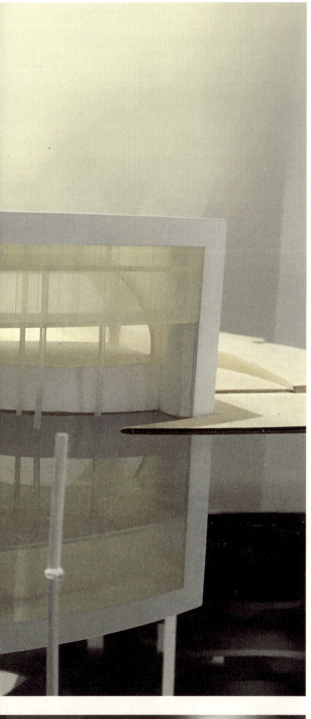

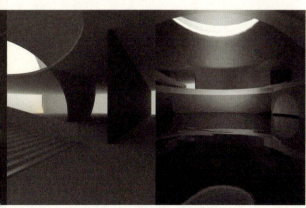

教师点评

韩涛：齐笑微的方案来自于对一个历史日常事件的戏剧性转换，由此涉及建筑学长久以来的一个重要议题：纪念性。深入打开这个问题必然涉及"为什么要纪念？纪念什么？谁在纪念？如何纪念？"等一系列问题。这个方案可视为对这些问题的建筑学回答，也是这个方案自始至终的内在逻辑。正负形的空间处理与体量生成策略是其重要的特色，由此展开了一系列内外空间的体验性场景处理，从完成的结果看，与内外运河水岸的连接，与地景的起伏渗透，以及空间序列与地方性宗教文化记忆的叙事性展开都非常吸引人，特别是两个球体空间相交处的路径组织。

值得进一步研究的地方如下：正负形的几何策略与形体总体边界的关系？正负形的策略如何彻底地执行下去？如何成为控制全局体量生成的策略？比如与服务与被服务空间的分配？标砖柱网的结构形式与球体的结构形式如何有机挤压？由此产生的诸多剩余空间如何通过功能计划有机地消化掉？这些既是这个方案形式策略的起点，也是终点。

大运河 2050
春熙新界 —— 东昌古城文化综合体

山东聊城　郭怡欣

基地分析

东昌古城

东昌古城始建于宋，初为土城，明改为砖城；1947聊城解放，拆除城墙城门保留古城中央明代建筑光岳楼；近几年出于开发旅游的考虑，将古城居民单位全部迁出；最后参考平遥古城和北京官式建筑重建"古城"。

现在的东昌古城遗址由元末明初奠定格局，而明代修城则是在北宋时城垣格局上加固改进。故时因为大运河和东昌湖，东昌府漕运发达，商贸往来，络绎不绝，是沿大运河的九大商埠之一，被称为"江北一都会"。旧时东昌古城形似凤凰——东西瓮城，南向扭头门，南门东向，北门北向，因而有"凤凰城"之称。古时的街道、商业居住也大都沿运河蔓延。到了现代重心东移，聊城的市中心、政府办公、教育等主要职能东移至徒骇河与大运河之间。

作品基地——东昌府东门（春熙门）原址位于聊城古城与聊城新区发展的轴线上。设计者对基地的态度：此"古城"非彼"古城"（历史文化保护区），除中央光

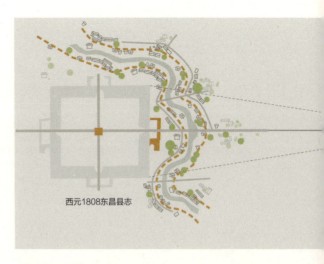
西元1808东昌县志

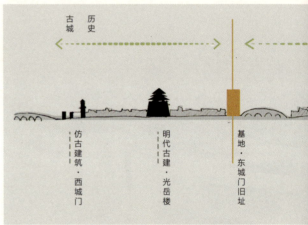

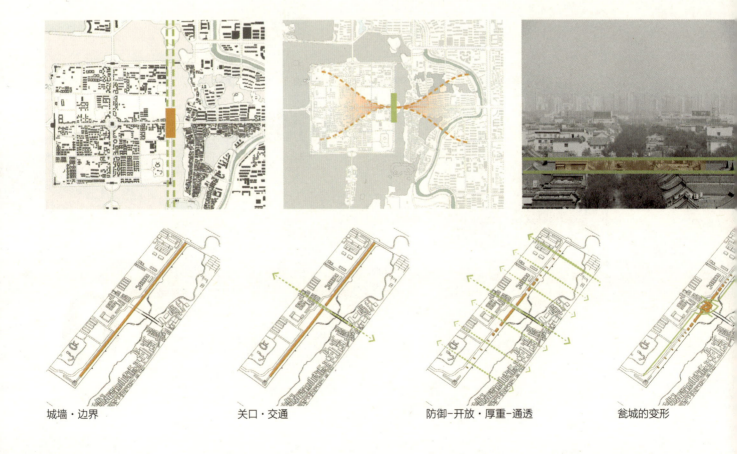

城墙·边界　　关口·交通　　防御-开放·厚重-通透　　瓮城的变形

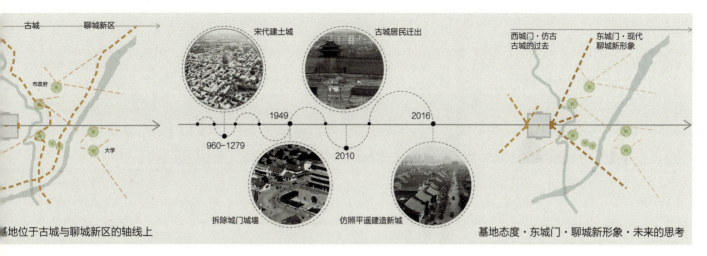

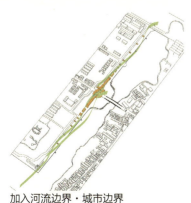

加入河流边界·城市边界

岳楼其余建筑都是仿古建筑，基地周边都是政府开发的仿古旅游区。对比位于古城中轴线上的已经复建的西城门与基地东城门，西城门辐射东昌古城与东昌湖，采用仿古的建筑形式，代表古城的过去；而东城门（基地）辐射聊城新区，应该代表聊城新形象和对聊城未来的思考。不同的时期，不同的态度，必然带来建筑语言的变化。

基地问题与解决策略

　　基地存在的问题：1. 现今有一座承担主要东门交通职能的桥，横跨基地之上；2. 河岸边有一个古城水循环处理厂；3. 站在桥对岸可以远眺光岳楼；4. 古城中散落着许多小型展览馆和博物馆；5. 古城中兴建大区域高级住宅区，古城周边生活服务商场缺失。

　　相应的解决策略：1. 建筑设计中将桥一起纳入，并进一步拓展桥之下的桥洞空间，保证沿岸流线的连贯性；2. 将记录了古城水循环历史的处理厂融入建筑功能设计；3. 门洞虚空间给光岳楼留下充足位置，保证人望向光岳楼的视线不会被遮挡；4. 利用基地交通位置优势，在建筑设计中提供集中展示和艺术衍生品售卖的功能，给相对零散的展馆提供集中展示的可能；5. 建筑设计中加入便利周边居民生活的服务功能。

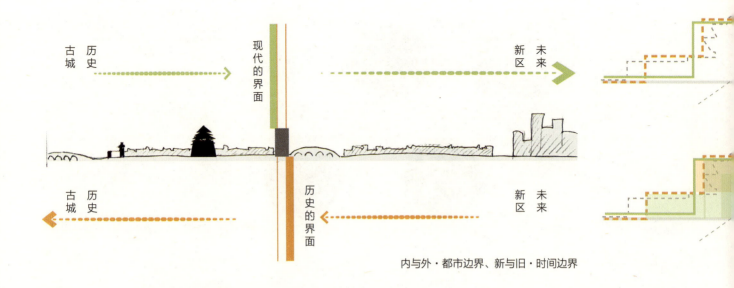

内与外·都市边界、新与旧·时间边界

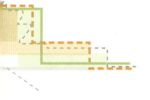

远看·对称意向·看似传统

近看·对称消解·体现新气质

方案介绍

重塑边界

内与外的都市边界：基地所处位置是古城与新城的边界，这里需要一个可辨识的边界，来标示内与外，来表征不同城市区域、不同历史时期的性格，来宣誓从一个区域进入另外一个不同属性区域的仪式感。因此，我的建筑需要两个界面：从古城到新区，一个现代性的界面，并与现代都市的城市肌理相呼应；从新城到古城，一个相对历史的界面，并与古城相对细碎的古城肌理相匹配。由此，面对不同的城市区域使用不同的界面，来划分内与外，起到都市边界的作用。

新与旧的时间边界：光岳楼是明代建筑，坐落于此地，是"彼时此地"的建筑；周边建筑是糅合其他地方其他时期的建筑风格，仿古建筑空

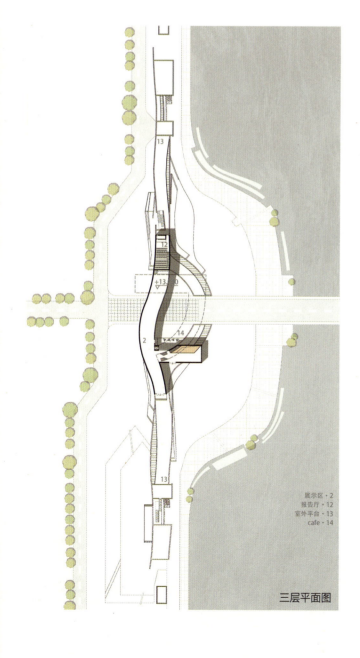

展示区·2
报告厅·12
室外平台·13
cafe·14

三层平面图

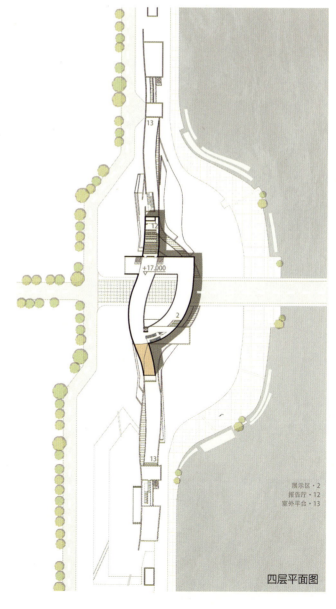

展示区·2
报告厅·12
室外平台·13

四层平面图

降于此，属于彼时彼地的建筑。而在这个基地，需要一个此时此地的建筑，一个区别古代与现代的时间边界。由此，区别于周边仿古建筑的仿造思路——建造一个似真似假的外壳，在里面添加新的功能，将城墙空间意向虚实置换，用新的建筑去包围之前存在这里的城墙空间，来暗示之前存在这里的历史。

连接共生

大运河是一条突破了各种地理疆界，翻山越岭，人为带来巨大发展动力的共生共荣的河，希望这个建筑，在跨越古城与历史的边界和历史与未来的边界的同时，也能连接、沟通古城与新城，带来历史与未来共生共荣。连接古城与新城、历史与未来，就是如何面对历史的厚重与现代的通透、如何在建筑设计中，即回应历史，又要体现新气质。

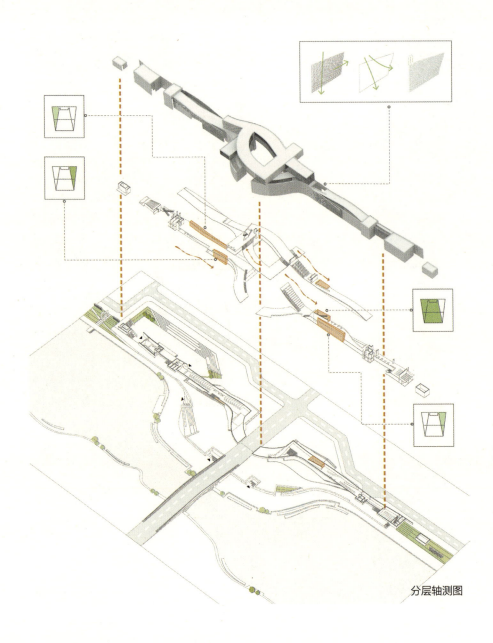

分层轴测图

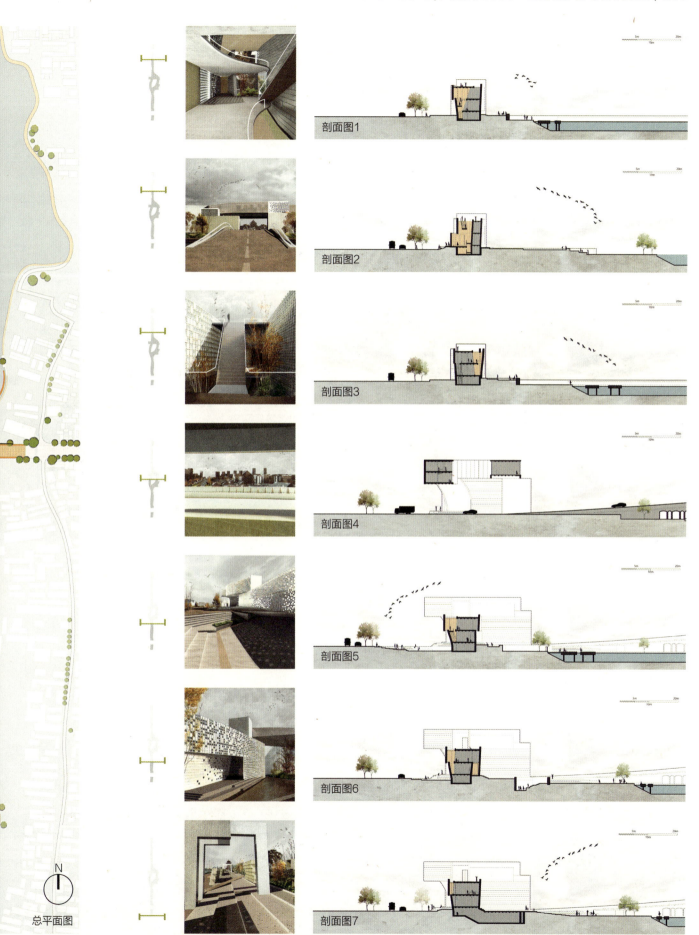

建筑拆解分析

1. 建筑表皮为砖石的变形——由实体打透为通透的薄片，并配合不同的室内空间属性，配以全实体砖墙、渐变实体-通透砖墙、全透砖墙三种不同立面处理。

2. 在主体建筑中加入4个暗示城墙空间的半室内半室外的空间，不断地提示人们，用虚实置换的手法，暗示人们曾经存在这里的城墙空间。

3. 城墙是连续的，建筑空间和建筑流线也是连续的一条，人们在观览过程中会经意或不经意地通过半室内半室外的空间，透过建筑表皮不同的透光材质，观看古城和新城风光。

4. 在地面层，开向各个面的出入口，提升人们在河岸和建筑两侧的交流便捷度。

教师点评

韩涛：这是一个有明确立场与批判性的方案，很喜欢郭怡欣的整体策略。这不是一个充满怀旧情绪与田园风情的再现，而是呈现出激进的城市性与暗示的历史感。在对历史文脉的激进性重塑中，边界成为重要的形式议题与发力点，这来自于研究阶段与设计阶段的有机连接，由此展开了内外关系与新旧关系的差异化对待。在此基础上引出了线性体量与表皮图像的必要性，产生了流动性感知的地点体验。流线与剖面空间组织与光线处理是同时进展的，很成熟。看得出作者每张图纸表达都有明确的目标，不是简单地完成规定动作，而是有目的的、有意图的在绘图，值得肯定。

在方案深化方面，如下问题还可以继续探讨：如线性体量的交通组织的关系？线性体量的结构逻辑？服务空间的逻辑如何与结构逻辑发生关系？交通组织与屋顶平台的场景如何连接？屋顶机理如何与城墙意向进一步连接？线性体量的两端如何逐渐过渡到地面层？如何逐渐成为地景逻辑的一部分？如何让这个概念进一步彻底化？入口进入的其他可能性？直入、侧入、卷入？

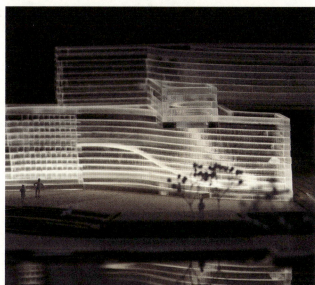

重启京杭大运河的四种历史观点

台湾交通大学建筑研究所2016春季大运河工作室

生活博物馆

柯禹亨、骆玮蓁

　　回顾历史，在每个时期产生的独特印记，都反映了当时的真实。然而，真实并不代表会被永久留传，以建筑或城市为例，两者皆有步入衰亡的一天，除非，它们是被需要、被日常生活维系着。在日常的状态下，继续存在的、所谓"旧"的建筑，和呼应当代而生"新"的建筑，总是交错存在同个时空。逐渐地，新的变成旧的，原本旧的被更新的取代，拉长时间来看，新与旧是一个变动的、甚至消失的过程，不管是自然发生，或是被刻意停止在某一时刻，都必须有生活在此发生，使建筑和城市有机地被进行日常维护、被使用，也因为这些细微的动作，赋予现在这个时刻的真实性，并且延续之。

　　对南阳古镇而言，虽然多数的旧街屋被换上新的立面，许多古迹或是剩下名字，或因重建而失去属于特定时代的真实性，运河的衰微进一步影响了当地的发展，但居民们仍然在此处依水而生活，依循着以湖鱼为主的产业活动。透过这些既有且进行中的日常，由当地居民为主角，以南阳古镇现在的模样为背景，新旧并陈，接纳既有的、并创造新的生活活动，无论是细微而广泛的经验创造，或是垂直且深入的脉络解构。

纪念编织器

蔡君阳、李健功

纪念性价值

　　1943年，Sigfried Giedion、José Luis Sert与Fernand Léger三人在《哈佛建筑回顾》（1984）中提出"纪念性的九个重点"（Harvard Architecture Review IV 62-63），其中认为纪念物的价值来自于纪念性的意义，它是乘载集体记忆的表征、可延续给下一世代的遗产，也是构成过去与未来的一个衔接点，若纪念物缺乏集体记忆的精神要素，只是无法表达纪念性的空壳，所以，纪念物的存留价值不完全建立在历经多少时间的定义下，而是当寻求纪念物的纪念性价值，属于纪念物的时代性价值才会彰显出来。

编织的历史

　　当城市被视为纪念物时，整座城市就成了极具复杂纪念性意义的混合体，事实上，这正是历史变迁的真实状态，那如何让人意识到这多重交织的历史与时代性的意义呢？于是诞生了"纪念编织器"的概念，此概念所赋予的"新"源自于对纪念物群（纹理、地景、标的物、物件等）的重新理解，如同编织一般"梳理"纪念物群的关系，进而促发属于当代观看历史的纪念性意义。

关系地景

黎音、刘义文

"关系地景"是由大运河既存周边纹理以及地理史观所建构。

时间空间

连续而流动的，是时间与空间，以及时空在关系地景上所留下的变化与界定其中的坐标系。我们可以从一个恒常的空间内感知外部空间的消长、变化，从而理解人与环境；另外，我们可以在一个当下的时间点的不同空间中产生对同一地景的不同解读、认知，而得以建构地景中的空间坐标。

建筑因人在其中而与地景产生新的关系；地景透过建筑在可互换的、相互感知的时空里，使人也成为关系地景的一部分；而人透过建筑与地景理解了流动的时间与空间。

桥

桥可以是结合、连接的器具，人在桥中感知地景的多样性而发现文化的多样性；桥也可以是互换的器具，移动于两种坐标之间时，人随其位置变换感知，所以更全面地认识地景。

历史就是在这样的关系地景之中因建筑与人产生了意义。

覆写

吴佩璇、吕劭翊

由于跨越复杂的人类史观，大运河历史在城市中持续拥有发言权。因此可以说大运河透过不停地挖掘遗迹、新建博物馆，来撰写被当时主流所认同的历史，并试图跨越时空来辩论思想与价值。

是否有不因时代变迁、价值观转变，而永恒不变的价值？马克思也曾困惑："产生希腊悲剧的社会条件早已逝去，为何还能保有永恒的魅力？"。所以永恒的价值是？永，是一条河的意象，另一说法是泳的前身。想象成是一个人在时间永恒之流中，所以人在不断覆写中创造永恒。

在博物馆里，有话语权与权力的历史被有计划地保存，而不被承认与失势的历史则可能连博物馆一起被销毁。当历史书写被做为国族想象共同体的载具，表明它会不断地被覆写或被创作。

结果是当你决定要回溯至哪一个年代同时也是一个有意识的政治行动，召唤旧时的遗迹并无助于消解两代的仇恨，相反的正重复于攻击其他对象，就像当年强势文化驱赶弱势文化相同的行为。覆写意义在于"创造新的文化价值"。

覆写，提出建构一个展示不同或新观点的场所，同时还能收藏未来可能的新价值观。不只是对反历史的认同与理解，更是建立与多重价值观对话的象征与信念。表现的并不是写实景色，而是景物的生机和意态，以显露事物的生命。

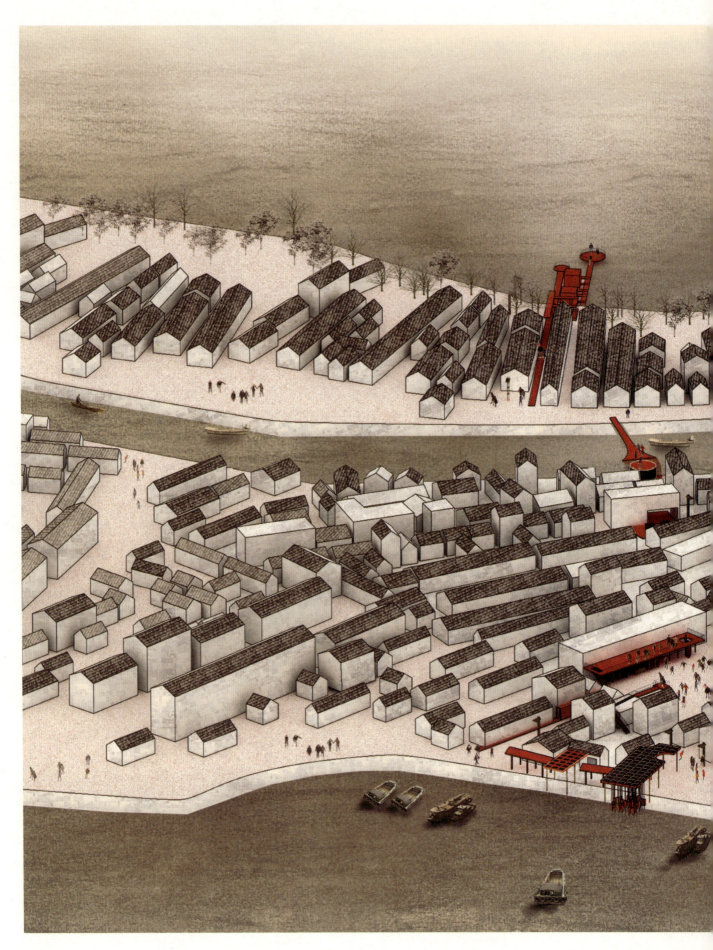

生活重启

生活博物馆

活动串联系统

微山湖南阳古镇　柯禹亨

发掘生活线索，串联与重新定义公共场域

　　南阳古镇是一段持续流动的历史，每个年代的片段一层一层地叠加、修补而形成如今的城镇风貌，在此新与旧不需刻意分别，因为彼此缺一不可。

　　本设计希望提供一套谦虚的、有辨识度的系统，透过重新发掘过去与现在的生活线索，而成长出来以承载更多生活的可能性。这套系统透过重新定义城市的虚空间，扩展居民对于公共领域的认同，以及观光客如何与居民相处，进而从中发生的活动阅读到南阳古镇。此系统着手于族群最繁杂的区块，以社区广场为启动器，驱

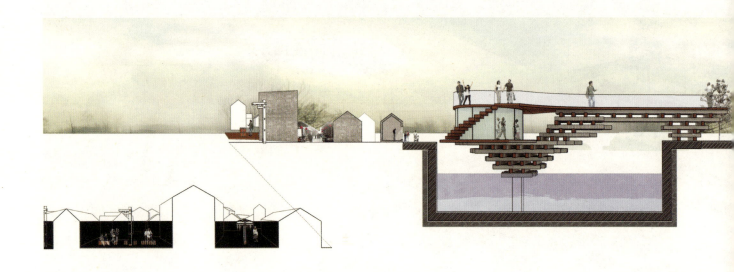

动活动发生的可能。在既有的纹理中发掘生活线索，借由同一套系统但不同程度地介入，向左右延伸，并重新定义人与水三种不同的产业和关系。彰显并优化既有的日常活动，如捕鱼、晒鱼干；置入有潜力的新生活，如书报摊、茶屋，活动彼此重叠、影响，创造社交与生活的丰富性。

　　分析清明上河图场所的构成，以及空间如何支持活动发生，找寻现代的可能性。特别关注虚空间、关键物件和运河之间的关系。这套系统会随着人民的生活而改变，进而蔓延到每个角落，最后与古镇合而为一，产生一个充满人气的，属于这个时代的新清明上河图。

搭接　　框架　　大棚架　　空中步道　　看台、服务核　　书报摊　　矮墙、花台

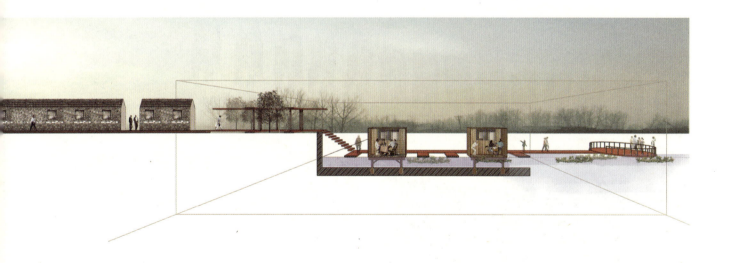

  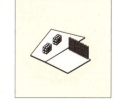   

脚踏车架　　鱼架　　游客中心　　纪念品店、桥梁　　步道、茶屋　　路灯系统

生活博物馆
渔产业复合商业空间

集·散 渔工场

微山湖南阳古镇　骆玮蓁

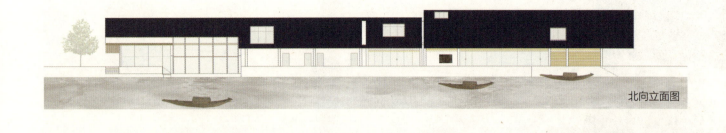

北向立面图

集结古镇特色，游历古镇生活

南阳古镇的鱼众所皆知，但这里的鱼不只是鱼，而是一个串起时间和空间的重要物件。在京杭大运河兴盛的时代，成为皇粮运送枢纽的南阳古镇，造就了商业的繁荣，巩固了在地湖鱼产业。运河失去漕运功能的现代，在微山湖中央的南阳古镇，透过运河航道串起了居民与湖渔业，从沿着运河而建、连绵的街屋航向鱼塘，沿着运河边晒鱼、料理鱼、吃鱼，乘木船在运河上做买卖，鱼串起了古镇和运河，串起过去和现在。

来这里吃鱼，从这里出发，去看湖中的鱼、去体验镇上的物产，再回来这里，每个片段、物件和鱼，都在这里顺着运河城镇的纹理——陈列，所有的活动在这里聚集，也从这里散开。

基地位于南阳古镇的中央，老街商业区的末端，在这里由老街和运河夹出的商业区逐渐变窄，沿着街道向南行走，透过街屋的门窗，可以发现运河越来越靠近街道，且原本几乎与运河流向垂直的街屋，在这些沿河狭窄的腹地，出现与运河流向平行的街屋，形成基地周边独特的纹理。

在设计中保留了基地既有的平行墙，希望维持既有的独栋街屋格局，与周遭呼应。而透过在墙上创造开口、新的穿梁、连续的二楼地板，让独立的空间可以彼此串联，最后用两组屋顶将空间整合，天窗除了依机能和方位提供光线与通风，也借此指示大屋顶下由平行墙界定的独立空间。

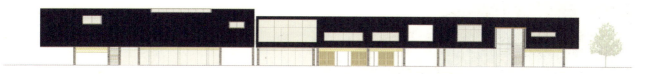

南向立面图

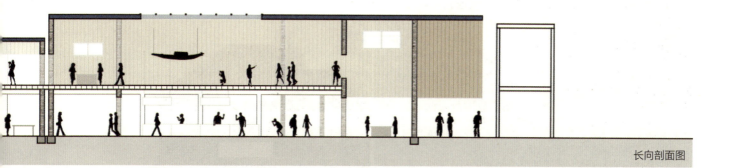

长向剖面图

纪念编织器

砖艺博物馆

砖墙之间

📍 临清鳌头矶　蔡君阳

建构临清的当代纪念性场域

明清时期，临清贡砖透过大运河运往北京建造许多纪念建筑物，故有"漂来的北京城"的俗谚。曾有描述临清"万座皇窑清烟袅""岁征城砖百万"，可见当时生产贡砖规模之宏大，许多历史都借由此材料建构而成。

建于明代嘉靖年间（1522—1566年）的鳌头矶，其名源于特殊的地理位置——处中洲突出之地，状如鳌头，又在元代运河与明代运河的交界。其形成源于北河（元运河）淤积严重数坏舟，永乐十五年（1417年）开挖南河（明运河），形成至今依然可见的地景样貌；此外，古代临清以"转运贸易"为主，商贾辐辏，而鳌头矶亦为古代供传递官府文书、军事情报者、商帮等上岸会谈之地。

本设计梳理临清的价值定位——贡砖之城、元明运河的交界、上岸会谈之地，这些特性分别自述着这座城市在"建材与城市之间（平面向度）""朝代之间（时间向度）""水与陆之间（剖面向度）"等交界中被建构起来，故从经营场域而非单体建物的观点下，重新编织都市纹理、历史脉络、地理环境与材料间的复杂关系，企图建构一个可综观阅读临清这座城市的纪念性场域。当人们搭船顺着两朝代运河在阅览临清风景之时、在上岸遥望鳌头矶之时、在亲手体验制砖过程之时、在触摸砖墙质感之时，期盼从砖造的纪念性场域之中认识到一座城市的价值，从认识一座城市的价值到颂扬从前运送贡砖至全中国的大运河。

保留重点古迹：登瀛楼、塔楼、吕祖堂、李公祠、进士碑墙、餐厅围墙、鳌头矶、山门／重整水岸地景作为亲水平台

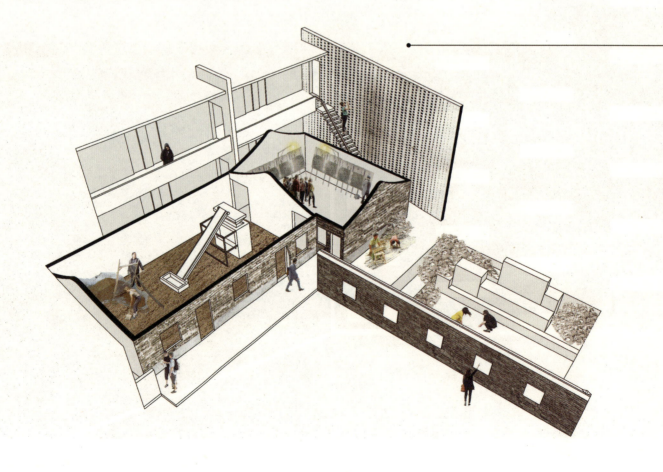

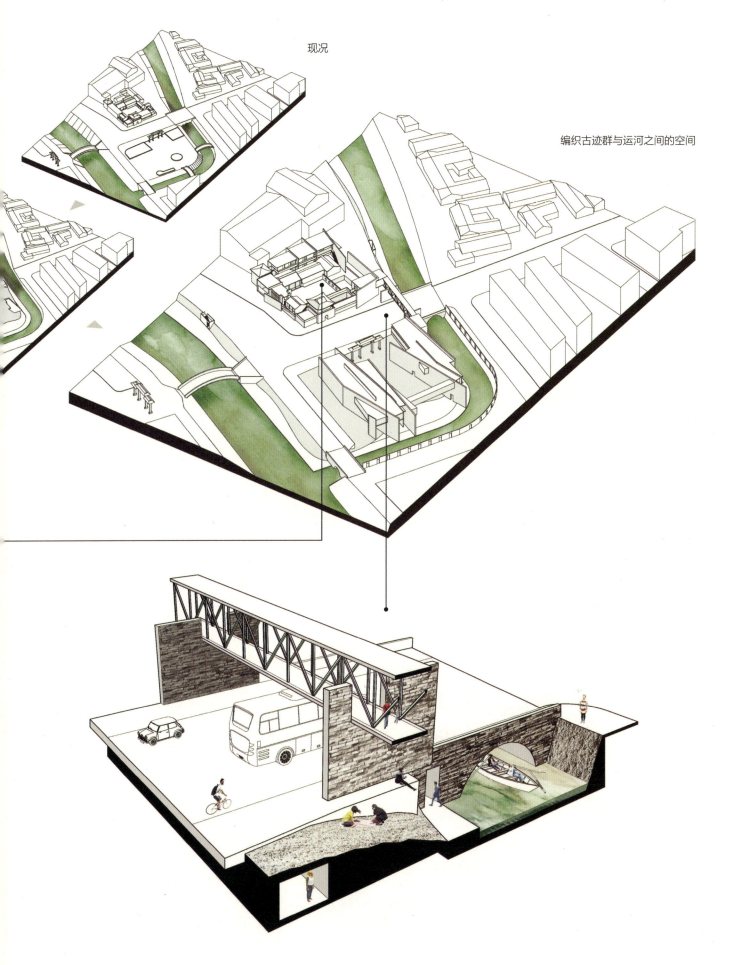

现况

编织古迹群与运河之间的空间

记忆制高点

纪念编织器
游客体验中心

📍 南旺运河枢纽　李健功

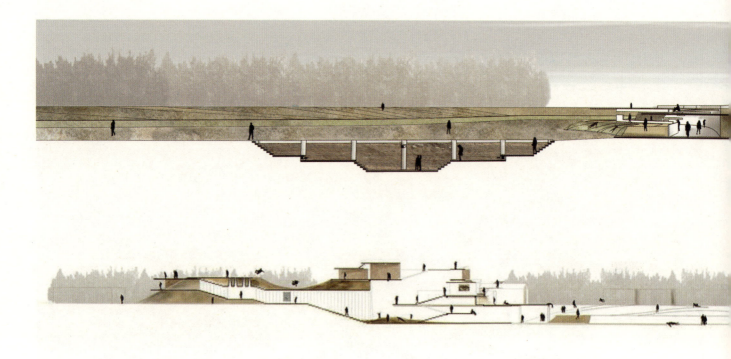

挖掘隐藏在南旺的想象风景

南旺枢纽位于京杭大运河的至高点，却是水流汇集处，如此违背常理的现象说明它在整个水系、历史及水利工程有着举足轻重的影响力。即便南旺的地理高度导致其留不住水的必然性，但是此处却维持了600年的航运功能。如今的南旺，在运河与小汶河交汇处已经看不见水势的汹涌，这里也随着水的流逝而失去生气。"水往低处流，人往高处爬"，水的逝去代表着时间的流逝，那么人们若愿意再次回归南旺，愿意再次登上至高处，也许这就象征着时间的回溯。既然水的回流已不可能，不如引入"人"吧！让"人"成为南旺枢纽的新源流。

水位的下降是南旺枢纽功能性逐渐被取代的证明，设计者企图利用现在干枯河床的地形高差，使人从不同的高度视野见证不同的故事。

几乎荒废的分水龙王庙遗址、干枯的河道以及一旁的小土丘是南旺现存的地景风貌，标示着水势的消退与泥沙的沉积，而龙王庙建筑群遗址更是南旺枢纽的历史见证者，从建筑群的轴线可以理解不同历史背景下各自关注的情景与故事，有些是现今"依旧存在但却被人忽视"、有些是"曾经存在但现在无法窥视"、也有些是"现实存在，但远在他处而无法看见"的风景，设计者企图发掘这几种无法轻易被窥视的风景，并将其借由动线的串联，来梳理成一系列有故事性、充满想象的体验空间。

南旺要重拾生气，"人"是关键，而人要如何想象南旺的未来？必须要提供"人"体验"南旺"的新方式。

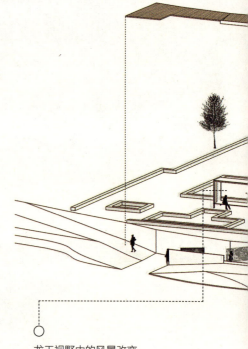

龙王视野中的风景改变

以南旺分水龙王的视野看向迎面而来的小汶河，想象"水流"正面涌至的震撼感。而今日干涸的河床上，取而代之的是"人流"，与过往不同的是："人流"企图逆向回溯（探索）小汶河的源头。

河床桥与展示馆剖面空间示意

小土丘剖面与周遭空间示意

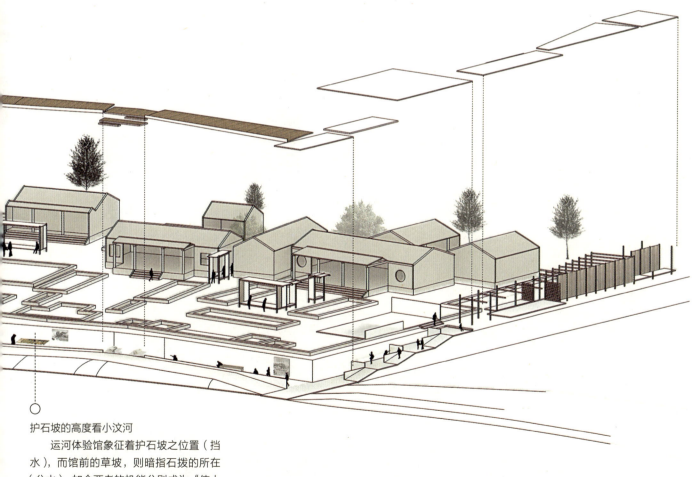

护石坡的高度看小汶河

　　运河体验馆象征着护石坡之位置（挡水），而馆前的草坡，则暗指石拨的所在（分水）。如今两者的机能分别成为"使人穿梭其中"以及"聚集人流"，使人以较贴近河床的姿态窥看汶运枢纽的难得风景。

观景亭与展示馆空间示意与视野对应

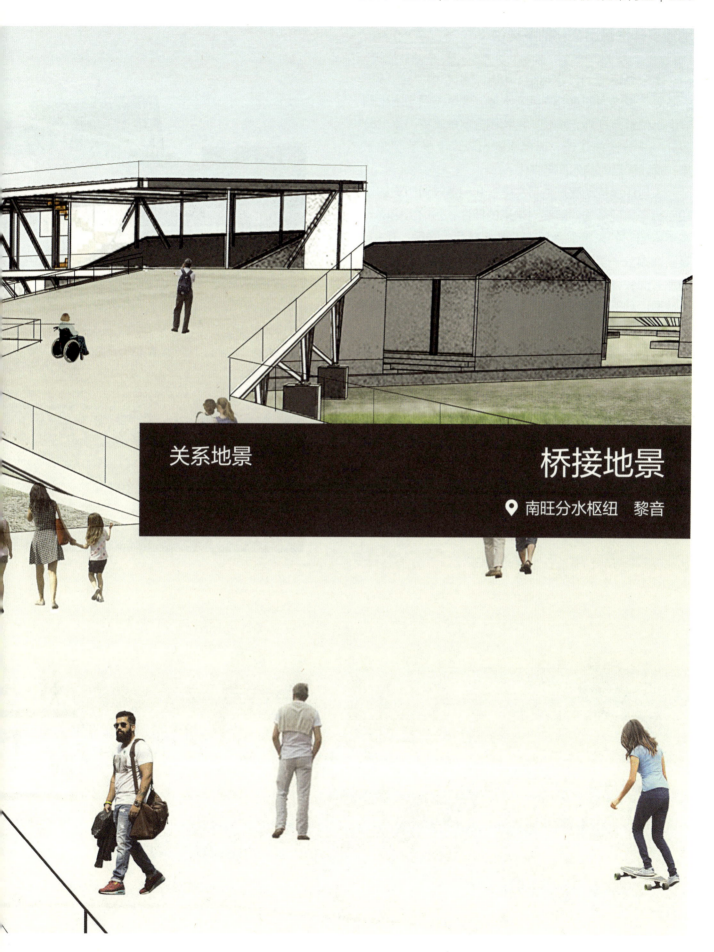

关系地景

桥接地景

📍 南旺分水枢纽　黎音

地景多样性带出文化的多样性

南旺为运河的分水枢纽，利用"引、续、分、排"的原则，引汶河的水补充运河水量，透过闸门与水柜调节使水位维持在规定水位，再利用分水鱼嘴将河水七分朝北、三分送往江南，而挡水的石驳岸上坐落了龙王庙，阐述了当时的信仰与文化。

人与环境互动而产生了文化。我们透过对历史的认知而有了与现今的对照和对未来的期许，捡拾历史的元素架构出新的未来。而历史不该被封存、隐藏、保护、凝固在黑盒子里，而是坦诚地面对时间，因为历史不会消逝，而会以各种状态与形式产生新的意义。公园将以开放而流动的空间形式，不断与时间对话，当时间与空间交叠共舞之时，才激荡出新的宇宙。

试图在基地上建构或修复三种地景：自然地景（Natural Landscape）、文化地景（Culture Landscape）、游乐地景（Playscape），其中湿地与土丘归类为自然地景，龙王庙遗迹与运河道归类为文化地景，步道、自行车道、沙坑、泳池、滑板场等归类为游乐地景，桥，接起了各式地景，使人在当中感知到自然地景、文化地景、游乐地景的多样性，以及人、环境、文化各自独立却互相影响的关系性。

艺廊剖面图

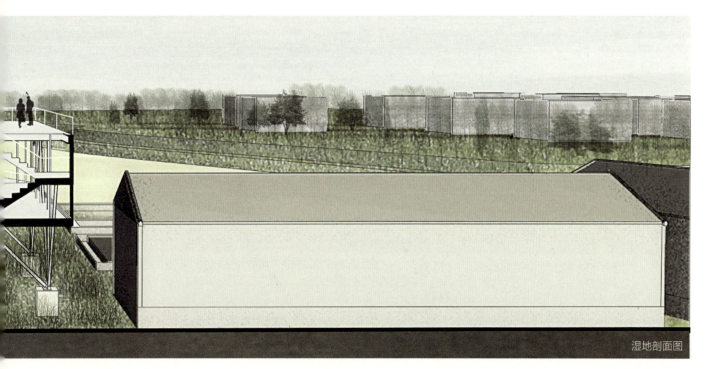

湿地剖面图

移动中变换认知东昌府的坐标系

大运河的曲线水岸系统：以闸口桥（原通济闸）为原点，纵向蜿蜒贯通都市的带状运河空间，甚至扩散出环绕整座古城的东昌湖，高度范围为水体至水岸最高点之间。

城市发展的正交街道系统：以光岳楼为原点，中心有边长1公里的正方形古城，东南西北向的街道越过湖面继续延伸。高度范围为地平面及其以上的空间。

两个空间坐标系自古以来关系十分紧密，有时相辅相成，有时各自独立发展，甚至互相竞争。然而，随着时间的演进与现代化的都市开发，人们遗忘因运河而生的水岸空间，现在东昌府的双重坐标系统正渐渐地失去其原本的平衡。

大运河在东昌府曾经最繁荣的越河圈为蓝本，重新唤起建构这个城市的双重系统积极正向的互动关系。以闸口桥为中心，圈出曾经的越河圈，突显圈内的重要性，更使得圈界开始重新建构内部原力外部脉络的关系，同时让圈界本身成为两个坐标系统之间的转换器。两条只在投影上相交的动线像交流道一样被联系起来，在移动之中，人们可以穿梭于都市与水岸之间，流畅地互换于两个系统以不同高度与视角来认识这个城市。

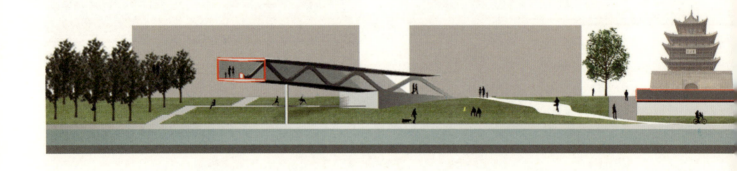

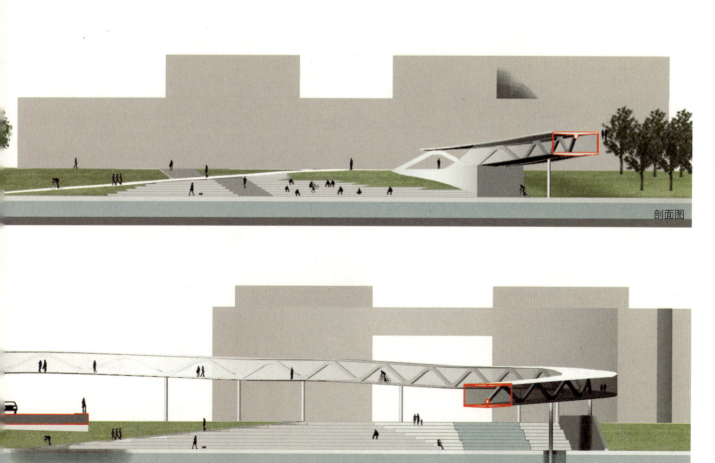

剖面图

剖面图

覆写

历史文化资产之展示公园

感知地景

📍 东昌府四河头水闸　吴佩璇

环境剧场：以动态关系与自我投射所衍生的空间再诠释

这些坐落在四河头水闸地景上的遗址，是纪录时间的复合体，每一个遗址都承载着大运河的历史段落。此设计企图透过路径、地景、空间，重新书写观看运河的方法，如果把空间视为一个"感知的基地"，就不难理解人们其实会依着记忆与习惯去建构这个环境。在穿越四河头水闸的过程中，人们的游走、停留、等待与延伸都在这里发生，在最后，能留存的记忆，便是这用身体直接体验的感知空间，以及透过间接理解和记忆才"可经验"的空间剧场与过程。

建筑的空间本身没有单一的时序，所有空间是同时进行发生的，路径与空间相互作用，就像拼凑历史遗迹般重组，感知空间中静、动态元素如日光时间与季节变换所带来的丰富性，并以此来产生即兴与意外的空间想象与经验。在主要动线上，穿越旧四河头下方变换的空间场景会为参观者选择聚焦这段历史，理解大运河与城市之间的对话，并以此形成一个重新建构大运河历史意识的过程。

如同在城市中持续拥有发言权的大运河历史，透过不停地新建如同在城市中持续拥有发言权的大运河历史，透过不停地新建，建立与多重历史观对话的象征与信念。

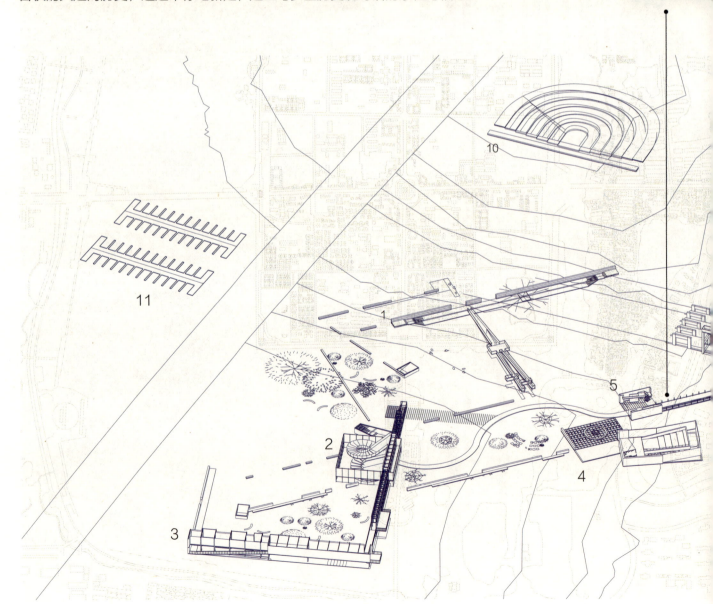

四河头遗址观景台

室外运动场

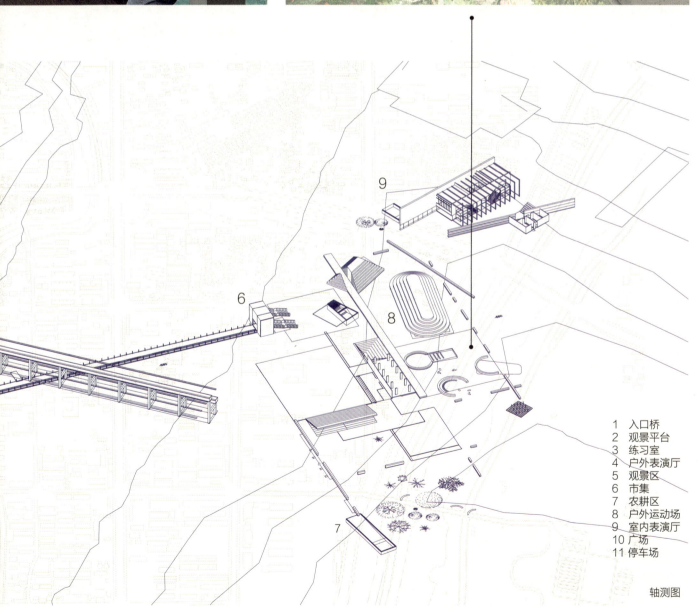

1　入口桥
2　观景平台
3　练习室
4　户外表演厅
5　观景区
6　市集
7　农耕区
8　户外运动场
9　室内表演厅
10　广场
11　停车场

轴测图

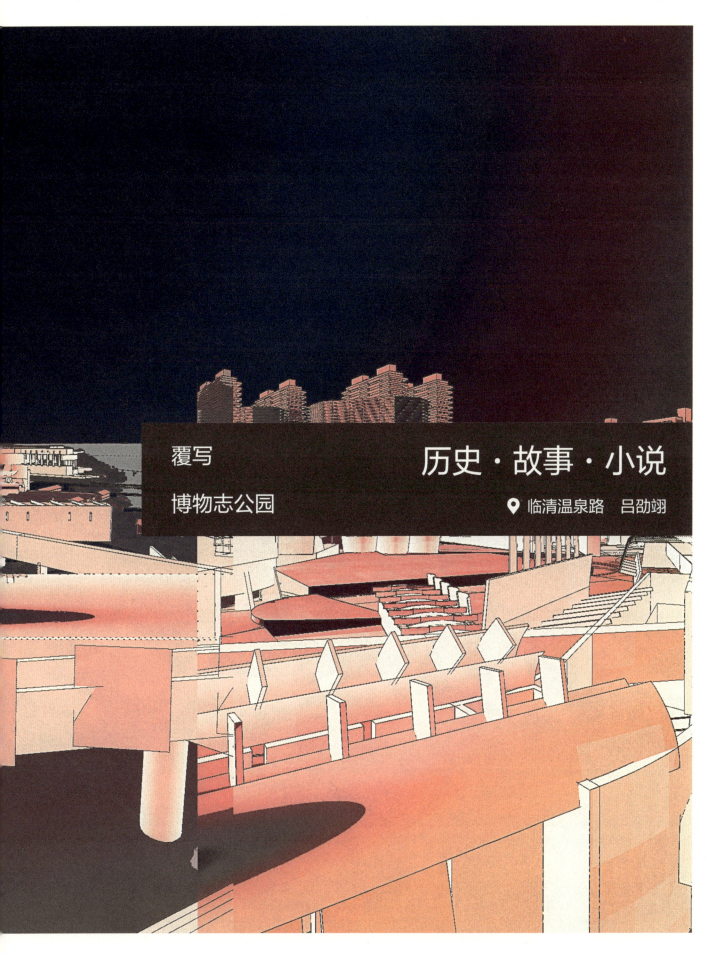

覆写
博物志公园

历史·故事·小说

临清温泉路　吕劭翊

历史·故事·小说

"关公在此下马。"

历史的书写是由各种错综复杂的宣言叠架出来的多面体，每一代人皆在其上找寻立足点的同时进行复写、改写、删除的行为。

当历史、故事与小说并置在一起时，虽然模糊了所谓真实与虚构的界线，却也是构成我们内在心理与外在世界认知的桥梁元素。

而在这条以历史为名的界线、道路上——各种对立的事物在这个点上交会、冲突、合并。

在临清的基地上，一条条通向旧城区的道路被新规划的网格道路截断而消亡，其中一条成为新的集合住宅与古民居的交界，跨过运河，斜向地穿越了新的网格道路通往城外。

这条道路终究会被新的建筑覆盖而消亡，但其曾经存在的秩序是否能透过一种建筑的书写而残留下一个历史瞬间的片段，并以一种博物志的方式建立一条属于生活时间的冲积层，以虚构的格式书写时间、空间，创造出一个关于临清历史的幻想平台，让栖生其中的人能透过这段道路当作一段序言并开始书写始于未来的临清历史、故事、小说。

2015—2016 | 大运河2050 山东运河文化带再生 | 339

平面图

轴测图与立面图

2016—2017 | 大运河2050　通州运河文化带再生

北京城市副中心调研一期

2016年7月11日,中央美术学院高精尖工作室、中央美术学院建筑学院第四工作室师生,在中央美术学院院长范迪安和通州区城规局领导陪同下共赴通州,进行了城市调研和自然地理资料的收集(图1~图4)。在北京城市副中心——通州建设的大时代发展背景下,对城市中心区位发展和城市形态规划情况做了调研。

2016年9月13日,中央美术学院建筑学院第四工作室的师生们,在吕品晶教授的带领下,重温通州区建设的规划区域(图5),细化分析了重点区域的关系和接下来的研究方向与进度。认识城市特点,总结现阶段建设

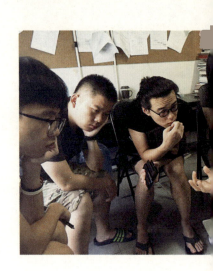

的优劣，为调研明确了方向。建筑群业态布局，焦点基地利用，古建筑保护与新时代发展等问题也得到了回答和深入研究。调研沿北运河沿线线性展开，包括北运河森林公园、玉带桥、漕运码头、工业基地、历史厂房、五条河流汇合处会所等区域。

北京城市副中心战略规划研究 —— 通州运河文化遗产再生

2016年7月首次通州调研结束以来，在范迪安院长、第四工作室吕品晶教授和史洋老师的带领下，师生团队开始了通州区北京城市副中心规划方案设计的头脑风暴和调研整理（图6~图8）。该项目与中央美术学院高精尖创新中心配合，并与通州区政府紧密合作，是北京城市副中心战略规划研究中的重要内容。

历史运河的漕运功能丧失，历史运河周边的商铺、码头、戏台、会馆已不复存在，未来什么可以重新承载运河文化？实地调研结合文化遗产再生设计，师生们基于历史沿革对城市发展提出种种畅想：在对待历史与现代问题上，保护和发展应是并行的，保护应是动态的，以至于不限制在某历史时期的通州的发展，为未来城市新的遗产诞生留下很大的想象空间；新时期的居民对未来城市生活具有更高的要求，宜居的、开放的、有生气的、共享的、生态的。市民生活需要重新引入河边，提供建设充满活力的休闲码头等。

这一项目引起了相关专家的聚集和学术各界的广泛讨论，为文化遗产的保护和再生提供了新思路。就如何保护与发展传统文化遗产、如何打造新遗产、建设动态体验式博物馆等问题，向通州区政府提出了准确的定位和合理的建议，设计中提出的新理念也得到了采纳。北京市规划委员会领导听取了汇报，就相关问题展开交流并提出宝贵建议。

张家湾乡村调研

2016年12月16日，吕品晶教授带队，在区委书记和村委书记的陪同下，第四工作室的师生们深入到通州乡村发展示范村的调研课题中（图9、图10）。调研以运河历史文化基础为前提，线性认识运河周边重点村落，采集历史文化遗迹，为复兴运河文化传承发掘价值点，搜集乡村发展转变的可能性，找出示范区域的矛盾问题，具体问题具体分析，创造性提出建设性解决方法，为通州区发展提供发展潜力，是这次调研的任务。认识乡村现状和运河历史文化特色的同时，研究乡村如何发展，同学们如何在北京城市副中心发展的大时代背景下，复兴运河文化带，重振运河昔日繁华文化景象。调研了运河水文、村落形态、历史文化、人文故事、生态条件、生产业态等多方面内容，同时引发思考。

2017年1月7日，第四工作室与景观专业的同学们组成团队，深入到重点乡村中，对通州的西集镇重点乡村展开为期三日的数据测绘（图11、图12），为设计改造提供数据支持，基地调研进一步深化。设计者多日连续生活在乡村中，通过与各户的交流，形成对运河周边乡村发展的需求和方向的真实体验和感受，设计灵感逐渐累积，设计需回答的实际问题逐渐浮出水面。城市发展与乡村发展既相辅相成又相互矛盾，乡村居民对房屋的使用与设计的心态发生着变化，城市乡村形态和产业，乡村生产功能与运河的交通功能，功能、文化与发展的关系等问题被设计者们所关注。

北运河带周边乡村发展方案研讨

2017年3月3日，在规划局李局的陪同下，吕品晶教授和史洋老师带领第四工作室的同学们，协同OMA（荷兰大都会建筑事务所）团队赴通州张家湾，进行关于运河节点村落的研讨会和调研。参与区规划会议，讨论现阶段北运河带景观乡村方案的设计（图13），走访了张家湾运河沿线，前期深入测绘过的西集镇陈桁村等民居村落，以及十佳示范村史家村（图14）。紧贴时代发展，复兴运河文化的发展和城市发展，北运河局部恢复船只通航的重大决定，促发了本年毕业课题的设计。在通州规划局和水务局规划的运河节点中，第四工作室九位同学自行选择问题突出的节点基地，在船只可通行的运河带上，回应新时代发展的新课题，形成线性的运河文化带，复兴周边民居村落，缓解城市与乡村发展的矛盾，振兴运河历史文化。随后，九位同学在总体合作调研，共同构成运河文化带的联系下，开始个体设计。

大运河2050通州运河文化带再生设计

2017届毕业设计——"大运河2050通州运河文化带再生",是"大运河2050"项目的第三年,前期,库哈斯先生到访第四工作室进行了短暂的交流指导(图15),全程在吕品晶教授和史洋老师的带领下,研究紧绕通州副中心和美丽乡村建设,以通州恢复北运河船只通航为大背景,创造城市与乡村联系的文化旅游建筑。毕业设计的过程,首先通过开题前对大的城市的调研与了结,逐渐从大到小,从宏观到具体,城市、区域、乡村、码头、建筑、空间,以运河与文化为线索,具象与抽象地解决实际问题,在特定的阶段解决阶段问题,促成毕业设计成果的完整呈现。

从2016年7月到2017年3月在吕品晶教授、史洋老师的带队下,前后往返于通州各段6次,参与区镇会议、规划局等会议数次,期间OMA(荷兰大都会建筑事务所)也参与了调研工作,工作室师生秉承"七分调研,三分规划"的前期基本思路,整体开始对城市背景、传统与现代、历史与发展的资料的收集与整合。在整体认识通州区城市发展方向与时代特点背景下,对运河复兴沿运河带乡村如何发展继续进行调研,调研内容有村庄肌理、建筑特征、院落形态、人口用地、区域保护、街巷尺度、空间质量、区位交通。

毕业设计围绕"码头"主题,同学们自由选择感兴趣的串联在北运河带上的基地,设计的开始以对个体基地的历史文化的发掘为始,寻找有特色的历史运河文化点与特色的历史民俗村落设置码头,成为毕业建筑设计的重要环节。回答通州古城历史文化传承与时代发展相辅的需求,用艺术的手法创造性地、有逻辑地解决地域性的适应设计,活化落寞的运河文化和历史乡村文化。

在如何挖掘特色乡村和沿运河文化的设计阶段,同学们反复斟酌,结合规划的运河水闸位置,由北至南,以五河交汇处为始,北运河北关闸、甘棠闸、榆林庄船闸、杨洼船闸新建船闸的位置,综合考虑辐射乡村的特点,选择码头文化综合体的布置。通州最大的大运河森林公园成为北运河

15

的起点；漕运古镇张家湾镇自古以来便是通过萧太后河驶入皇城的水运大门；里二泗村和古沙堆村曾为元、明、清三代漕运重要通道；历史上皇城外皇家狩猎的漷县镇；运河下游的滩涂历史记载有"延芳淀方数百里，春时鹅鹜所聚，夏秋多菱芡。国主春猎，卫士皆衣墨绿，各持连锤、鹰食、刺鹅锥，列水次，相去五七步。"

选择通州文化乡村与城市问题突出的地方，九名同学分别选择通州北运河运河文化广场、大运河公园、张湾镇、甘棠村、西里泗村、沙古堆村、漷县镇骑射和花海、延芳淀陈桁村为基地位置，开始思考在满足码头功能的同时，如何更好地提供周边文化精神和亲水的使用空间，优化场地固有的城市与乡村的关系，水陆交通。设计产生异同的有趣的文化建筑，葡萄农场、生态花卉、精神粮仓、码头服务中心、传统文化体验中心、樱桃采摘园、湿地教育中心等文化综合体，丰富的功能体量形态，积极研究可能的城市通州码头设计，回应通州船只通航的现实需求。在吕品晶与史洋教师的悉心辅导下，解决历史文化如何融入建筑空间设计，如何让艺术手法振兴乡村长远发展，文化综合建筑如何整合区位资源，优化原本被孤立的运河与村民之间的关系等问题。为期半年的毕业设计，同学们经常茅塞顿开，也常常埋头苦思，两位老师用示范、列举实例引导着学生的设计，致使豁然开朗。作为大运河2050课题的终年，同学们在学习以往研究成果的同时，积极思考运河文化建筑的形态空间，联系实际基地条件，做出建筑设计的最优解。

2017年6月5日13点30分，在中央美术学院建筑学院院长、第四工作室导师吕品晶教授，史洋教师的发起下，第四工作室的师生参与了2017届本科生毕业答辩，作为对以"码头"为题，"大运河2050通州运河文化带再生"课题成果的汇报（图16、图17）。参与答辩评议的评委有雅庄建筑设计公司总经理庄雅典先生、Chiasmus建筑研究工作室主持建筑师James Wei Ke（柯卫）、陶磊（北京）建筑设计有限公司主持建筑师陶磊、中央美术学院建筑学院第九工作室导师周宇舫，评委们对本年的同学们的大运河2050课题设计给予了充分的肯定与赞扬，精彩的点评不断，争议和畅想层出不穷，答辩活动圆满结束（图18、图19）。

大运河2050通州运河文化带再生设计

中央美术学院建筑学院第四工作室2017届本科生毕业设计

大运河 2050

棱 —— 延芳淀湿地教育中心

陈桁村　隋昕

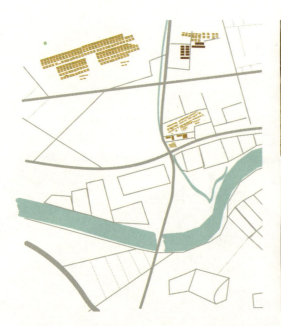

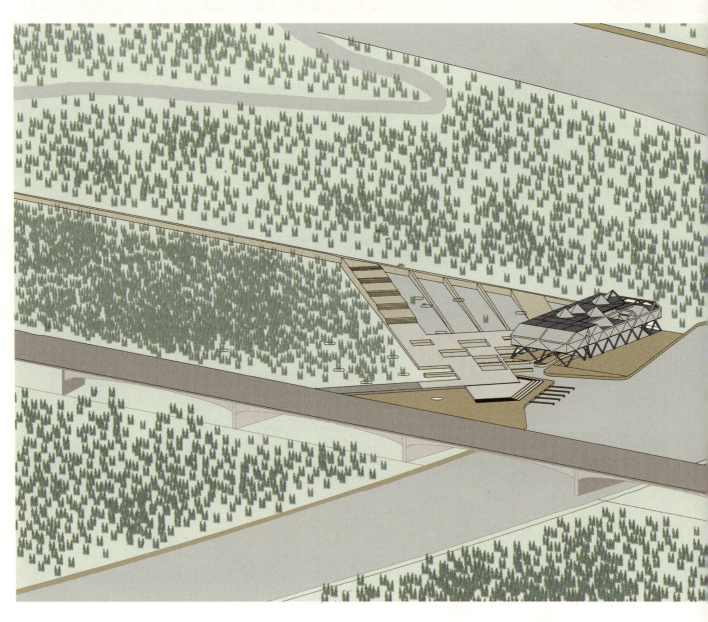

基地分析

建筑基地选择在自然资源相对优越的通州东郊延芳淀湿地处。基地的北面是面对运河大堤路的传统中国式乡村，南面是北运河，基地地势低洼，周边绿植资源丰富。

北运河沿岸历史上繁荣的景象已不在，居住和生活在延芳淀湿地的原住民与运河毫无往来，原本优越的自然条件人们生活在其中若无其事，也并没有湿地周边的生活的特色，棱教育中心的设计使人们重燃回归自然的童年记忆，人们可以在湿地边学习、读书，游人们可以在湿地上休憩，引入处理过的运河水，使人们逐渐融入湿地的环境中，优化基地原本资源，和谐地区人文矛盾。

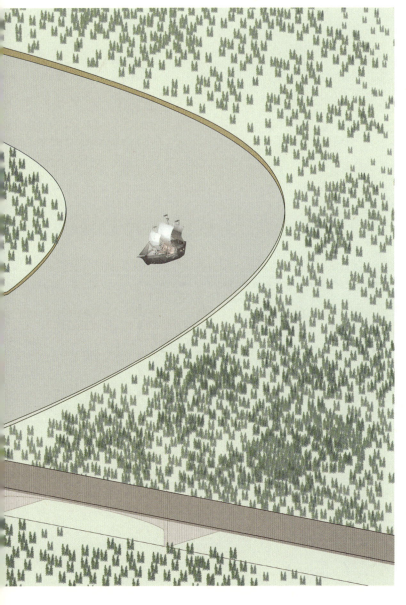

354 | 大运河 2050

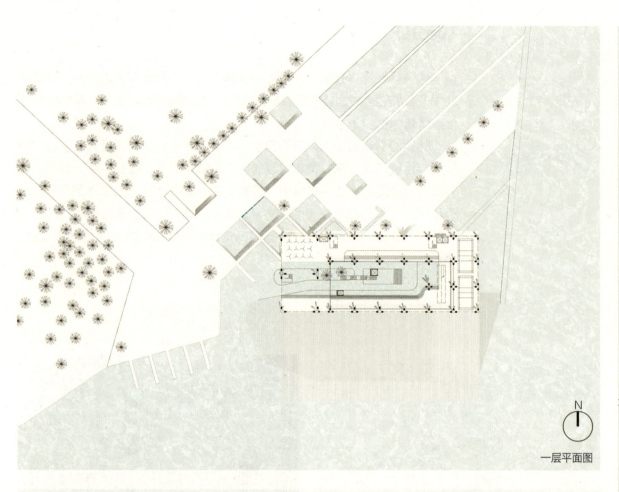

一层平面图

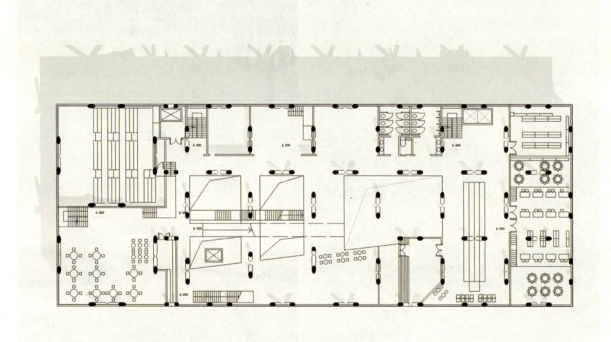

二层平面图

方案介绍

建筑总面积不到6000平方米，30米×80米整体悬挑结构和由北运河引入的水池形成了聚集人群的空间，提供避风躲雨遮阳的半室外活动空间。在水池上方，既可作为水上舞台的一部分，又可以作为居民体育生活活动的场所。建筑整体结构适应功能，功能布局适应场地实际所需，码头接待的功能和教育学习的功能相结合，建筑整体结构空间符合建筑氛围和使用。

人们进入建筑内部，首先映入眼帘的半室外的河水和围绕它的市民休闲的完全架空的一层开放空间，尺度宜人，促进人们与自然环境的更直接的交流，重整城郊落寞的乡村，吸引外出务工被城市吸力吸走的青年们。

建筑坐落在跨河大桥边，沿北运河河边展开，联系水上交通和陆上十字交通，建筑北侧靠近村民的次入口，北侧设置莲花广场，南侧设置木栈休憩平台，服务城市旅游者。适应水纹、气候条件，布置建筑体量。

将湿地的作用作为功能的推演本体，生产，组分，净化，栖息的湿地功能适应教育建筑的具体使用功能，融合村民和城市的关系，适应最初的设计创想。

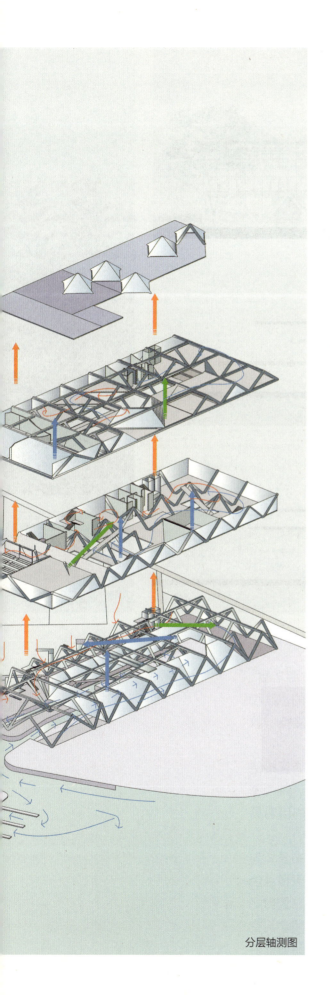

分层轴测图

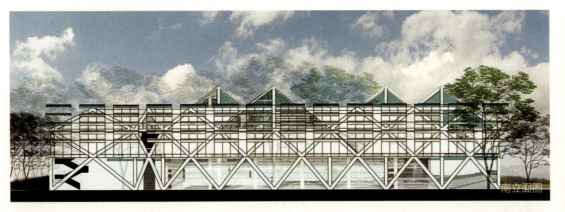
南立面图

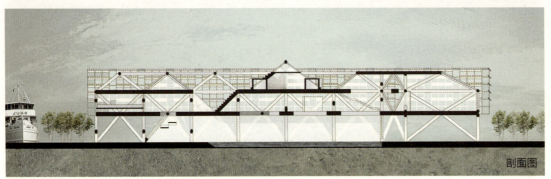
剖面图

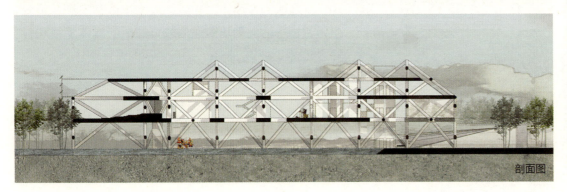
剖面图

建筑的一层是完全开放的公共空间，源于湿地的地势低、水源丰富，建筑架空于湿地之上，船只拥有进入建筑一层的水上交通，湿地的水纹和植物条件引入建筑，亲近人们接触湿地和认识湿地，建筑拥有接待、教育、展览、餐饮的功能。

建筑的二层空间，与一层联系紧密，南向自由的完全开敞的游客接待中心，东侧布置图书馆空间，东北侧为服务于图书馆空间的书库，并为图书馆空间供给热力保障，图书馆空间设计阶梯阅览，设置村民的自习场所，阶梯布置使空间划分尺度更加适应建筑结构和人的使用。

北侧靠近图书馆布置卫生间，开放和封闭的工作室教室相邻布置，为村民提供可以学习的个人场所，小空间通过中庭架于空间结构的天桥绿色空间与南向游客接待大厅隔空相望，形成视线上的联系。西北角布置封闭的多媒体会议室，为建筑提供热力保障且服务于小体量的村民自我学习空间和图书馆空间，具有展示和回报的终极展示的功能，为村民和游客提供

2016—2017 | 大运河2050 通州运河文化带再生 | 357

西立面图

一个可以反思自己的场所。多媒体室的南向就是黄金咖啡厅空间,开放的公共空间具有包容性,是继中庭流线空间之后的城市与农民可以停歇,进行更深入交流的开放空间,同样它具有很好的视线景观,汉白玉的北运河大桥上川流不息的车辆在建筑一旁穿梭,往来于北京与通州城内的船只,从西北侧驶来,整体的城市乡村图景尽收眼下,吸引人们放下偏见和分歧,交流和休憩。

棱教育中心三层布置精神性空间,南侧与二层的游客接待中心相联系,室外大型剧场宣讲场所,东侧与二层象征精神性图书馆空间相联系,布置文化性的展览空间,北侧布置与北向场地功能体块联系紧密的餐饮空间,村民们可以担当建筑服务功能的承担者,在实际的劳动中,实现和发展自我的社会价值和自我价值。通过西侧的通向南侧的玻璃墙围合的半室外精神空间,提升自我的认识和精神追求,中庭空间的天桥使南北交通相连。

建筑围绕整体的三维结构体系展开,空间布置自由灵活,适应湿地自然环境和湿地属性,优化基地矛盾关系,试图解决城市和乡村的矛盾关系,优化场地资源,使原住民的生活得到积极的改善,增强村民对家乡的认同感和归属感。

教师点评

柯卫：方案的建构跟结构有一点点问题，里面的空间、楼板和形成的建筑空间，没有完全利用结构本身最大的优势和最大的特性。这个结构是一个很轻的、具有穿透性的结构，但周边的玻璃幕墙把它封住了。如果保留中间的"空"，让云、风、太阳和水在中间经过，以后再根据功能进行填充，这样可能更加适合结构本身所提供的个性，这个结构本身的个性和基因可能就会跟建筑、功能以及湿地的联系更有意思一些。这样将做出别的结构无法完成的事，结构的独特性跟你的功能、景观会有一个更有意思的结合和故事在里面。

庄雅典：这位同学提出的这个结构系统，它的纯粹性本身就是解决功能问题的切入点，需要把很多东西简化、纯粹化到一个程度，可以沿着结构系统去"玩"，以结构作为解决问题的方向。这个方案在平面上还是"横平竖直"，而理论上应该是"穴斜线"，如果设想平面是一堆"斜线"，也许空间的感觉会完全不一样，人会顺着那些"斜线"去流动，而"棱"正是暗示着这一方向。如果想办法让平面也都是"棱形"，形成"斜线"系统，空间的丰富度就会更强。

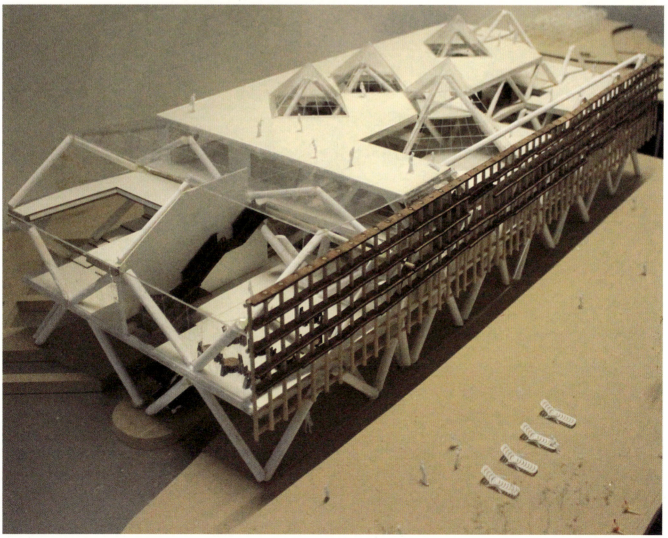

大运河 2050
花海道标 —— 运河生态美术馆

📍 溧县镇　刘名沛

基地分析

基地区位

基地位于北京通州区北运河段。北运河通州段依次穿过通州城市、公园、乡村这三个阶段。此处正处于乡村的潞县镇。潞县镇近几年发展迅速，是北京市政府重点扶持建设的乡镇之一，已经初步形成很多具有当地特色的产业。其中有一些产业和当地村庄的现有状况引起了设计者的注意，例如丰富的花卉种质资源，以及当地特殊的人文环境等。

当地种植优势：北京通州观赏花卉种植于2008年3月，占地面积600亩，距离北京市中心约40公里，是距离市中心最近的香草主题的综合型现代观光农业项目。问题：当地种植面积大，但品种不够丰富，难以覆盖一年四季的游客需求；园区活动过于单一；游客缺少遮蔽休憩的场所。

村庄现状：基地紧邻潞县镇杨堤村，全村200户，人口719人；大部分房屋现状良好。问题：很多房屋、土地都呈现一种荒芜的状态，很多人家都挂出出租的牌子，看得出闲置已久；没有商业气息，人烟稀少，没有活力。

现状SWOT分析

优势分析：村庄现状良好，具有开发潜力；特色种植产业初具规模；土地资源丰富；有一定的知名度和群众基础。

劣势分析：村庄荒废；人的可到达性差；经营模式传统，没有吸引力；缺少庇荫空间，难以让人停留；新兴科技水平落后。

战略机遇：北运河规划通航；与其他码头联动；打造特色运河文化；激活周围村镇；旅游与花卉观赏的结合；采摘市场发展。

面临挑战：农村人口流动；城市化对农村的挤压；生态环境不良印象；河道变浅。

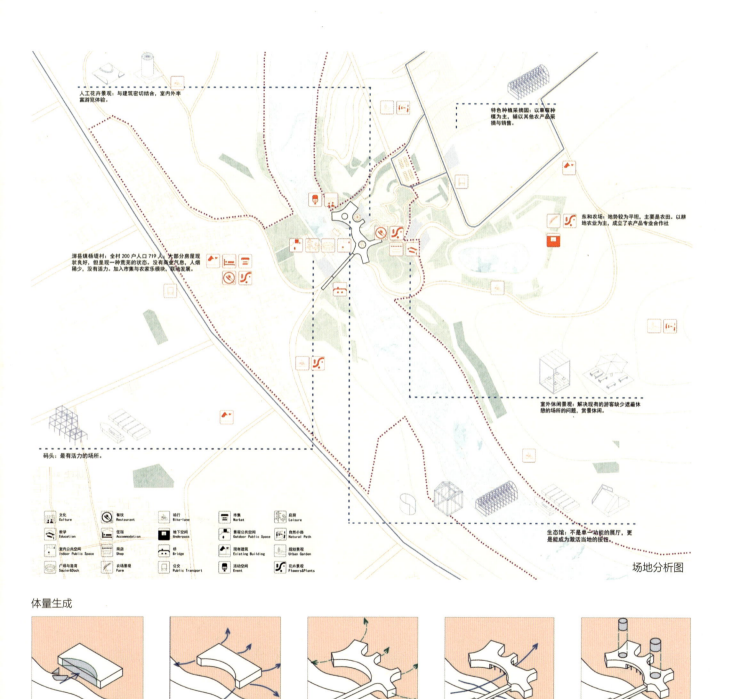

场地分析图

体量生成

366 | 大运河 2050

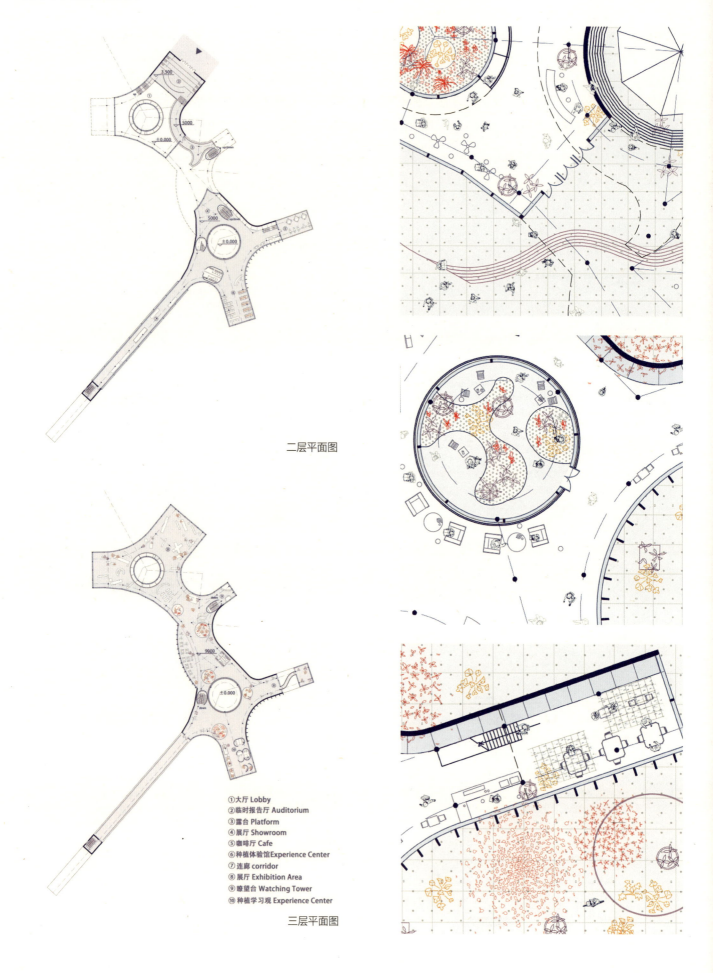

二层平面图

① 大厅 Lobby
② 临时报告厅 Auditorium
③ 露台 Platform
④ 展厅 Showroom
⑤ 咖啡厅 Cafe
⑥ 种植体验馆 Experience Center
⑦ 连廊 corridor
⑧ 展厅 Exhibition Area
⑨ 瞭望台 Watching Tower
⑩ 种植学习观 Experience Center

三层平面图

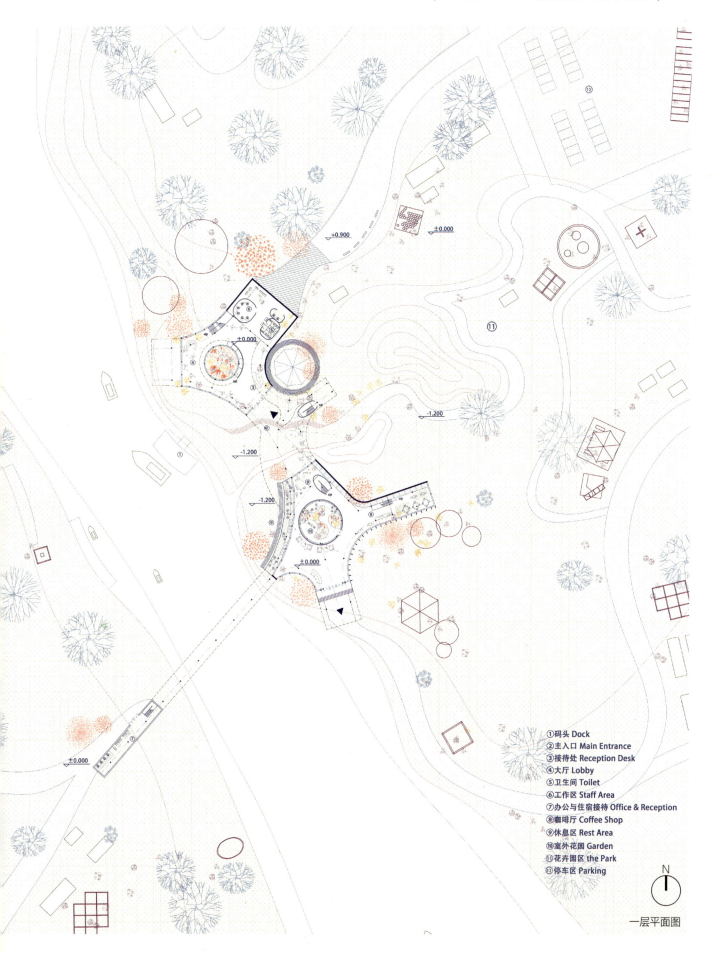

一层平面图

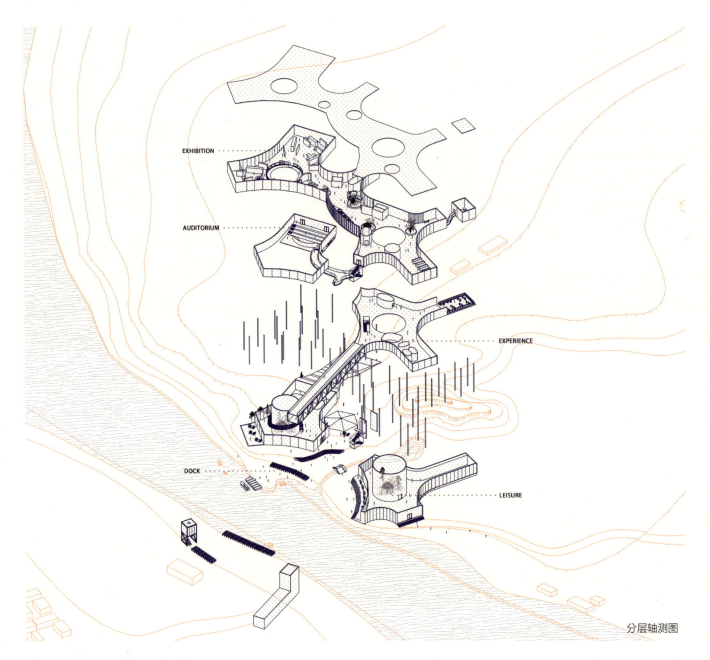

分层轴测图

剖透视图

方案介绍

体量生成

  1. 扩大沿河面，创造港湾型广场及亲水空间；

  2. 明确场地周围环境，创造建筑导向性；

  3. 不同的景观对应不同的空间，设置相应空间类型，以展厅作为连接并引导游客；

  4. 首层部分架空，运河景观与花卉景观的过渡，通过视线引导游客；

  5. 引入光线的同时组织流线，创造多层次的室内外景观。

动静空间分布

由码头进入建筑，首先是最热闹的入口空间，同时也是亲水广场。向上前行，可以来到试听空间。继续深入体验，就会来到展厅空间。一番参观过后，有兴趣的游客可以去各个体验馆或学习中心体验学习。游览下来可能感到有点疲惫，可以到休闲阅读空间和咖啡厅稍作休息。

早有诗人作"疏影横斜水清浅，暗香浮动月黄昏"。这样的游园体验可以给北运河段带来色彩与活力。将花卉艺术等功能与码头相

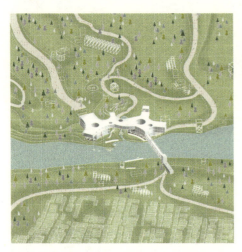

结合，让这个码头不仅成为北运河上的一个重要节点，也能带动当地产业，激活邻近乡村。此次设计旨在提升运河的文化价值，带动该区域的文化旅游业发展。既能成为当地居民休闲娱乐的场所，同时也吸引外来游客到此感受运河文化，让人们在有限的时间内了解当地文化与生活。在功能上，提供游客所需的活动空间与观览空间，重点起到引导作用，以此激发该区域的生机与活力。

道标所在应当是指引方向。此设计试图让建筑成为一个指引者，生动形象地告诉游客当地景观（或产业）的所在方向，并引起他们的兴趣。制造场景、引发事件、诱发兴趣，从而激活整片区域。

四时之景不同，而乐亦无穷也。古人的感叹也正是设计者认为的我们对景观园区应该采取的策略：利用当地的花卉种植资源，结合运河景观，进行大面积、多品种种植。改造景观，增添趣味性项目，改变单一乏味的观赏园现状，同时包括艺术展厅、农业科普、体验种植等丰富的体验功能。

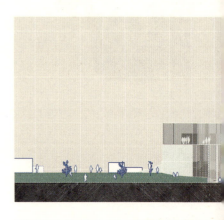
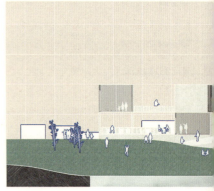

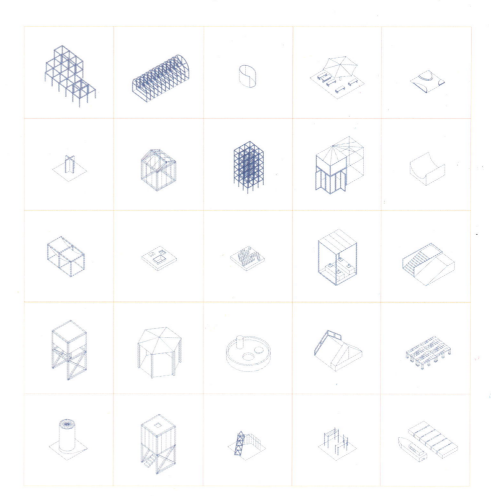
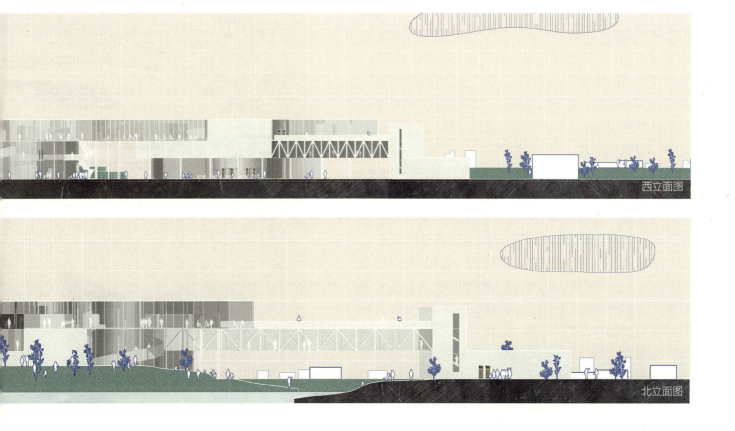

西立面图

北立面图

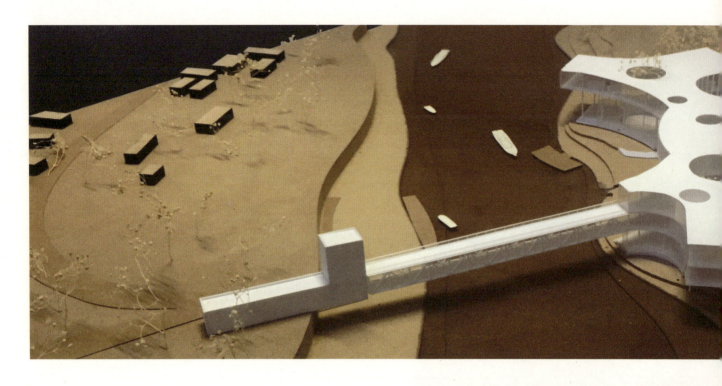

教师点评

陶磊：在我看来，有很多的建筑形态在一种既规则又似乎不规则的模糊地带。这位同学的建筑形态原本可以非常自由，不用过于刻意，甚至没有指向性都可以，她所说的建筑像路标一样指路，这个意义通常是解读不到也感受不到的。对于形态来讲，如果能自然地延伸到周围的环境里面去，可能会更有意思一些，甚至一层的起伏可以自然一点，因为她要做的是一个生态美术馆，它不存在所谓的功能上的障碍，因此给了她很多机会。如果可以不受任何的约束，带来的丰富性可能会更多。我希望这是一个非常自由的建筑，所有的楼板包括屋面，都没有必要那么平整，因为对功能没有任何伤害。

周宇舫：我觉得建筑的这种形态还是挺好的，每个"分叉"伸出去时都引导向一个特定的场景，让整个建筑被周围基地的变化所吸收。大家现在觉得设计中形成这种几何性的方式硬了一点，但我个人觉得，两个"分叉"对着水，另外三个与场地衔接的这种方式，本身是一个非常好的形态的出发点。唯一的缺点是，对着水的立面不够柔和，不够自然，更具有城市的感觉。

大运河 2050

四时捺钵 —— 通州骑射文化体验馆

📍 漷县镇　赵今今

基地分析

京杭大运河设计背景

京杭大运河是世界上里程最长、工程最大的古代运河,也是最古老的运河之一,与长城、坎儿井并称为中国古代的三项伟大工程,并且使用至今,也是中国文化地位的象征之一。

大运河南起余杭(今杭州),北到涿郡(今北京),途经今浙江、江苏、山东、河北四省及天津、北京两市,贯通海河、黄河、淮河、长江、钱塘江五大水系,全长约1797公里。运河对中国南北地区之间的经济、文化发展与交流,特别是对沿线地区工农业经济的发展起了巨大作用。

建筑单体选址

基地位于凉水河和北运河的交汇处。基地地势平坦,具有丰富的地热资源,是通州运河航线的航运枢纽,两河交汇处更利于渔业发展,又是京塘路和京哈高速交通枢纽处,拥有便利的交通条件。基地周围村庄各有不同,苏庄村以工业为主,榆林村以种植为主。基地对面是已规划的公园。基地大约8000平方米,已种植树木,应保留大部分,并加以利用,苏庄村人口较少,主要人员来源是码头游客,所以设计定位针对游客,建立吸引游客的码头综合体。主要设计方式是挖掘漷县镇文化,建立传承历史文脉的复兴社区和自然河道倚傍的景观社区。

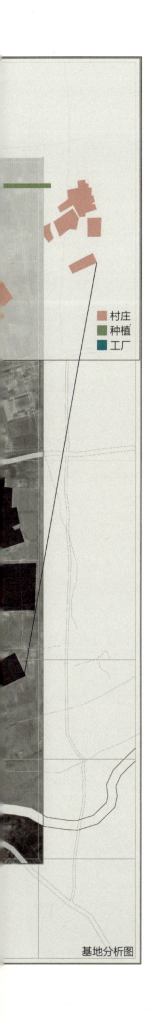

基地分析图

总平面图

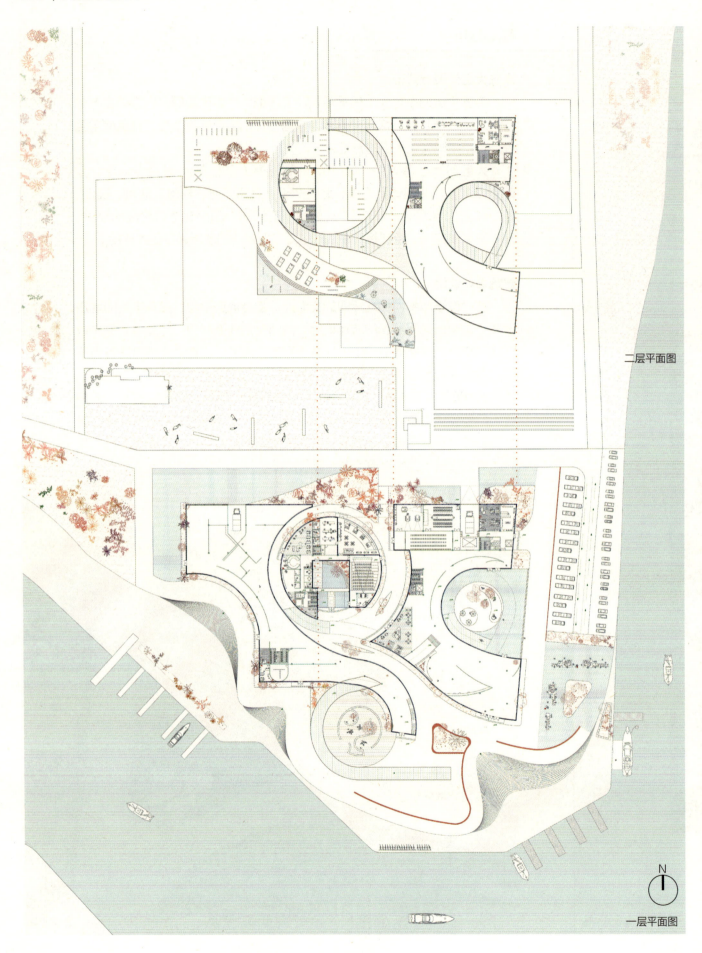

二层平面图

一层平面图

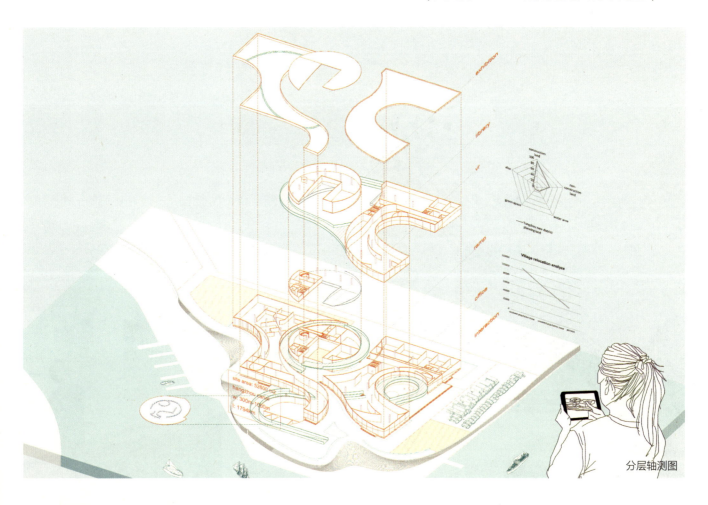

分层轴测图

方案介绍

文化功能提取

在体验馆的设计中，结合捺钵文化并对其进行发展，主要功能演变为打鱼狩猎体验，分为马术、射箭和钓鱼。体验类型分为虚拟和现实体验。建筑主体为虚拟体验VR、APP交互功能。室外场地保持其原有状态，建造现实体验的马术场、室外射箭场和垂钓园。

虚拟和现实体验，在设计中都有存在的必要性。首先，传统博物馆展示成果单一，长时间停留在同一个区域欣赏画作或者观看纪录片，很难直接与游客产生共鸣，较少与游客产生互动，并没有学以致用的过程。而体验馆使游客可以边走边看，快速了解捺钵文化和实践知识，同时学以致用，亲身骑马射箭更具有娱乐性质，更适合运河游客人群。其次，VR体验是近些年具有发展潜力的新科技，与3D技术不同的是，VR不仅可以观看立体的现实感的画面，还可以对视觉、听觉、触觉进行反馈，更具有交互性，不只是游客被动接受信息。马术射箭等活动如同学习驾驶机动车，现实体验具有一定危险性，在现实体验之前有虚拟学习更具有安全性。同时将虚拟体验结果与现实结果结合。在垂钓虚拟体验中获得的鱼，在现实餐厅中可以真实品尝到。

总体规划

  总体规划以串联的方式、梳式的布局，分割了动静区域。设计中以虚拟体验馆为重点。建筑体量具有地标性，位于凉水河北侧，马术钓鱼等具有景观性的室外活动位于北运河西侧，让游客在坐船来码头的路上就能看到。马术区域选址应该选择向阳、背风、平坦、水质好、排水方便之地，周围环境应安静，无污染，交通方便，防疫安全，距离其他马场远。马术不仅有马术体验还有表演区域。马厩应位于最北侧，利于免疫和隔离。为了旅游需要，客人在射箭时需要相互鼓励、交流，因此射箭区与射箭区之间除了操作台隔开之外，不需再作其他隔断。假如设立隔断后会严重影响服务员视线，服务员观察不到游客在隔断内的情况，发生设备损坏、丢失等情况会不好处理。采摘区域与园区相融合，辅助花海，采摘种植相结合。休闲品尝，增加停留时间。交互体验可以在游客行走过程中完成，通过手机下载，减少停留时间。

方案功能分区

  建筑体量分为三部分，分别为VR展厅、娱乐购物区、APP展厅。地下部分可以作为观影区域。东侧是停车场方便游客下船后开车去其他地方，基地入口处绿化使人流分散开，引导进入各个展厅。堤岸具有亲水和防洪作用。平台是游客活动区域，屋顶平台有集市和展览。B展馆是辅助娱乐区域，有咖啡厅、餐厅、纪念品商店、报告厅等由于层高要求差别较大，将建筑分为三部分形成二层平台斜坡。

剖面图

剖面图

教师点评

陶磊：这位同学在设计中根据"马的动线"，生成新的给人使用的动线和空间，但这里存在一个问题：这样的动线会给人的使用带来什么样的便捷性或不同的感受？因为马跑动的路线和人行走的路线没有任何关系，把它作为一个特征的源头，内在关联如何体现？其实这个建筑的空间是非常有特点的，如何让这种趣味变得有价值，是值得思考的。目前逻辑的问题在于：抛开"马"不说，也是可以生成这样一条动线的，关于马的文化的东西与建筑在逻辑上其实没有关联性。如果抛开这些解释，这个建筑给我的最终感觉还是很好的，建筑感很强，空间也非常丰富、流畅，功能也没有太大的问题。

周宇舫：我觉得这位同学利用马行走的路线来进行空间组织，其实是一个非常好的方式，体现了一个空间演化的过程。因为马行走的路线的特点反映出一个拓扑理论——绳结理论，如同生活中的立交桥一样，这一特点最后被演化成为一种立体的空间。

柯卫：我特别喜欢这个设计，对于最后如何解释建筑的产生与来源我是比较无所谓的。这个建筑让我想起了很多阿尔瓦罗·西扎的东西，其中的弧线，包括一些复合的曲线是我特别喜欢的。同时，这位同学还完成了一个特别困难的事，这种依靠形体的建筑，通常会因为开窗而破坏了形体，或是牺牲了室内空间，而她把弧线同时应用在平面和立面上，形成了连续的开窗，整个建筑自我的逻辑性完成度非常高，手法很熟练。

东立面图

南立面图

大运河 2050
北运河游客码头综合体

📍 沙古堆村　姜旭

基地分析

社会环境调研

在漕运繁忙的时代,通州曾经繁荣至极。然而,随着现代交通工具的发展,运河的水运职能逐渐废弛。作为南北水运终点的通州随之衰落。而今北京城市副中心规划的确立、京杭大运河的申遗,对北运河的保护性开发变得迫在眉睫。北运河价值的式微不仅体现在经济、政治领域,更深的隔阂发生在运河与村民生活往来的疏远中。

基地选址分析

运河沿岸文化遗存已遭到不同程度的破坏,部分旅游景点已是开发补救后残散、虚假的状态。由于对防洪堤的修建,滨水区域的开放性差,市民村民与运河没有互动。运河沿岸对水的需求量巨大导致运河水位不高,生态环境也令人担忧。

沙古堆村以樱桃种植作为主要产业,利用自然优势发展了樱桃采摘等旅游业。基于村庄现有的业态,设计者提议一方面对北运河进行旅游性开发,另一方面置入一系列"事件",这样即可以培育现有的优势产业,又能制造更多城乡之间交流沟通的机会,使大运河重新为当地村民带来经济收入,再次成为居民生活的一部分,提高村民保护运河的热情,形成良性循环。

总平面图

操作手法

选择方式

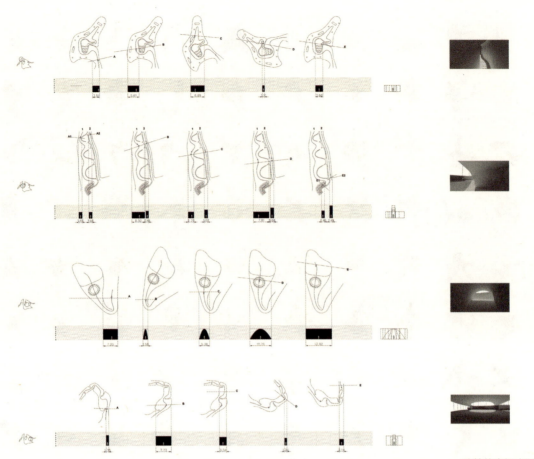

建筑的空间序列与空间体验

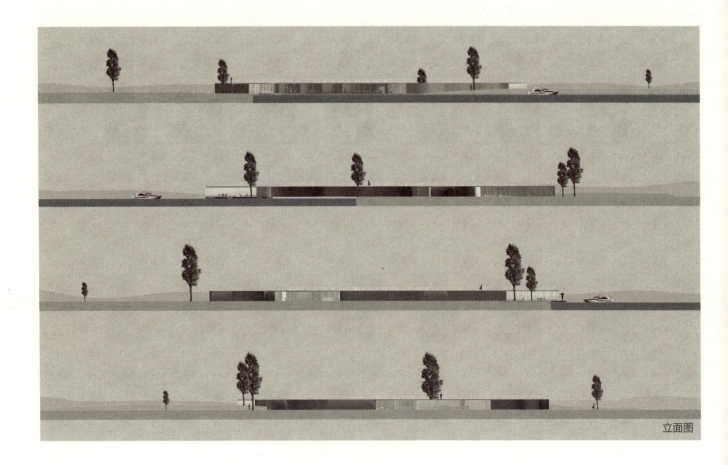

立面图

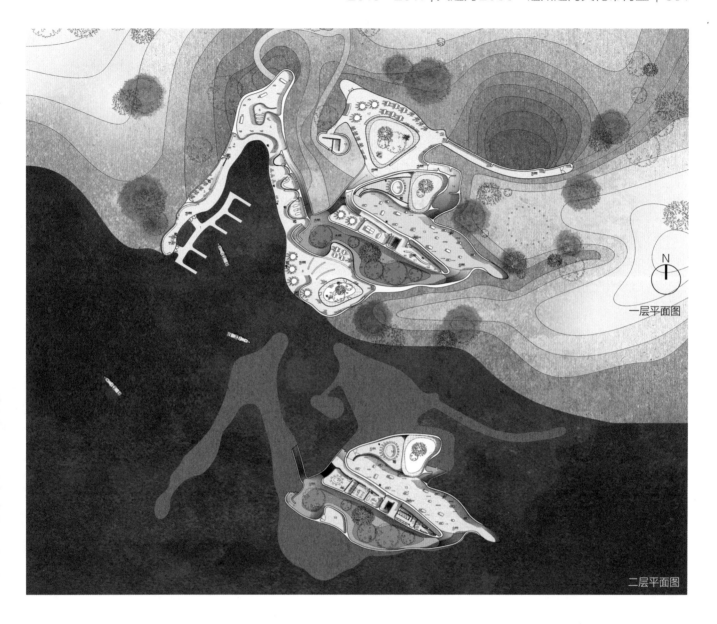

一层平面图

二层平面图

方案介绍

冲突与交融

在立面上,为了更有标识性,设计者想强调的是与环境的冲突。在有机的自然环境中置入几何化的体量,对建筑体量进行强制性处理,使其就像对自然进行切割的刀片一样,与周围的地景形成反差,制造一种戏剧冲突。与在立面上制造的矛盾不同的是,在平面上,希望建筑能够与自然有机地交融在一起,在自然环境中消隐。在建筑不同的维度才用不同的策略,立面上是理性的、几何的,平面上是感性的、有机的,这两者一起构成了更大的矛盾。

操作手法

随机现象:不同于参数化设计的严格理性,生活中的随机为现实增加了神秘的面纱,产生某种天启的意味;在艺术上,随机使匠气升格为艺术。同样在设计的过程中为建筑增添了诗意与隐喻。

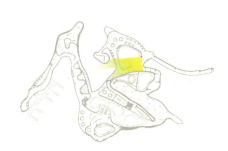

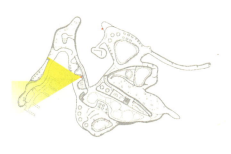

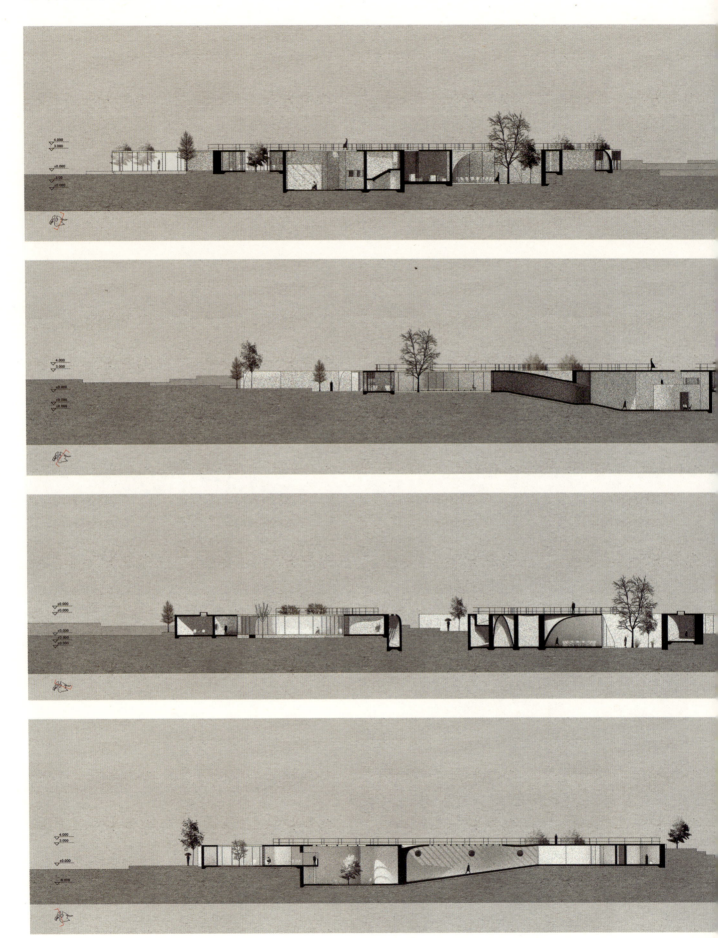

剖面图

剖面图

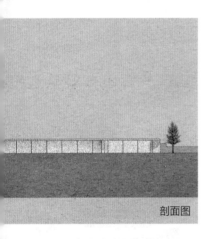

剖面图

剖面图

范围：由于操作手法是随机性的，尽管对水下落的高度与水量的多少等变量做了适当的控制，然而这一现象同时还受滴落平面的细小起伏、空气的偶尔不稳定等不可控制因素的影响，所以在这种过程中产生的形式是无限的，虽然尽力尝试了更多的可能性，但是还是不得不对研究与筛选的范围做出限定，这样无限就变成了有限，所以需要不厌其烦地展示出参与研究的所有可能性，这一点是需要特别说明的。

操作手法：要研究水这一无形的自然物质，除了宏观上的河流，海洋和微观上的水分子以及自然物质固，液，汽的物态变化之外，尝试用辅助手段对无形的事物进行可视化操作，我注意到水在纸上变干后会留下痕迹，这些痕迹在某种程度上反映了水在此时的流动状态，由于透明的纯净水留下的痕迹不明显，所以添加染色剂。

什么样的建筑形式能够被自然环境更好的接受？与自然环境有机交融的建筑形式是不是就是不受人们逻辑影响的偶然形式呢？我把构建能与自然有机和谐的建筑形式的探索，寄托于介于随机现象和人工选择之间的新形制。

选择方式

选择标准：根据对以上类别的分析，结合现有的基地环境和功能研究，在许许多多随机的形式中筛选出最合适的一个，例如基地中最主要的是自然环境，需要在负形中的内外关系更加紧密；种植展览区和码头等特殊功能对实体和流线都提出了不同的要求，选点位置邻近沙古堆村、儒林村、供给店村三个自然村。三个村子都以樱桃种植作为主要产业，并且利用自然优势发展了樱桃采摘等旅游产业。

生活中的随机现象千千万万，选择哪个并且能够转化成视觉化的语言呢？一次偶然的机会，咖啡滴落到纸上逐渐变干，留下了水流过的痕迹。水的流动产生的形态也非常契合运河边码头综合体的语境，并且也是一种随机现象，所以采用了这种操作手法，并且进行了广泛的视觉实验。通过筛选产生最终的体量意向图。在经过实验、选择、观察之后，将自然中获取的超理性的形式美感转化成了方案的平面图。

建筑的空间序列与空间体验

由于水的流动而生成的墙体，无法进行几何化的归纳，所以建筑没有一处空间的感受是相同的，类似分形的原理，在宏观的房间层面与稍微微观的细节层面都给人带来移步异景的丰富感受。如果动态地、连续地体验整个建筑，不同的空间尺度会带给人的身体与心理不同的影响，从而产生与之前随意不同的韵律感与规律性。

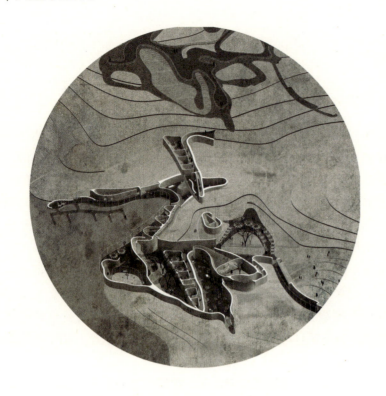

教师点评

庄雅典：设计是在解决问题，首先问对问题，并带着这个问题去寻找解决方案。因此，如果我们问什么是游客码头？一般同学的创作流程就是去研究现有的案例，并从中学习游客码头的设计原则。很容易就会陷入现有案例的思维，从而限制了创新的能力。

姜同学的北运河游客码头从自然出发，想象这个游客码头综合体就是运河，是河流，是运河水系的一部分。因此问题变成水流的造型是什么？创新的机会就从这里开始，从自然、山川、河流去寻找造型，去发想是一个非常显而易见的解决方法，但是姜同学并不是这么简单地去寻找答案，而是从一个更不同的角度去探险，或者是从观察日常的角度去寻求解答。他从水滴落到纸上的痕迹去寻找水流的形状，我大概可以想象，他灵光乍现那一刹那的乐趣，以及他之后从不断的水滴试验中寻找"随机"的造型，从而整理、归纳，从数百个实验观察中找出和基地有机结合的形状，转化成北运河游客码头的平面。

从这个平面所衍生出的立体空间妙不可言的空间序列，是神奇莫测的空间体验。从这些不可测的现象，他开始用"平面是感性的有机的、立面是理性的几何的"答略，把设计渐渐固化下来！

姜同学的设计无论是技巧、概念都非常创新，是非常具有创意的作品，只可惜少了一点历史底蕴的挖掘，虽然是"通州北运河"，但是如果是能从"大运河"的历史框架中再找到一个切入点，就会是一个非常有"平衡感"的创新作品了。

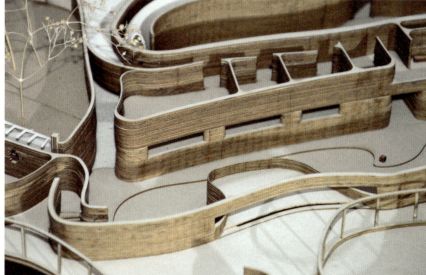

大运河 2050
新晴野望 —— 葡萄农庄码头

📍 西里泗村　吕佳依

— 京哈高速　— 京糖路　— 其他车行道路　⚲ 码头（新建码头）

■ 商业工业混合区　■ 村落　■ 农庄、养殖场

基地周围概况

田地与工厂

运河与基地关系

张家湾文化区

通州大运河地图

基地分析

社会环境调研

在北京大力发展文化创意产业的背景下，通州新城在新一轮北京城市总体规划中定位于"区域服务中心，文化产业基地，滨水宜居新城"，大运河综合开发项目正是在通州积极推进新城建设、发展文化创意产业的背景下确立的。

通过实地调研发现，大运河京段沿岸文化遗存没有得到市民和政府的重视，部分旅游景点虚假、混乱，滨水区域开放性差，与市民缺乏互动，生态环境令人担忧。

基地选址分析

基地现存问题主要有：交通便于货物运输，但人的可到达性差；缺少社会职能，对运河与周边农业资源利用不足；服务对象单一，经营模式传统等。针对这些问题，设计者希望通过综合规划和建筑的介入，重新界定港口、田地与运河的关系，有效利用区位优势和产业条件，丰富区域空间层次，激发滨水区的活力，改善港口环境，提升城市功能。

方案介绍

意象形态

设计强调基地周围的绿色资源，采用了田埂，这样简单均质的形态，相似的建筑体量的交错融合从而创造不同的展览空间和公共空间。希望设计既能保持基地原有的农业优势，在绿色建筑的角度为城市中的人提供出口，同时通州新城也为游客带来焕然一新的印象。

建筑如何介入场地

建筑与城市相贯通融合，城市通过建筑作为一个看向自然的出口。让建筑融入自然，在南北两侧田埂的趋势下形成均质平行的条形体块。东西向是城市到绿色过渡的体验，在确定了基本体量和概念之后将体块根据河道走势、周边建筑肌理方向错落摆放，每个建筑之间有联系，且伸展的方向源于基地的原理，围合出大大小小的内院农场和室外公共空间。

纯粹的意向概念

这块基地所能辐射的范围之内，显而易见的是工业化、城市化的肌理，虽然所占很少，但对周围环境的影响是很大的，在基地的三面均为绿化和种植园的情况下，基地的自然环境并未有一个直观的改善。

在设计概念初步，即想到让概念纯粹化，突出基地周围绿化环境的好处，同时想出缓和城市元素和农场气质的碰撞。这段河道对岸是茂密的樱桃林，四周被田地和果树林环绕，设计者想发挥场地的优势，将这里做成一个欢迎人进来的农场公园。

在这其中设计者找到了与鸟瞰的角度平行一样的田埂，这样均质的条状图形给人一种大地的平和感与熟悉感。田埂的气质和整体要表达的田园农场也非常契合，特别是在水平方向的均质带来了垂直方向的贯通感。

402 | 大运河 2050

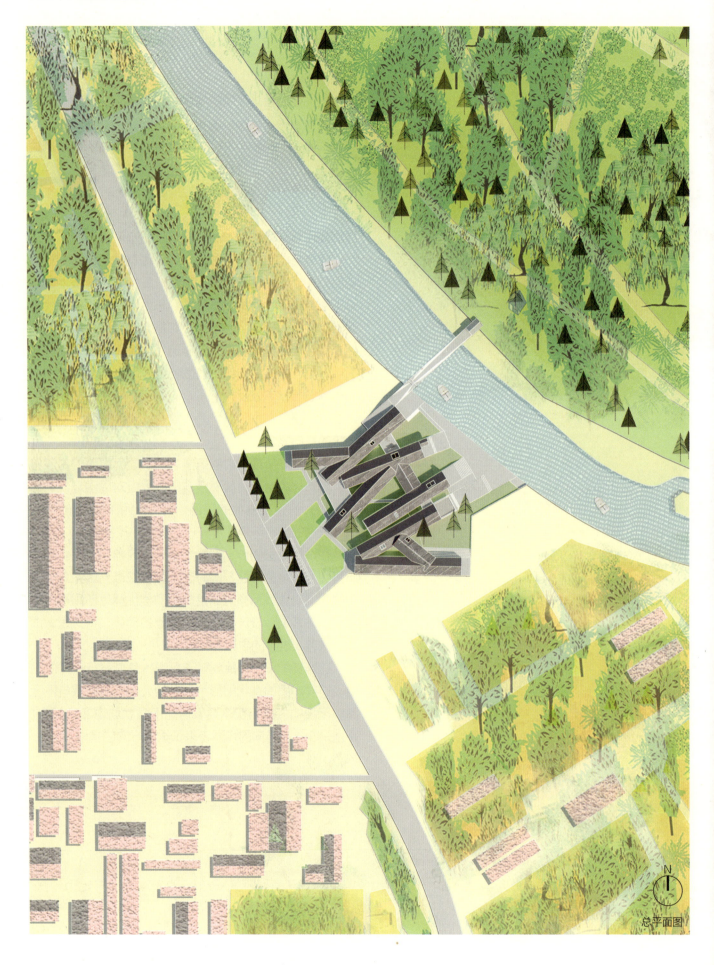

总平面图

1. 接待厅
2. 温室植物展厅
3. 滨水咖啡厅
4. 农产品商店
5. 滨水集市
6. 葡萄酒体验厅
7. 游客农场生活体验厅
   （参观农畜、挤牛奶、制作奶酪和果酱等）
8. 葡萄庭院
9. 绿桥

展平面图

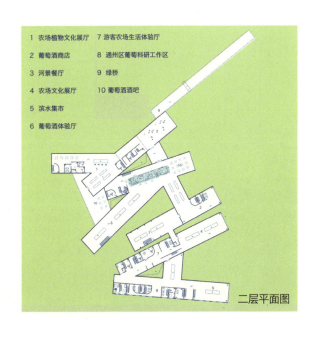

1. 农场植物文化展厅
2. 葡萄酒商店
3. 河景餐厅
4. 农场文化展厅
5. 滨水集市
6. 葡萄酒体验厅
7. 游客农场生活体验厅
8. 通州区葡萄科研工作区
9. 绿桥
10. 葡萄酒酒吧

二层平面图

建筑体量模仿田埂的生长方式，看似平行，但之间又有交错和联系，每个带状体量之间都设置平台和交合的部分，从而为游客提供了相对连贯的一条主要观展路线。

设计者在心中假设每个单独体量的形式语言都是相似的，主要的几个建筑体量都作为农业展厅，室内或作为农业植物的温室大棚，或作为农畜与游客互动的场所，意图是告诉大家可以在田野之中做的事，聚集在了建筑之内，给现在城市中生活的人体验田亩生活一个充分的理由。建筑总面积不到7000平方米，绿色的庭院上方，环绕的廊道层层叠叠，平台同时作为葡萄藤架子。希望建筑是从土地中生长，又被绿色蔓延的状态。

方案设计的影响与展望

　　葡萄庄园码头的设计最主要是将该区域单一功能多样化，并且通过业态的改变，带动周围区域的发展，吸引更多的游客来参观游玩，带动旅游业的发展，同时这也是一个展示通州农业特色的窗口，游客通过活动了解通州葡萄文化和享受农庄生活的趣味，居民通过滨水公共空间进行日常的活动，使资源利用最大化。

　　希望这个方案能起到牵一发而动全身的效果，或许只是发挥当地随处可寻的农业特色，但是能使该区域的绿色农业氛围感染到游客们，并让他们体验到通州特色产业的趣味，品尝美味的水果、酒和其他农产品，置身美丽的农庄风光中改变对通州的印象。同时，希望通州原住民农民的生活也因为新的旅游农庄带来的就业机会变得更有价值。

2016—2017 | 大运河2050 通州运河文化带再生 | 405

A-A剖面图

B-B剖面图

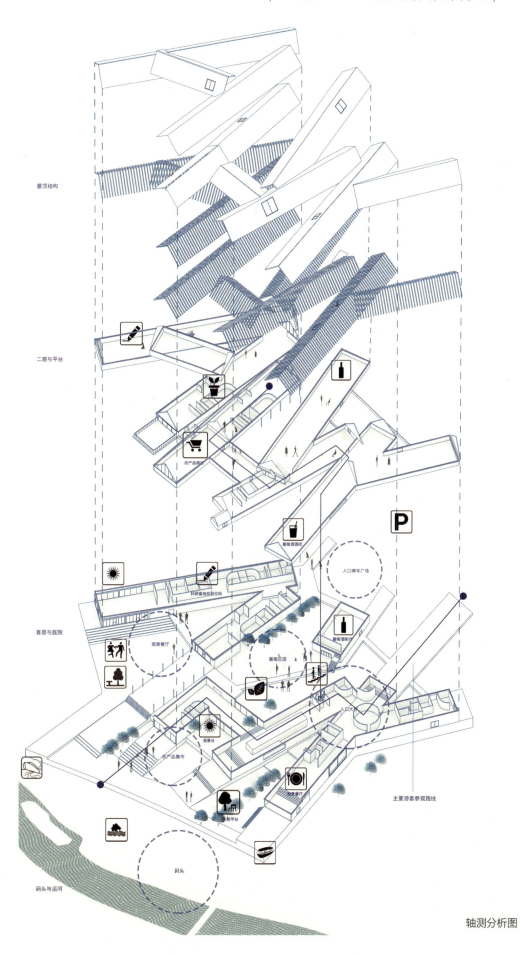

轴测分析图

游客之乐园，原住民之新生地，科研人员之家

　　建筑设有三个主要入口。办公空间相对独立封闭，不受干扰，但与公共空间由市民农业体验馆相连接，可以随时前往查看游客的需要，并解决他们的问题，可以为游客们更好地服务；又具有休闲娱乐性质，让工作者在繁忙工作中也能有乐趣的体验和放松的时间，提高工作效率。

　　建筑首层的引导和公共交流功能性较强，从城市方向的主入口进入建筑，首先来到一个开敞的信息大厅，游客们可以找到展览和体验前期说明等方面的信息，同时也是咨询办公的等候大厅，有预约采摘体验的游客可以在这个空间里休息等候。进入二层是葡萄酒体验空间

南立面图

东立面图

和农业展览空间。紧挨着办公空间，方便游客有问题及时咨询工作人员。

最后的主入口是直接进入庭院的，方便附近的居民直接休闲娱乐和沿路进入滨水空间，是最直接从城市到绿色中庭再到滨水广场这样空间的体验。体验文化，老年人可以去河边散步，在广场锻炼身体，在文化中心喝茶读报，跟船民们交谈、下棋。

三种人群有各自独立的流线系统，也有相互交织的部分，如船民和办公人员共用的办公区、海事管理、生活用品零售等区域，船民和市民共用的洽谈、零售、信息大厅、展厅、儿童活动区等空间。建筑的空间和路径是具象的，但是人的行为流线是复杂的，难以计算，设计并不把人的行为用单一的流线框住，而是通过向心性的空间的穿插和多组垂直空间系统来灵活配合人的复杂行为。

设计者对新城区的改造一直持有辩证态度，旅游的发展几乎必然会带来对环境的破坏和新文化的冲击，设计者最后选择了绿色建筑的手法，希望能保留住当地原有的绿色资源，并把这一特点作为吸引人前来的亮点，进而能够强化这一地区的农业优势。设计者认为在北方城市，特别是在通州这样的地方，发展旅游业的基本并不是突出文化特色，因地制宜才更重要，它们本身不具备像南方小镇一样的文化底蕴，希望游客们来到这里就能够纯粹地体会到葡萄美酒和置身于农田中的畅快。

教师点评

庄雅典：吕同学在"新晴野望"的设计里，试图重新界定"运河码头、田地与村落"的关系。用"农庄"把"码头"和"村落"串联起来，因此农庄就是码头、就是村落。

而游客、原住民与科研人员在这个小农庄、小村落、小码头相聚在一起，各自拥有自己的天地，各自独立又相互依存，在共享经济的时代，建筑师用建筑设计来改变社会的企图，勇气十足！每一张图面都像一张画一样，表现功力帅气十足！

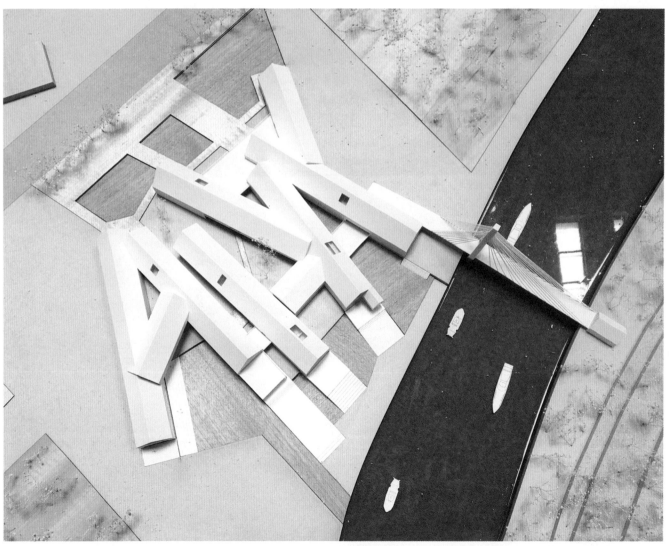

大运河 2050

大河家川——通州运河民俗文化场

📍 甘棠村　孙慧琦

基地分析

社会环境调研

大运河的通航孕育了通州的文明，运河瓷画、团花剪纸、船工号子……在大运河下被发扬光大。然而，随着社会科技的发展，传统的漕运已逐步被铁路、公路、航空等新兴物流渠道所替代，现在的通州大运河已经失去了通航的能力，也失去了以往重要的经济、政治地位。而随着大运河申遗成功，作为大运河文化遗产地之一，北京通州运河文化遗产价值逐渐凸显，现在运河所带来的传统文化、生态旅游、自然资源等新元素正逐渐被人们所发觉和重视。

大运河流经通州可分为四个区段，北起繁华的城市中心，经过自然风光优美的大运河森林公园，再穿过广袤的原野乡村，最后跨过大片湿地流出通州。而本设计选择的基地位于甘棠村西，大运河森林公园南侧，是城市通航乡村的第一站，自然景观向人文生活的过渡点。

总平面图

基地选址分析

　　基地西侧与北运河管理局隔河相望,南邻京彩之韵农业观光园,不远处有古运河渡口文化广场与运河瓷画馆,周围遍布坚守的手工艺人,可以形成区域间的文化联动。地处运河景观带,周边自然风景秀丽,被花卉大道与各种绿植环绕。没有紧挨的村落聚集,但是东侧遍布家庭农场,也充满了生活气息。北侧省道沟通内陆村落,东侧运河新堤路带来骑行的人流,都为建筑提供了良好的区位条件。

现存问题

　　文化衰退:基地周围的运河瓷画馆、古渡口运河文化广场因为体量较小,内容结构单一,很少有市民主动前往参观学习,没有多种文化体验的联动,独立存活困难。散落在乡村中的民间手工艺更是受到现代化生活的极大冲击,更多的人选择去打工赚快钱,只有寥寥无几的手工艺人在坚守旧业。

　　供需失调:当地多蔬果大棚,但是缺少固定的市集,农产品销售困难,只能通过沿路叫卖,游客停车购买,收效甚微。而乡土农家乐也远离河岸,鲜少有人问津,运河景观带建成以后利用率不高,纯自然景观缺少服务配套设施,未免乏味,不能有效地吸引市民前来休闲娱乐。

414 | 大运河 2050

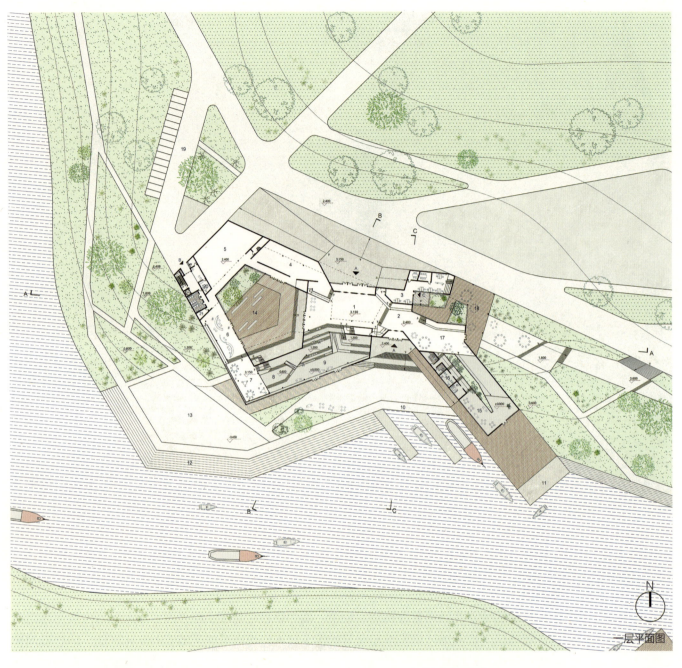

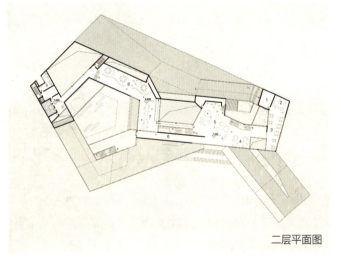

二层平面图

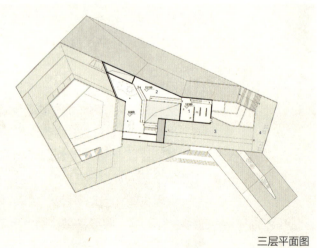

三层平面图

方案介绍

建筑如何介入场地

希望建筑可以有"回归"的感觉，以条状空间归纳路径，折线起伏带来游历感。具体生成过程如下：①根据河流走势、区位特征确定建筑整体走势，形成从"城市回归乡村-自然走向人文"的指引感。②划分码头驿站、非遗传习所、乡村生活馆三大功能为体量，对应两个户外活动空间，形成条状游历空间。③调整条状体量，扩大交汇处节点，形成贯通左右、连接上下的大公共空间，增加建筑的节奏性和凝聚力。④依据地势对两个环形条状体量进行错位，一条就势而下与河岸相连，一条盘旋而上形成整体环绕路径。⑤使屋顶路径与中间核心体量交错，贯连内外，消弭建筑界限，体验自然与人文的交替感。⑥对游船入口与行人入口进行不同高差的处理，形成从原野回归运河的经历感觉。

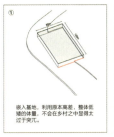
嵌入基地，利用原本高差，整体低矮的体量，不会在乡村之中显得太过于突兀。

根据河流走势、区位特征确定建筑整体走势，形成从"城市回归乡村-自然走向人文"的指引感。

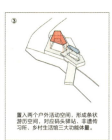
置入两个户外活动空间，形成条状游历空间，对应码头驿站、非遗传习所、乡村生活馆三大功能体量。

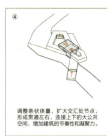
调整条状体量，扩大交汇处节点，形成贯通左右、连接上下的大公共空间，增加建筑的节奏性和凝聚力。

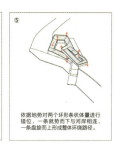
依据地势对两个环形条状体量进行错位，一条就势而下与河岸相连，一条盘旋而上形成整体环绕路径。

使屋顶路径与中间核心体量交错，连贯内外，消弭建筑界限，体验自然与人文的交替感。

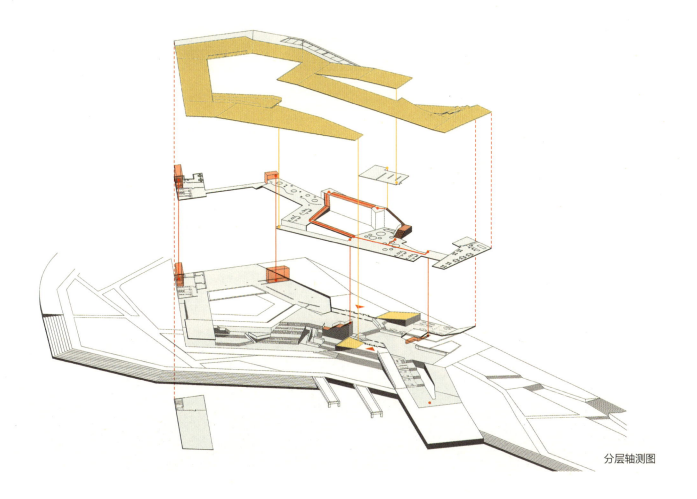

分层轴测图

西立面图

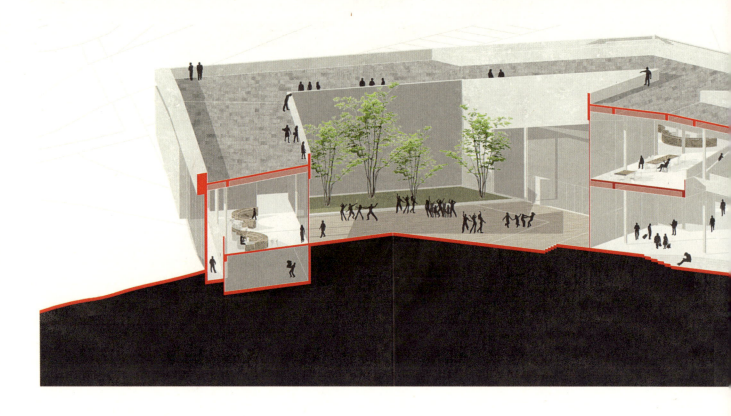

路径与结点

建筑的初步设计概念是以通州运河民俗文化为主题设计一个让市民能贴身参与其中的运河民俗文化场。从传统民俗文化与现代乡土体验两方面立体展示民俗文化，对文化遗产进行生产性的保护，对乡土生活进行体验性感受。希望将建筑作为运河文化的载体，使其本身成为一种路径，融合生活与文化、贯联自然与人文，是多种场景共同发生的节点组合。让游客在游历过程中经历互动式体验，唤醒人们对于大运河的记忆，延续运河孵育的民俗文化。

建筑平面布置贴合基地的实际情况，进行了合理分工，具体分为非遗传习所、乡村生活馆、码头驿站三大区域，对应民俗活动广场和休闲运动场两大户外空间。

非遗传习所与民俗广场形成正负空间的互相补充，对非物质文化遗产进行生产性的保护。摒弃传统的展览、体验、学习等功能割裂的做法，将制作展示、学习体验糅杂，贯联在一条路径中，让游客在同一路径上体会不同节点的场景发生，在同一节点感受文化遗产在不同时间点的变化，可以亲身参与文化保护的进程，更好地提高文化认同感。

乡村生活馆则是对非遗传习所的补充，只有阳春白雪未免显得有些不近人情。生活的文化也是民俗文化的一部分，通过农产品展示、特色集市、美食体验、户外野炊等，为游客提供切实的乡土体验，感受民俗生活。而且艺术源于生活，与生活相辅相成，也正是这种民俗生活的丰富性，孵育了运河璀璨的民俗文化。

C-C剖面图

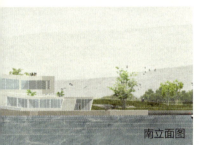
南立面图

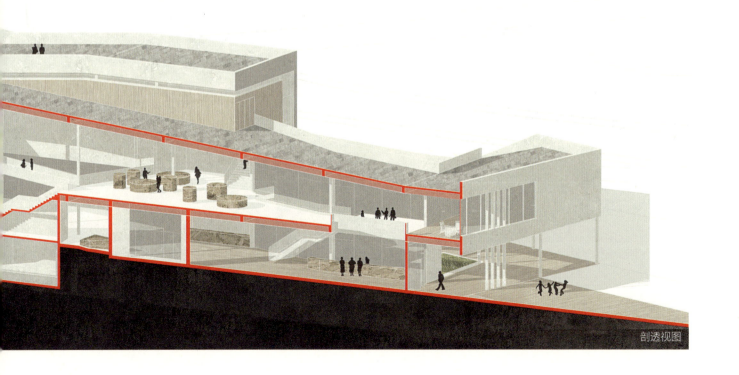
剖透视图

连贯的亲水空间 环绕的中庭空间

对入口平台进行抬升，进入三层通高的中庭空间，再自然过渡到河岸，形成连贯的亲水空间，给人以自然景观到人文关怀再到亲近运河的回归感。主要有两大环绕空间，一是建筑整体形势上升围合的外部中庭空间，可作民俗文化表演以及运河瓷画展厅的补充空间；一是建筑内部流线环绕形成的入口大空间。

以屋顶贯联建筑，让建筑本身成为一种路径，是多种场景共同发生的节点组合，利用建筑空间的体验，与周围运河景观的互动，消弭建筑界限，体验自然与人文的交替感，形成让市民能切身参与其中的运河民俗文化场。从传统民俗文化与现代乡土体验两方面立体展示民俗文化，对文化遗产进行生产性保护，对乡土生活进行体验性感受。让建筑本身成为一种路径，是多种场景共同发生的节点组合，利用建筑空间的体验，与周围运河景观的互动，消弭建筑界限，体验自然与人文的交替感。

教师点评

庄雅典：孙同学利用两条线性动线解决了码头驿站、非遗传习所、乡村生活馆三大功能的串联，室内动线环绕着中庭回旋到码头驿站、户外动线。

利用建筑创造连贯的亲水空间，因此屋顶变成步道、变成路径、变成景观、变成公共场所、变成街道、变成广场，是多种场景共同发生的节点。想法越简单，景观的体验越复杂。

大运河 2050
仓廪府库 —— 通州大运河粮仓文化体验馆

📍 通州大运河森林公园　刘琪睿

基地分析

社会环境调研

通州大运河是京杭大运河的起始端，京杭大运河古名"邗沟""运河"，是世界上里程最长、工程最大、最古老的运河，与长城并称为中国古代的两项伟大工程。大运河南起杭州，北到北京，途经今浙江、江苏、山东、河北四省及天津、北京两市，贯通海河、黄河、淮河、长江、钱塘江五大水系，全长约1794公里（春秋吴国开凿，隋朝大幅度扩修并贯通至都城洛阳，元朝翻修时弃洛阳而取直至北京）。开凿到现在已有2500多年的历史，其部分河段依旧具有通航功能。

基地选址分析

漕运码头位于左岸银枫秋实区，原先在这里有仿古的灯塔、牌楼、一排排粮仓和公馆等。明末清初，每年要有几百万石漕粮，汇集通州的石坝、土坝，然后沿通惠河，经护城河，转运到京城仓库。随着岁月流逝，通州区几个古老的码头都已不复当年之繁华，只能想象那时的盛况。通过码头上绿色琉璃瓦顶的过斜厅以及小青瓦屋顶的辘轳井房，诉说着漕运盛事。此处基地选址意在重新规划漕运码头，并且联系起新堤路和漕运码头，使人们在通往漕运码头的途中感受京韵十足的地域特色和传统的民俗文化，特别是漕运文化。

C-C剖面图

基地位置

总平面图

方案介绍

设计概念

设计者以漕运码头的历史文化为基点，将粮食的加工、储存、运输，三大产业环节重新整合。并结合周围城区，拓展其他商业功能，再度激活漕运码头，带动周围城区居民。希望这个方案能够成为一个利用漕运码头拉动周围经济消费的纽带，将粮食加工与近年来热门的健康有机生活相结合，同时结合古代"酒肆"的概念，加入了诸如直营酒馆、有机食品体验等功能。先利用周边的粮食产出，以复兴漕运码头，再依靠码头所带来的人流拉动消费和产业，反哺周围城区。同时依托丰富的自然环境资源，提取森林环境的曲径通幽与线性走势的特点，将建筑体量进行自然的扭曲与起伏，使人群在游历中切换于室内与室外空间，感受古朴的漕运文化。

建筑如何介入场地

设计概念的提出基于设计者对场地环境的分析。由于基地位于森林之中，濒临曲折狭长的大运河。森林中的道路和河流的走向是曲折不规则的，以线性的走势引导着人们的路径。人们出于某种原因都喜欢走曲折小道，其实只要他们愿意，完全可一走直线道路。于是在横向空间走势上，提出了两个关键字：曲折和线性。在纵向空间上，茂密的自然植被与设计的建筑主体——仓体打破了单一的横向走势，给人以丰富的空间体验。

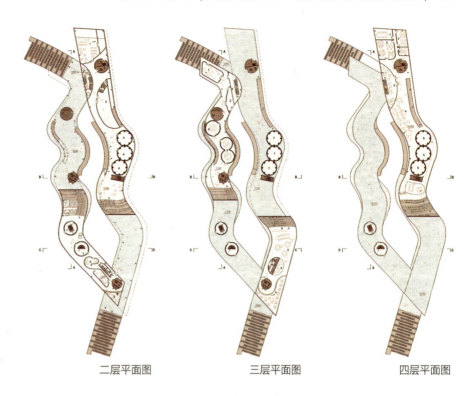

二层平面图　　　　三层平面图　　　　四层平面图

一层平面图

引入人群 生成体量

　　建筑以联系基地南面大运河和北面新堤路为主要目的，建筑体量呈线性走势。然后提取之前分析得出的关键字和周边道路的人流趋势将体量进行凹凸设计以引去人群。两个主要的建筑体量进行不同方向和形式上的起伏叠加，以达到融为一体的状态。纵向上增加筒状垂直体量，作为展厅、粮仓和交通体。最后，设计建筑就如同规划一整片森林，设计者并不是简单地设计出一个个单独的体量，而是领略并努力营造与自然环境融为一体的效果，将四周多元化丰富的自然氛围、生活场景在建筑的空间转化中一幕幕展开，当游人在建筑中行走时，可体验景随步转，千变万化的空间感受。而这就是建筑和非建筑元素例如晒场、森林、池塘之间产生的联系，以及感知这一切的人们的联系而产生的空间，建筑就是组合和产生无数空间的载体。

　　设计中，通过对古代码头景象的分析，提取了粮仓、酒肆、集市、晒场、蒸馍等功能，再联系热门产业，例如有机五谷餐饮、加工磨坊、VR体验、餐饮课堂，形成一套以粮仓为核心的有机加工体验馆。游客可以通过观看加工工序，亲身体验学习制作过程，游览展厅，在休憩区饮酒观景来感受古朴且浓厚的漕运文化。

　　粮食的加工区主要集中在北面的体量之中，四个主要的功能区域是粮仓、磨坊、榨油坊和包装区。内庭院作为粮食的晒场，围绕内庭院作为便捷的工作循环流线。晒场不是一个与外界独立的庭院，通过体量的抬升，檐下的灰空间有效地模糊了内、外的边界，营造了一个充满自然氛围和灵活性的工作场所。

功能分析

粮仓文化展览主要分为三个展区，分别是序厅、神州仓廪和天下粮仓。序厅为百谷飘香，主要讲述谷物的种植、储藏过程与场景；神州仓廪展区主要讲述中国古代仓廪系统的运作、演变和中国古代的转运仓、军仓、太仓、常平仓等；天下粮仓展区主要展示了国内各类传统粮仓以及农耕工具等。除了被具体分化出的展览部分，还有在建筑坡道阶梯上设计的开放展示区，使人们即使不进入展示厅中，也能感受到浓厚的粮仓文化，而这种体验感受是与周边自然环境相互映衬的。

功能的复合化更加丰富了游客游历单一空间的感受。整个展区部分追溯粮仓文化历史，解读人类古老而悠久的文明史，充分挖掘粮仓文化元素，运用艺术创意诠释粮仓文化的历史、农业的起源、城市的兴起、文明的诞生、人类的战争与和平。管内的展示陈列为观众打开一扇真正了解谷仓的窗口，使其感知历史悠久的谷仓文化，感知珍惜谷仓就是珍惜人类生命和文明的重要意义。

由粮仓延伸的辅助功能有酿酒坊、酒肆、有机五谷餐饮和体验作坊，使人们在感受粮仓文化的同时感受粮食在生活中的多重作用，也为停留参观的游客或是游玩森林公园的人们提供休憩、会友、观景、放松的场所。

B-B剖面图

A-A剖面图

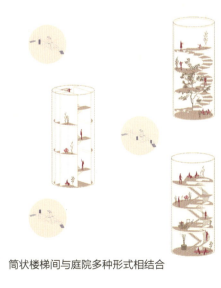

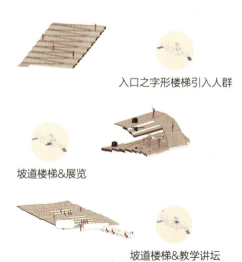

筒状楼梯间与庭院多种形式相结合　　坡道楼梯的多功能使用

入口之字形楼梯引入人群

坡道楼梯&展览

坡道楼梯&教学讲坛

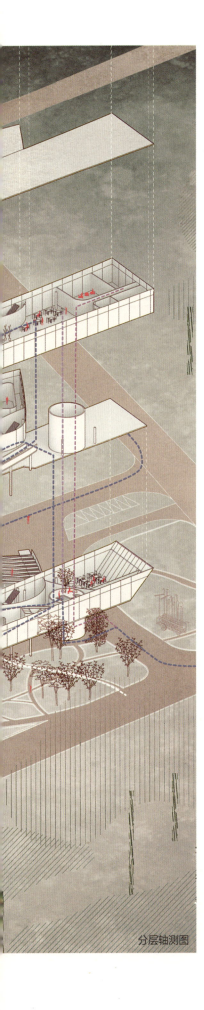

分层轴测图

流线分析

整体的设计主要分为四种流线。第一是水平流线，主要利用坡道保持建筑空间和功能的连续性；第二是垂直流线，主要是利用垂直交通联系，并满足疏散的要求；第三是水平穿梭流线，因为建筑位于森林公园内，设计保持了院内道路的连贯性，将道路引入到建筑内部，游人即使不进入建筑中，也能感受到由明亮、到灰暗、再到明亮的微妙感受；第四是办公流线，主要是通过北侧的垂直交通达到上层的办公空间。

建筑元素的多功能结合

由于体量的抬升，设计的建筑中产生了很多坡道，为了丰富坡道的趣味和丰富性，将坡道进行了多元化的设计。比如在建筑入口处"之"字形楼梯引入人群、坡道与展览相结合和坡道与教学讲坛相结合。除此之外，在垂直筒状交通体中也做了多样化的设计。将交通与庭院相结合，既可以与周边环境相呼应，也打破了以往交通带给人的沉闷氛围与感受，给人们提供了可以观景、休息或者聊天的场所。

教师点评

  陶磊：这位同学的整个建筑是一个流水一样的形态，非常流畅，突然出现一个非常有纪念性的，上面有一束天光照下来的，非常神圣的空间，那么这种空间形态的意义到底是什么？我读解起来是有一些矛盾的。这里面还有一个对于建筑原型倒置的问题，对于原始的、已有的遗址进行改建是无可厚非的，而这个建筑是完全新建的，成了一个纯符号性的东西。这就有些像象形建筑，与为音乐主题而做的"钢琴建筑"在原理上有一定的类似性，这是值得怀疑的。虽然所用的手法和那些直白的"钢琴建筑"不同，但本质上是相同的，都是将象形的东西放进去，而且并没有产生新的意义。如果想要做这样的形态，就必须要把它的意义全新置换掉，这些筒状可能会相连、相通，产生新的意义，如果不能产生新意义，我觉得就没有什么意思。既然想表现文化，拿文化来讲事情，那就要把这件事讲充分，而且还要讲具体，这是一个很大的考验。

  周宇舫：这位同学对这个建筑，在作为毕业设计创作来说，整体的表达，和她表述中非常专业的用词，都显示出她对自己的房子的细致理解，这个建筑在她心中扎根得特别深。从她的图中得到的感受是她做得非常深入，这种深入不是画图数量的多少，而是自己对于建筑空间的一种诠释和一种自信。

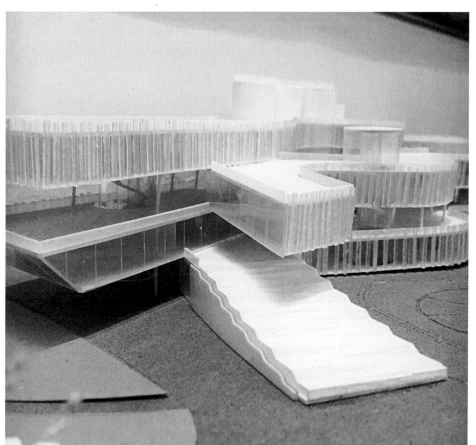

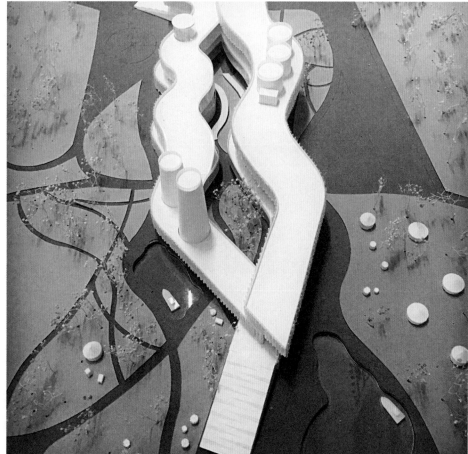

大运河 2050
峰回路转 —— 通州一号码头游客服务中心
📍 运河文化广场　张智乾

基地分析

运河文化广场周边环境调研

基地选在靠近五河交汇处的运河文化广场内,经调研发现,运河文化广场作为整个运河开发项目的初始部分,通过自身良好的环境成为周边文化创意产业人群交流沟通、激发创意的场所,同时也是举办民俗活动的上佳之所。通州丰富多彩的民间活动,例如开漕节、灯会、民间花会表演等都与运河文化息息相关。在运河文化广场举办民间活动,可通过历史文化、民间文化和现代艺术的结合体现通州历史文化积淀和艺术品位。

在沿岸绿带内部景区设计了多个主题鲜明、各具特色的水景,几乎每个水池的管道都铺设在水池石板下,这样做既能确保细部景观的完美,又不会对整体景观造成破坏,冬季孩子们还可以在冰面上享受溜冰的乐趣。运河文化广场的建设不仅为通州区人民提供了一个良好的业余休闲场所,同时改善了通州区绿化环境,带动了通州城东部经济发展,特别是广场周边地区的相关产业的发展起到了积极促进用。

2016—2017 | 大运河2050 通州运河文化带再生 | 437

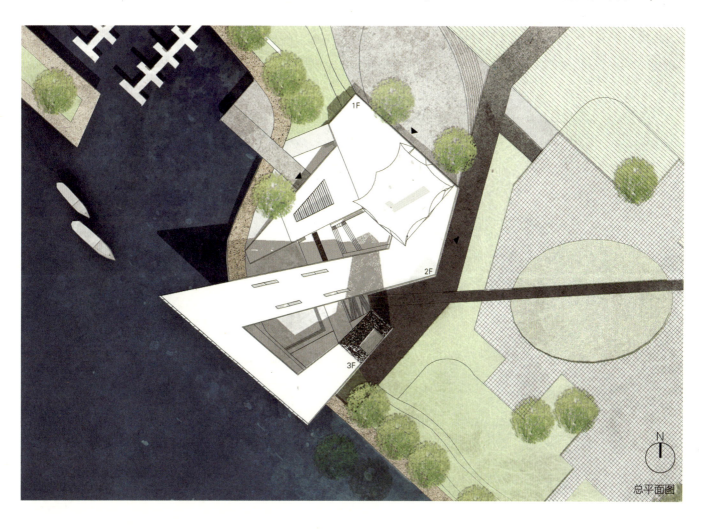

总平面图

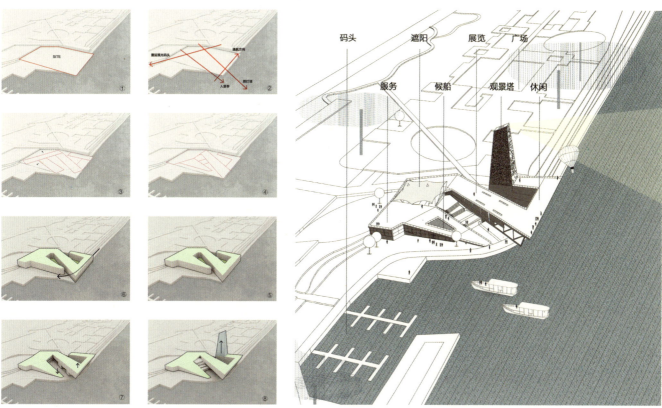

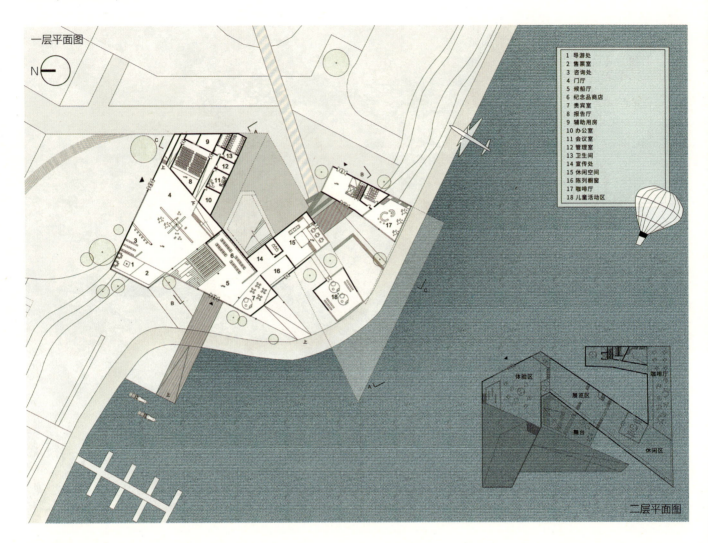

基地选址分析

最初选址在此有几个原因,首先基地紧邻奥体公园,自然景色以及绿化条件好,周边多为居住用地,商业氛围不浓,公共服务设施和文化教育设施不多,非常适合游客及周边居民玩耍嬉戏。同时,基地周围交通十分便利,无论水路还是陆路都可以轻松抵达。然而,运河文化广场内部最大的问题就是缺少遮蔽空间。我想,是否可以创造出一个舒适的聚集空间,提供给居民和游客休息、观河景的区域。

运河周边孕育了很多名胜古迹,旅游资源相当丰富,作为通州运河通航第一站,非常有必要建造一个新的地标,让更多的人来了解运河文化,感受运河边生活,成为京杭大运河重点段一颗璀璨的明珠。

设计通过游客中心联系文化码头与运河的关系。保留基地原有骑行路,热爱锻炼的年轻人可骑车到达,并从建筑中穿过,有种"你在桥上看风景,我在桥上看你"的感觉。

人们依赖建筑,其实是凭借建筑去感知环境、躲避灾害和营造生活,一个建立在曾经封闭的地区,既能满足人们基本的休闲文化娱乐需求又能提供灵活的展示空间和交流讲谈空间的文化综合体,必然带来更多的商业行为,同时这样一个重工业港口的背景和新建筑新功能之间的反差还可能会吸引艺术家和作家入驻,发展工业旅游和运河文化旅游,逐渐形成一个有活力的城市花园港口。

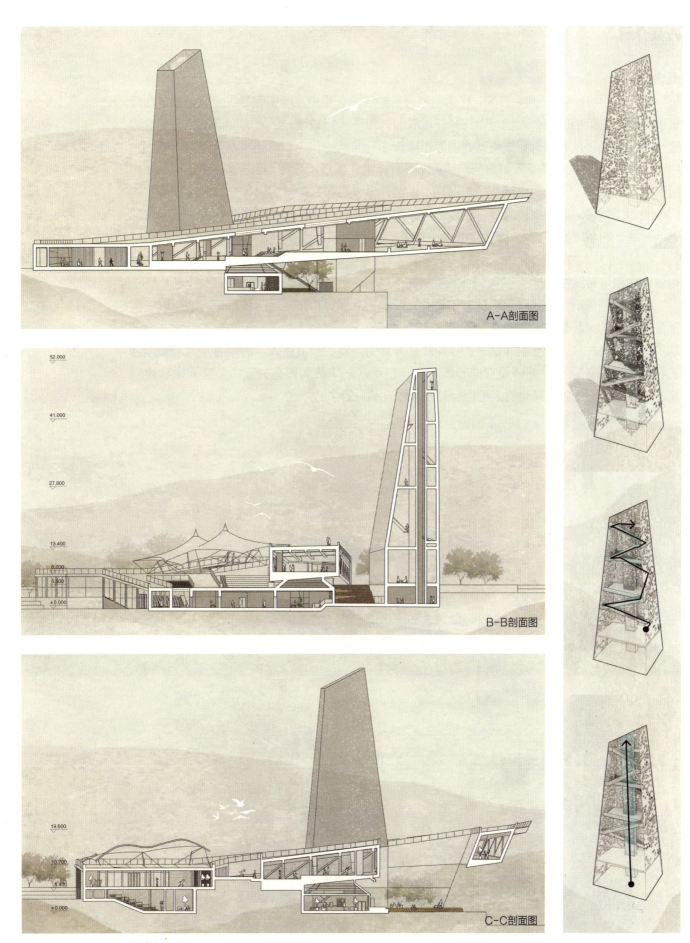

方案介绍

概念介绍

建筑总面积不到8000平方米，作为运河通航的首站，精神之塔俯瞰路线全貌，并与燃灯塔遥遥相望，互相呼应。人们可以选择在斑驳的光影下步行登塔，运河时间记忆随着高度的变化不断前进，从春秋时期夫差开通的苏州经长江到淮河的邗沟，再到隋朝开通的以洛阳为中心，总长2700公里的运河。直至元朝黄河不断泛滥，重修大运河，不走洛阳，走了北京直接到杭州的线路。元朝时大运河的走向基本确定，全线贯通。不过河道很窄，经常断水，到明朝大规模增加河道宽度和深度，疏浚元朝时许多缺水的河道，修建50多条水闸、上千里的防河长堤。随着高度的变化进行展览时间的推移，直至登顶展望今日运河盛景。

可到达性和可游览性

设计用一条折线形景观带将建筑和周围的场地建立视线和路径上的联系。人们可以在屋顶张拉膜结构遮阳处休憩饮茶，也可以在夜晚时分坐在小舞台上静看运河与对岸灯火。进入建筑内部，首先映入眼帘的是通透的候船厅外开阔的河景，尺度宜人。而中庭水池凝聚围合的特质和运河流通运输的特质形成节奏对比。在两者之间共同营造的室内外空间中穿梭游览，促进来自不同生活环境的人们相互交流，体验不同的生活方式。

东立面图

西立面图

功能流线

　　整个通航线路内并没有像一些其他运河沿岸城市那样沿河设立运河游客服务中心,文化中心将作为一个文化驿站,把过往的船队、船民及他们的生活这些活的运河文化引入建筑,引入港口和城市。在为前来参观的人们展示他们自由而艰苦的生活方式的同时,也成为船民们舒适的服务站,他们可以在此稍事休息,给船加油、加气、充电,购置生活必需品,上网、喝茶、观展和阅读。

　　对于港口内部的工作人员来说,文化中心也为他们提供了一个集创意办公、会议洽谈和放松身心一体的场所;对于市民或者游客来说,文化中心是假日周末的好去处,年轻人和艺术家可以观展、观影、畅谈和体验文化;老年人可以去河边散步,在广场锻炼身体,在文化中心喝茶读报,和船民们交谈、下棋。

　　三种人群有各自独立的流线系统,也有相互交织的部分,如船民和办公人员共用的办公区、海事管理、生活用品零售等区域,船民和市民共用的洽谈、零售、信息大厅、展厅、儿童活动区等空间。建筑的空间和路径是具象的,但是人的行为流线是复杂的,难以计算的,设计并不把人的行为用单一的流线框住,而是通过向心性的空间的穿插和多组垂直空间系统来灵活配合人的复杂行为。

建筑设有三个主要入口。人们无论是坐地铁从大桥抵达还是驱车进入基地，都可以从主入口进入建筑。同时设有乘船入口和居民主入口。从主入口进入建筑会感受到通透的河景，人们在服务区完成买票导游等一切手续后，便可以坐在候船厅休息，忘记人来人往，读读书，看看河对岸的入景亭，享受一段惬意的运河慢节奏时光。进入展厅，通过一个区域的出口，进入另一个展区。通过每个角部的出口，形成一条贯穿建筑的视觉通廊。每层空间都包裹着另外一层，它们当中发生的事情都被另一层影响和观看。

教师点评

庄雅典：作为大运河的起点站，"峰回路转"是一栋"漫步式的建筑"，由码头顺着建筑的屋顶向上爬升。工字型的动线，强迫着参观者转折而上，这个"建筑式的漫步"经验却也步步充满着惊奇，尤其当走到悬浮在河面上的尖角处，相信每个游客都会有一种在"泰坦尼克"的浪漫冲动。

在"飞翔"的体验之后路转峰回，开始登梯望远的体验，这个山变成大运河的新路标，而晚上这座山化身为一座灯柱，和对岸的燃灯塔交相辉映，变成通州另一个打光的景点。

张同学结合了通州五河交汇的地方文脉，用雕刻性的造型巧妙地楔入环境，找到了建筑与城市微妙的平衡。

大运河 2050
水承新韵 —— 运河文化码头综合体

📍 张湾镇　王宗杰

基地分析

社会环境调研

2014年，京杭大运河正式列入《世界文化遗产名录》。大运河作为世界上开凿时间最早、流程最长的人工运河，既是中国历代统治者维系中央集权通知的政治纽带，也是南北经济流通和文化交通的重要渠道，对中华文化的形成和发展发挥了重要的推动作用。

在漕运繁荣之势的影响下，大运河沿岸，无论乡村，还是城市，都得到了迅速发展，乃至于一些货物中转基地成为封建社会后期繁荣商业城市，甚至成为区域中心，集中经济文化政治功能。大运河是南北运输的重要通道，也是对外贸易的重要线路，主要为丝绸、瓷器、茶叶等。

基地选址分析

张湾镇现存旧城墙为其主要的公共空间旅游景点，加上东北侧水坝。共两个具有现状开发意义的地方。其他大多被混乱的交通割裂，而不能形成一个相对开阔的公共空间。

当公共空间被车辆占领，被垃圾占领，如何能够成为一个具有凝聚力的集体？张湾镇需要在新的规划下重塑面貌，再现活力。

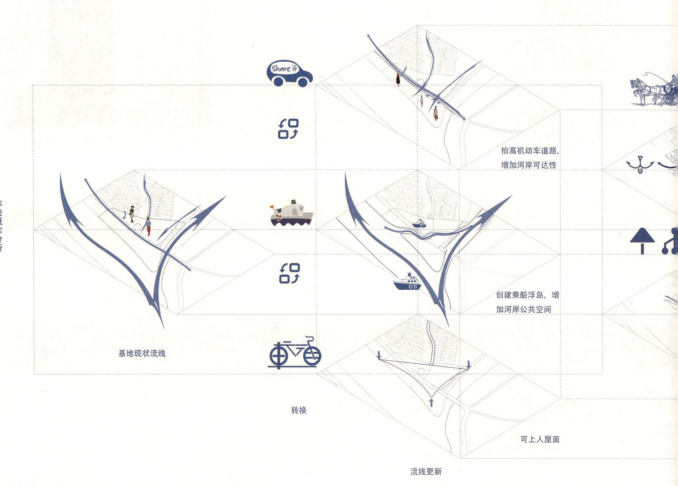

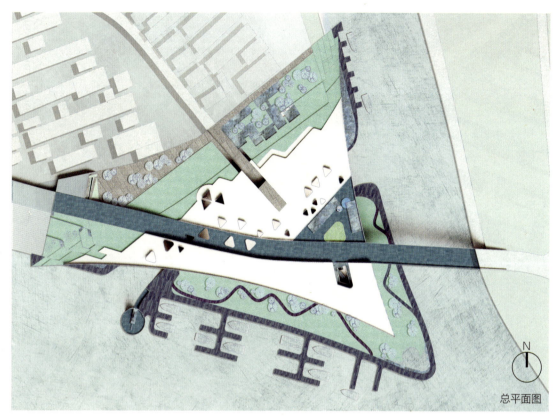

总平面图

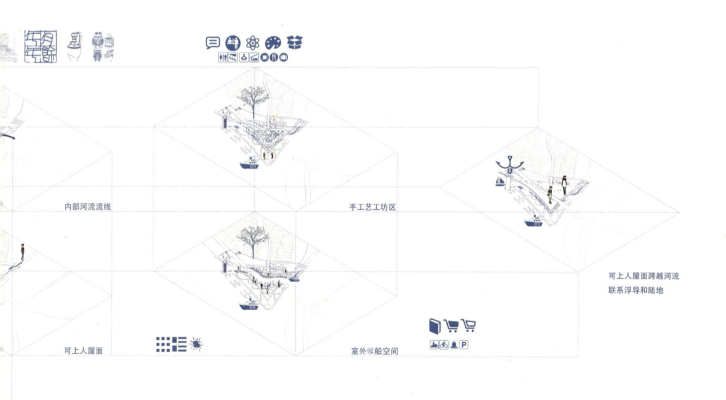

内部河流流线　　手工艺工坊区

可上人屋面跨越河流
联系浮导和陆地

可上人屋面　　室外候船空间

公共空间视线分析

450 | 大运河 2050

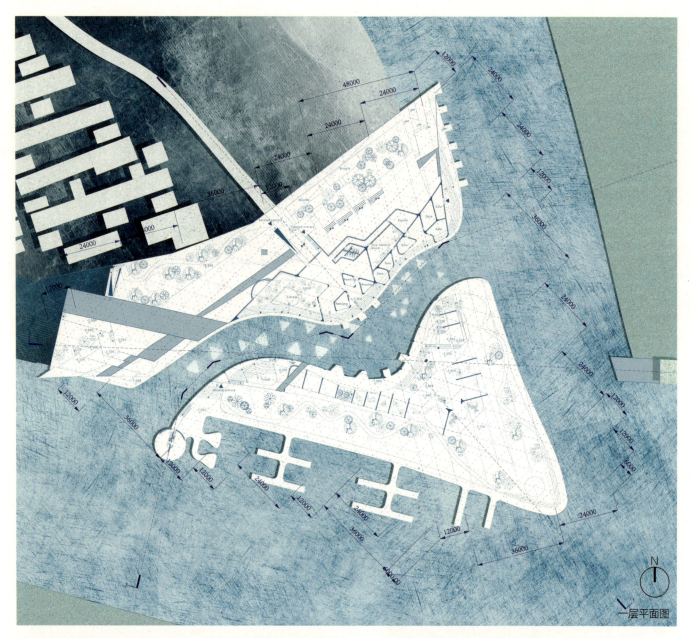

一层平面图

方案介绍

设计概念

设计的出发点为张家湾产业结构重组,同时结合旅游港口功能,将主要餐饮住宿分散在张湾镇内,并形成新的交通体系,从而顺延至建筑本体。建筑本体是整个规划中的枢纽和换乘交通工具的主要地点。与此同时,此设计将共享经济引入交通体系,重塑镇内的交通状况。

重新规划七个公共空间,包括水文化类型空间、庙宇类型空间、旧城空间,以及将自身建筑作为一个观景类型公共空间。同时将旅游所需的餐饮与住宿功能,打散在整个基地中,通过重新规划与排布,使其与新规划的七个公共空间紧密结合,并具有各自的特色。在新规划中,机动车将主要行驶在两条主机动车道,内部空间主要依靠共享单车进行串联,保证其内部的安全性和畅通性,将共享文化融入新农村建设。并且规划多个小型共享单车枢纽,增加交通便利性。

通过新规划,能够带动整个张湾镇的经济发展,本地村民可以通过改造自家的房屋,使其成为民宿或是酒肆等半商业空间,既保留有自身的独特性与历史性,又能够有新的经济收入,从而能有更大的动力,对运河进行保护与修复,重拾运河精神。

可上人的屋面公共观景平台,能够自然地衔接浮岛和陆地的关系,同时也为底部创造新的光环境。底部有丰富的候船空间,一级多层次景观平台,同时亲水栈道也环绕整个基地。河流分叉路口为一个小型二级水环境,能够在不同水位的条件下,起到不同的功能。枯水期和丰水期,有两种不同的体验。

452 | 大运河 2050

轴测图

建筑功能

建筑的主要功能为文化传播和港口功能，配置部分公共空间功能。其中，文化传播功能分为运河文化展览和手工艺者工坊。运河文化展览主要内容为上述所陈述的南北运河文化以及漕运文化。手工艺者工坊，主要为前店后厂形式，沿着新开发的小运河沿岸，分布一些工作坊，主要展示运河传统手艺，同时也为快要消失的传统手工艺提供一个延续下去的动力，让传统手工艺者在这里进行交流与促进，保护传统文化。码头港口功能主要为服务大厅、简餐、简宿。部分公共空间有图书馆，主要面对张湾镇本地村民，提供一些关于运河保护与发展的知识内容，以及传统文化内容的书籍，致力于提升本地居民对于文化传统保护的意识。

建筑内部为环形流线，适应底部的形状，结合不同功能块的性质，创造台地类型的空间，通过台阶与坡道联系不同功能空间。

东立面图

南立面图

1-1剖面图

2-2剖面图

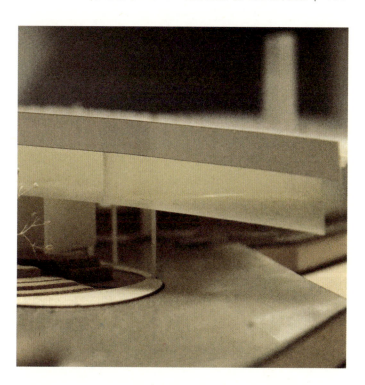

教师点评

庄雅典：重振运河旁的混乱交通的小镇，该从哪里入手是个复杂的课题。运河承载的交通属性推动了中华文化和经济。如今的交通分流是首治之道。王宗杰同学的关于交通规划的抬高机动车道路、创建乘船浮岛、设计可上人屋面等分流设计让我想起木心先生《从前慢》中"从前的日色变得慢，车马邮件都慢"。过去的美好记忆是对未来发展的助力，这样动线的调整能恢复不同人群对交通的需求的序列，有序开始再现活力的第一步。

通过对交通的梳理延展出的建筑第五立面——从地面开始缓缓上升的可上人屋顶形式，是这个设计最大的亮点；内部空间的功能设计也十分有趣。

教师访谈

维思平建筑设计创始合伙人、主设计师 | 吴钢

多方参与机制下的滨水街区功能混合开发模式对我国运河城市更新的启示

吴钢　李登钰

摘要： 本文通过介绍荷兰阿姆斯特丹东港区开发项目，揭示开放街区模式在滨水地区旧城改造项目中的适用性，并总结其对我国运河城市与滨水空间更新改造的启示。

关键词： 开放街区；功能混合；滨水城市；旧城更新

　　运河作为人类文明史上的壮举，孕育了河岸城市丰富而各异的地方文化与物质性历史遗存，是重要的城市历史文化与城市记忆的载体。后工业时代，在运河交通运输功能趋于弱化，休闲娱乐、景观展示功能不断增强的背景下，运河丰富的物质性历史遗存与滨水空间巨大的改造潜力，为沿河城市带来丰富的发展机遇。如何充分开发与利用运河丰富而深厚的文化、景观、旅游资源，成为全世界河岸城市与滨水空间更新改造的课题。

　　盛行于欧洲的开放街区模式，因其倡导的功能混合、高密度建筑容积、小尺度步行街道、可持续动态发展等设计策略，在节约城市用地、激发城市活力等方面的优势，在欧洲旧城更新项目中被广泛推行。荷兰阿姆斯特丹东港区改造项目，是开放街区模式在港口城市滨水空间更新改造项目上运用的典型案例，其在商业价值与社会价值上的成功，对我国运河城市更新改造具有一定的借鉴意义。

　　东港区位于阿姆斯特丹中心东北角，曾是整个城市的水运枢纽中心（图1）。19世纪末到20世纪中叶，一度成为阿姆斯特丹最繁华的港口（图2）。随着20世纪50年代的世界性产业结构调整，港口交通运输功能逐渐弱化，东港区开始走向衰落。

图1　Borneo-Sporenburg 项目区位
（来源：网络）

图2　Borneo-Sporenburg 岛历史图片
（来源：网络）

图3　Borneo-Sporenburg 岛项目模型
（来源：west 8 事务所官网）

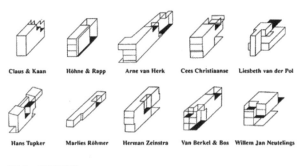

图4 户型研究
（来源：west 8事务所官网）

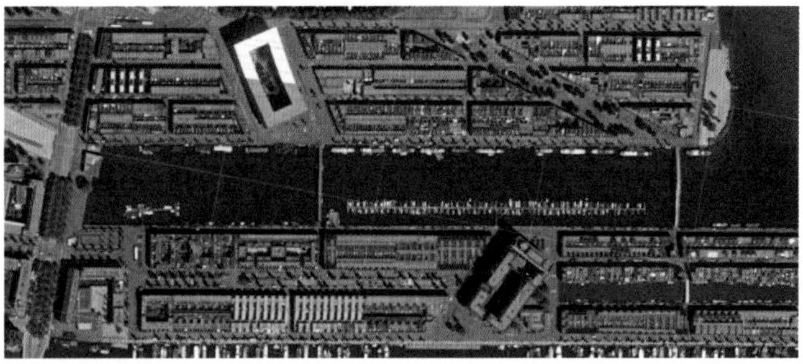

图5 项目总图
（来源：网络）

20世纪70年代，随着对滨水地区价值的重新认定，阿姆斯特丹政府决定对东港区展开改造与整治工作，以此重新复兴东港区城市活力与城市多样性。一系列的城市建设与创新实践，使得东港区成为世界瞩目的滨水区复兴的经典案例（图3）。其完善的开发机制、适宜的设计理念，以及优良的运行状态，项目中成功的经验为我国运河城市滨水区的更新与建设带来了有益的启示。

一、多方参与、互利共赢的开发机制

整个东港区更新改造历时多年，其中Borneo-Sporenburg两个人工半岛的更新改造在东港区11个子区中最先启动。在设计与建造过程中，形成了政府与投资人共同建设、城市设计为主导、多位建筑师参与建筑单体设计、社区居民自主选择设计单位的多方参与的开发机制。一方面，激励了大量私人资金的投入，解决了政府的资金紧张问题；另一方面，业主、设计师共同参与建筑的单体设计（图4），使得业主对于住宅产品归属感增强，并保证了户型多样性与建筑立面的丰富性，为城市空间注入活力。在开发机制上平衡了城市发展与市场需求的各方利益，保证了项目健康、良好的运营（图5）。

二、混合功能、分段开发的可持续发展

阿姆斯特丹政府强调东港区用地的功能混合以及城市集约化发展，规定每个建设区都要包含居住、办公、文化、娱乐四项基本功能，强调土地功能的混合使用。为此，在城市设计层面规划了居住、办公、学校、公共健身等功能，保证了用地功能的多样性（图6）。

通过对住宅层高（3.5m以上）、建筑空地率（30%~50%），以及建筑体量等指标的控制，建筑师设计了

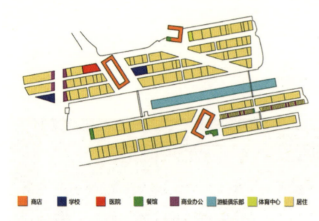

图6 Borneo-Sporenburg 多样功能的混合组织
（来源：网络，作者翻译）

图7 丰富的立面设计
（来源：网络）

图8 Borneo-Sporenburg 沿河立面
（来源：west 8 事务所官网）

图9 鼓励步行的开放街区
（来源：网络）

丰富多样的居住户型，营造了风富多样的城市空间，并为之后的居住空间更改为其他用途留下空间。开发过程中，建筑师与政府紧密配合，在整体城市设计原则的控制下，根据不同片区的不同情况，制定相应不同设计策划与实施策略。形成了一种分时分区，灵活调整的设计机制，从而保证每个片区的开发都能应时、多样，保证了东港区开发的可持续发展（图7、图8）。

三、高密度，小尺度的开放街区

阿姆斯特丹政府制定了对有限土地资源高密度开发的开发原则，强调土地高强度高密度的复合开发，并制定了住宅密度每公顷不少于100户的任务指标，以此缓解阿姆斯特丹紧张的住房压力。

为此，设计师在半岛更新的设计中，采取了"底层高密度"与"高层高密度"的两种开发模式，利用高层公寓将住宅容积率迁移，并形成城市地标，从而保证片区中小尺度的底层住宅占总数的大多数。低层联排住宅以

图10　Borneo-Sporenburg 步行街道
（来源：网络）

5m×15m为一个住宅用地基本单元，采用"背靠背"的联排布置方式，将低层住宅按照东港区场地特征高密度进行排布。低层住宅之间由一条以3m宽的单行车道、人行道和停车空间组成的12m宽的主街作为主要骨架（图9、图10）。主骨架的组织配合高层公寓，与周边重要的景观节点形成对视关系，共同形成东港区的地标景观与地标建筑。

整个街区公共空间完全向市民开放，适宜的尺度、鼓励步行的交通组织、混合多样的功能以及高密度开发带来的人口容量，赋予整个东港区旺盛的街道活力，使东港区成为阿姆斯特丹最具城市活力的片区之一。

这种多方参与、功能混合的开放街区模式为东港区带来了显著的社会效益。在其建成的20多年中，许多小型企业在功能混合的居住区中自购或租用商业空间，为城市创造了大量的工作机会，激发了城市活力，并使得东港区成为阿姆斯特丹具有代表性城市片区。

我国具有悠久的运河文化历史，具有优良的运河文化资源。在新形势下，如何开发河岸城市的文化、景观资源，充分调运河城市的发展潜力，是我国运河城市更新改造的课题之一。东港区开发项目的成功，对于我国运河城市更新改造具有借鉴与学习的意义。

参考文献
[1] 王建国，杨俊宴. 历史廊道地区总体城市设计的基本原理与方法探索——京杭大运河杭州段案例 [J]. 城市规划, 2017, 41（8）: 65-74.
[2] Ministry of Housing, Spatial Planning and the Environment. Compact Cities and Open Landscapes: Spatial Planning in the Netherlands[R]. Hague, Netherlands: The Ministry, 2000.
[3] 文雯. 阿姆斯特丹混合使用开发的规划实践 [J]. 国际城市规划, 2016, 31（4）: 105-109.
[4] 程晓曦. 阿姆斯特丹东港码头改造——城市复兴中的多重平衡 [J]. 世界建筑, 2011（4）: 102-106.
[5] Pistor R, et al. A City in Progress: Physical Planning in Amsterdam[R]. Amsterdam University Ruimtelijke Ordening, 1994.
[6] 刘崇，郝赤彪. 当代荷兰废弃港口区的改造——以阿姆斯特丹 Borneo-Sporenburg 项目为例 [J]. 现代城市研究, 2010（8）: 52-55.

维思平建筑设计创始合伙人、主设计师 | 陈凌 | 2018

慢下心来，去做真正跟文化有关的事情

我的平常生活离运河有多远？

有幸参加了关于运河城市文化的建筑设计课程，收获满满，感觉是在接触一个未知的领域，一个不属于自己平常生活的范畴。

运河的开凿可能出于经济、军事或是政治的需求，而运河的具体功能主要就是运输，并且是以货物运输为主而不是普通旅客。这些对于我这个长年在北京生活的城市动物来说显得过于遥远。出差曾经飞出白金卡，有了高铁后马上把飞机抛弃了，但始终没有太多坐船的体验。在北海公园划船可以算上几次；大学一年级寒假曾经坐船从汉口沿长江去上海探亲，第一次坐那么长时间船，还可以在船上睡觉，很兴奋；再一次就是工作后的北欧阿尔瓦·阿尔托建筑之旅了，巨型游轮在群岛中穿行几个小时来到斯德哥尔摩的河港，虽然距市中心的老城还有5公里，当时感觉很近很神奇。

父亲祖籍常熟，家就在沙家浜旁边，几年前开车带父亲去过唯一的一次，据父亲讲那是他在因日本入侵从家乡逃到上海后第一次回去。水边的老街老宅还在，人已经都不认识了，转了几圈大家就开车去阳澄湖吃大闸蟹了。

小时候在上海姑妈家生活过几年，记忆中关于水的印象是苏州河的臭气和黄浦江上空的汽笛声，还有自来水的味道。家在市中心的巨鹿路，距外滩3公里多，但去的机会并不多。

在上海住的时候去苏州姨女家玩，印象中街上的噪声比上海还要高出十个分贝！但现在已经平静多了，因此拙政园门前时而传来的导游揽客声显得很刺耳。平江历史街区也在努力克制着自己的声音，不像西塘那样放纵。

前几年在金鸡湖工业园做几个项目，虽然都是临湖用地，但绿带、退线都很夸张，几年下来，从没走到过湖边一次。经常晚上结束会议后打车回上海办公室，站在宽宽的路边等出租，背景是一栋栋被灯光照亮的高层办公和住宅楼，那时候还没有打车软件。

二十年前在通州住过一段时间，每天开车往返跨越北运河，算是与运河最亲密的接触了，但从没去过河边。去过几次运河文化广场，入口和路边都停满了车。

今天通州已经成了北京城市副中心，有次开会路过，倒是有时间第一走到河边。路边违章停车没了，河岸很是干净，偶尔有人闲逛或跑步经过。

跟随项目我们很早就曾去到天津，但作为个人旅游，至今只去过三次这座离北京最近且风格独特的城市。去年沿海河走了一个小时，两岸的高层天际线和五大道的洋楼保护一样看起来被认真对待过，区别是在河岸几乎没看到同行的人。

如果当时更多选择海运，京杭大运河的作用可能会不同，但天津港的作用恐怕只会更突出。今天的天津老客运码头有点像废弃的运河河段，本来坐船的人可能都改为选择飞机、高铁了吧。城市的蔓延也跳过了这个复杂的地段。

旅游者眼中的当地文化是真实的么？当地文化被展示出来，被看到，才更真实？旅游者有时可能希望和当地人一起看，同时也加入被看的行列。塞纳河流经巴黎时是这样的，游船上的探照灯照亮的岸边人群里既有游客也有当地人，还有难民。不同时期，我以游客和留学生的不同身份坐在河边长凳上，都曾有人向我问路，问路者不仅有中外游客，也有不熟悉路的本地人。威尼斯则是另一种感觉，可能是缺少本地人，更像是一个超级浸入式体验的迪士尼小镇。

葡萄牙波尔图的地势很陡，但似乎每条路都努力通向山下的河港，老人上上下下也看不出太费力，游客们也只好跟上大家的脚步了，路边咖啡厅餐厅努力搭出的各种平台上坐满了人。

霍金走了，不是用脚走的。他在里斯本的一次峰会上向全世界说："AI如果不被有效控制则将成为人类文明最糟糕的事情"，不知那时他是否想过借助AI去街上走走，里斯本有些街区坡度不比波尔图的缓。

北京城里没有那种陡的路，因此同样的共享单车也不需要像在欧洲时那样加上变速器。北京有的是距离：从我们办公室所在的车公庄西路走到通州北运河边要七个半小时，中间不休息。走到曾经连接大运河的什刹海要近很多，从公司走一个半小时就可来到银锭桥。

如果是一段只需要五分钟的路呢？或许那时就可以慢下心来，去体验、理解、保护、创造，去做真正和文化有关的事情。

超城建筑设计事务所主持建筑师 | 车飞 | 2018

大运河项目——设计型研究教学实践案例

  京杭大运河完成于隋唐时代，全长近1800公里，自杭州至北京贯穿古代中国的南北，与联结东西的古代丝绸之路一起，成为古代中国连接世界的交通大动脉。如同连接远途贸易的欧洲汉萨城市同盟，大运河也将众多的城市连接在一起，它们也因交通的便利而崛起成为古代中国的商业城市代表。商业意味着开放性，因此大运河城市先天拥有着不同于封建堡垒型城市的开放基因。可以讲它们天生就是世界城市，因此在全球化的今天，重新发掘和理解大运河城市对于中国具有深远的历史与现实意义。为此中央美院建筑学院专门针对京杭大运河开展了专题设计研究。

  该课题，既不同于传统的建筑设计课题，也不同于普通的课题研究，而是将研究与设计结合在了一起，更准确地讲是将一个研究项目用设计的方式组织与完成。因此它在课题的组织、研究与实施上具有特殊的特点。首先制定了详细的课程计划，展开关于大运河的文献研究；在沿线进行逐地逐城的实地考察与调研后，选出自出发地至目的地之间具有代表性的多座城市，进行分组研究；最终确定具体的项目实施地点与问题，各个小组再针对各自具体的地点开展深入的思考与讨论。这样每个项目地点首先讨论的是城市问题，而非具体的建筑设计任务书，并且这个城市问题将会被置于一个在空间上广阔、在时间上深远的京杭大运河的背景之中。任何一个单独的项目，都会拥有一个超过2000年的历史维度和跨越数省的地理跨度。因此每个不同的小组所做的工作，既不同于其他人，也有助于其他小组的工作，并最终汇集为一个整体。最终，大运河项目的成果成了历史研究、地理研究、建筑学研究、地方文化研究、城市经济研究等多层面、多维度的集中汇集。而这样的多学科研究成果是通过设计与设计项目完成和实施的。如果通过传统的课题研究方式，首先要制定复杂的研究框架，然后确定主干研究结构与主干团队人员，再确定各个专项研究的框架与团队，最终通过大量而复杂的协调工作形成最终的文本。这样的研究将大量的时间成本消耗在沟通与协调之中。此外，最终的成果将在很大程度上取决于项目主持人的思路与决策之上，因而为其自身以及主干团队带来极大的压力，同时又冒着削弱各个专项研究的个性与差异性的风险。而大运河项目则能够在保持总体性框架的前提下，将多层面多维度的研究融入单一题目的讨论之中，也就是通过广泛而深入地讨论来进行研究。所有的研究最终又通过具体地点的项目设计进行实践与验证。因此将理论、思考、设计方法与实际问题有机地结合在了一起。

北京市测绘设计研究院院长 | 温宗勇 | 2015

"教"与"育"

大运河的格局很大。作为世界上开凿时间最早的人工河，其部分河段始建于2500多年前的春秋时期，至隋代即全线贯通，后经唐宋发展，在元代就形成了今天的规模。大运河南北纵贯数千里，跨越六省二市，连通五大水系，两千多年来，由国家组织所形成的漕运文化不仅时间、空间跨度十分巨大，而且其人文、自然遗存极为丰富，与长城一纵一横、一动一静、一凹一凸遥相呼应，都是中华千年古老文明的见证和写照。总想沿线走一走，亲眼看一看大运河的保存状态，这次能够应中央美院建筑学院吕品晶院长之邀加盟"大运河2050"课题的研究正好圆了我的梦。

不出所料，和央美的老师同学们一道参加调研是件很有趣儿的事情。周密的安排，紧凑的行程，匆匆的脚步，自由的畅想，坦诚的交流，都留给我很深的印象，无疑，这是一次难得的教学相长之旅。三年的课题，面向2050大运河，将会是怎样的状态？俗话说，身上缺什么，心里就想补什么；心里有什么，眼中就会看到什么。中国人拥有数千年深厚的文化积淀，本以为缺什么也不会缺文化。然而，经历了磨难沧桑的近代中国，国人缺自信、缺银子，也已成不争的事实。以至于现如今，尽管有的人已是腰缠万贯，而文化却被丢失了一路，穷得只剩下钱了，竟还会习惯性地见钱眼开。我们注意到2013年12月国家新型城镇化战略提出了"城镇化应是一个自然发展的历史过程"的命题，认识到了任何违背自然、拔苗助长、竭泽而渔式的发展都是不可持续的，甚至是灾难性的。我们在过去几十年城镇化发展洪流中，高楼大厦替代了片片低矮的民房，高速公路穿梭在城际之间，土地被重组，空间被重构，然而这光鲜背后，却隐约可见物欲涌动下的那种对财富的追逐、资源的占有和环境的破坏。借助新型城镇化的提出和大运河申遗成功的绝佳契机，通过重新审视大运河流域经济、文化交流与互动对沿线城市空间形态演变的影响，恰逢其时。随着济宁以北大运河的断流，浮华褪尽，昔日繁华的明珠城市黯然退出了历史舞台。高速铁路新干线、南水北调东线工程等新的功能的注入和崛起，又会为这些城市带来怎样的变化？在这一过程中，气势如虹的工业文明与源远流长的传统文化是共生共荣还是你死我活？这难道不值得思考和关注吗？

学生教育是个大问题。教，原本之意是传授祖上传下来的东西；育，真正内涵是积累自己悟出来的东西，"教"和"育"相辅相成才有意义。毕竟，先掌握定式和常规，才能寻求提升与突破。也许，重要的是，在当下转型发展期，通过大运河这个话题，我们能够启示同学们——国家的未来，找到一些属于他们自己的、与众不同的想法、心愿或思考空间。我觉得，这个课题对拓展同学们的思路很有好处。

三磊建筑设计有限公司执行董事、副总裁、设计总监 | 吴文一 | 2015

年轻设计师应该培养自己的设计立场

1. 南行夜话

你什么计划？工作还是读研究生？我在等待一个学生的答复。你知道去了以后做哪方面的研究吗？我想是城市功能发展策略方面的吧，这是他们的长项，以前他们提出了"城市设计"的概念，后来又一直在城市"乡村化"，乡村"城市化"，你们这趟田野的调查也可以帮你积累一些下步研究的资料和经验，我的年轻的同行他往外望了一下，黑乎乎的，什么也看不见，偶尔一两个灯光一闪而过，时间已经过了午夜，我们在从北京出发的南下列车的跑道上，美院第四工作室"大运河2050"项目考察组，我和这群热爱建筑设计、热爱生活的年轻人在奔往大运河的路上。

2. 大运河

选大运河作为本科生毕业设计的课题有些大，我担心不是因为它700多里的尺度，也不是因为覆盖各省市的运城的广袤，而是因为大运河本身所承载的深厚的文化重负和大运河申遗成功后各方面的期待，其背后所代表的文化发展、财经、地域利益和结合在一起的"大干快上"的干劲。在短时间内，设计师们可能不太容易找到可行的传承方法和发展措施，更可能因为经验不足而完成不了课题。还好有吕品晶和史洋两位老师制定了较具体的"九人九城"的目标，以"大处着眼，小处着手"的策略，每个人负责一个区域，完成资料收集和整理、挖掘，深化大运河的价值，重审了文化长廊的"走向"，并辅以四位研究生的后继跟踪，这种教学构架不但培养了学生间互相学习、独立思考的能力，同时也促进了他们之间相互沟通、资源共享的合作精神，这是两位老师继兴义"万峰林"集群设计之后又一次有收获的教学探索，从毕业答辩内容和成果展示丰富程度上看，同学们交上了一幅肯定的答卷。

3. 用心用手也用脚

很多人以为美院的学生手绘能力很强，做设计一个个能绘得一手好图，这个假定其实也不错，从这几年我个人与美院学生打交道的经验上讲，在绘画能力方面无论是在课题上的作业还是在我们事务所的实践中，美院的学生的确有很强的表现能力。但在校期间，作为学术单位，美院不仅仅是教人画画的地方，它更是一个净化心灵、开发智慧的地方。如果一个设计师只会用手去绘制图纸，那这种蓝图所描绘的未来一定是没有关爱、缺乏生命的，因为生命来自于大运河沿岸千百年被滋补过的人们，来自这些人的生活和劳动所留下的生生不息的精神火种，为了薪火相传的可能，为了了解我们自己的生命足迹的印证，大家从老师到学生，离开了校园，走出了象牙塔，像人类文化学者做"田野调查"那样，他们一站一站，一个城市一个城市地从北向南"走"完了整段大运河，虽比不上费孝通先生那样细致，也不如马可波罗那样壮观，但今天我们所看到的设计成果，不仅仅是每个学生的个人收获，是不是也应成为一代人向下一代人用心、用手也用脚完成的报告呢？

4. 设计的立场

本次课题小组共有九位学生，但他们考察了十一个城市。这十一个城市都在申遗的名单中，有趣的是，在大运河申遗的过程中，不是所有十一个城市最后都被联合国教科文组织认可了，当然相比申到了九个城市，没有申到的两个城市会有遗憾，但是这种遗憾正是我们要探究的问题。为什么国际文化组织不认可你们，是你们没做工作，是你们让运河古道荒废不堪？经过调查后，大家得到的信息恰恰相反，这两个城市不是没有做工作，而是做了大量的工作，不是让遗运破败不堪而是修葺一新。这种造假古董的保护做法，不仅仅发生在运河两岸，在过去的几十年中，国内很多文化古城都是以这种方法来"传承文化"的。通过大运河申遗失手的经验，我们知道了更多的关于什么是文化，什么是保护，什么是传承。当一个民族对自己的过去有一个真实的认知的时候，才知道自己在历史的舞台上站在什么位置，对于未来，自己会有一个什么样的态度，敬重、保护、包融、诚实、开放也许这些才是我们做文化工作应该有的立场，也是我们年轻设计师应有的设计立场。

中央美术学院建筑学院第四工作室合作导师 | 史洋 | 2015

思考如何培养具有艺术家气质的建筑师

  中央美院自2013年创办建筑学专业只有短短十几年时间，如何塑造自身特色与走一条区别于传统工科院校的差异化发展道路成为央美建筑自诞生以来一直在摸索的事情。吕品晶院长最早提出我们要培养有艺术家素质的建筑师，在这一背景下，如何通过毕业设计来检验或者实现这一宏观理想成为我关注思考的问题。什么是艺术家素质，如何把这一"高大上"的名词落地，如何不曲解艺术家这一特定职业，如何又能够把艺术与建筑学这两个学科结合。这些年来在和其他专业的人聊起美院建筑系学生，大家普遍观点都是美院学生有美术基础，建筑造型表达能力很强，但仅仅这些就是我们想要达到的吗？这就好比评价一位艺术家，说他构图巧妙、造型准、色彩搭配好。这听上去就好似在谈论一个传统体制框架下的美术高考生，而不是现代意义上的艺术家。自由的思想、独立的人格、敏锐的观察、创造性的呈现，我认为是现代艺术家应该具备的基本素质，也是当代艺术区别于传统美术的重要标志。相应的，有艺术家素质的建筑师是否也应该具备这些基本特质？尤其是成长于全国最重要的美术学院的建筑系学生们，更应该思考如何成为一名超越传统意义建筑师的建筑师。

  大运河2050这个课题展开面非常广，要求大家针对各自不同的切入点，发现问题，界定场地及设计范围，最后通过策略性的文化节点的集群效应为大运河文化发展提供建议。课题持续三年时间，分别聚焦于北京至杭州运河带、山东东昌府运河区、北京通州城乡运河点进行研究与设计。通过关注点线面的尺度变化，利用由宏观到微观的工作方法，系统性地剖析大运河在历史上如何作为国家级别的大型基础设施，促进南北经济的交换与繁荣，从而激发地方活力与文化交融。随后课题组同学通过调研分析大运河现状以及运河在城乡发展中所面临的窘境，通过文化建筑植入的策略手法，试图让大运河沿河文化生活得以重生。

批判性地思考，策略性地发现问题，策略性地解决问题是工作室毕业设计中反复强调的理念，这恰恰对应艺术家敏锐性的发现问题与矛盾，创造性的物质媒介呈现的工作方放。最后的毕业设计成果，不仅仅是多座建筑物的呈现，更多地包含了大家对于物质空间所承载的诸多原形要素的讨论与思考。如地标建筑的意义，文化与资本的叠加，逆城市化还是顺城市化，标本式博物馆的消亡等课题讨论贯穿于整个毕业设计的始终。这是当今中国激烈城市化背景下带来的诸多问题的冰山一角，或许我们在短短毕设的时间里无法找到这些问题的答案，或者这些问题从来就不会有答案，但这是一个良好的开始。因此在这个层面上，设计的结果可能变得不是那么重要，最重要的是通过这一过程，能使我们的毕业生培养出艺术家的素质。艺术家不可能脱离我们当下的时代，并且要对我们的时代负责。在这样一个激变的社会里，在走出美院的那一刻，做一个有社会责任感的建筑师，做一个有"危机"感的建筑师。

　　在这里，我想借用我最后一次毕业时老师在我们毕业寄语里写的话作为结束："做一个有危机感的建筑师尤其是当我们处于一个充满危机的社会之中。当泰坦尼克号触礁以后，你还在为它擦甲板，这是一件很愚蠢的事情。"

雅庄建筑设计公司总经理 | 庄雅典 | 2015

毕业设计是培养面对未来的能力

今年感谢吕院长邀请我来参与"大运河文化驿站"毕业设计的评图，能够与各位一起走过你们的"设计人生"最重要的一个阶段，我觉得与有荣焉。我的研究所毕业设计的评图经验非常有意思，老师找了两组不同的教授，分两天评图。结果第一天被评得很好的同学，在第二天不同教授的批评下反而很差；第一天评得不怎么样的同学，在第二天反而评得不错。这场试验让我大开眼界，也让我反思评图的标准到底是什么？但是在现实社会上，是以作品来论英雄的。作为毕业设计的评图，我不会从结果来论断这个设计，我会试图去了解这半年的训练，同学们是否具备了面对未来的几项能力：

1. 分析能力：分析能力是一个有组织的研究与调查的过程，分析的目的是找出问题，同时思考解决问题的可能策略。这次看同学们对大运河的调查与研究都花了不少心思，通过"分析"，每一块基地的选择，应该是你界定问题后的明智抉择。

2. 概念能力：概念能力的培养是设计能力的核心，是在分析问题之后找到一个解决问题的切入点，同时引出一些设计发展的新机会。做沧州基地的那位同学，经过大范围分析之后选择了码头作为基地，并提出了沧州是"跑码头"杂技的发源地，发展出以"码头剧场"概念的展演空间，是非常好的概念案例。

3. 表达能力：这里分成图面、模型、3D等手上功夫的能力，以及口语表达自己思想的能力，同学们未来面对专业竞争的时候，口头表达能力可能比你手上功夫还要重要。这次同学们展现出来的手上功夫令人赞赏，但一定要加强口头表达能力的训练。

4. 空间功能的能力：功能这个议题是不能凭空想象的，同学们必须多体验多了解，对使用者的关心是"功能"这个能力的关键。

5. 创造"场所"的能力：建筑的存在是作为整体环境的一部分，如何创造场所，是建筑人一生的修炼。

以上几点是我认为各位同学在毕业前要具备的能力，这次的毕业设计是各位检视自己这五大能力是否具备的好机会。希望这本专辑结集之后，同学们可以用以上这五个观点再来评一次自己的图，再评一次同学们的图，思考一下每一个人、每一个作品是否具备了这些能力。

再次感谢吕院长、各位同学与指导老师们让我参与"2050大运河文化驿站"的盛宴，祝大家毕业愉快，心想事成！

台湾阳明交通大学建筑研究所终身讲座教授 | 曾成德 | 2022
人文社会学院院长（2014—2019）、跨领域设计科学中心主任（2014 至今）
美国哈佛大学设计学院客座教师（2022）

创作是在历史的长河里不断泅泳前进

2016年春天，承蒙中央美术学院建筑学院吕品晶院长（今中央美术学院副院长）之邀，台湾交通大学（今阳明交通大学）人文社会学院建筑研究所的八位研究生投入了由吕院长、中央美院史洋老师、阳明交大庄熙平老师以及我所共同指导的"第四工作室"春季学期教学项目："中国京杭大运河 —— 都市再生与文化遗产整合创新发展"计划，也就是"大运河2050"计划。

面对着一条历史长河，一片片地理的风土。在田野调研时，一座座底蕴深厚的城镇，一幢幢意义悠远的建筑。回到工作室里，一句句盎然的对话；在上设计课时，一个个创意的发想；无不串起师生22人的热情学习。"大运河2050"计划使我们教学相长并且惺惺相惜。友谊如长河，就此开展；回忆如涓流，点滴在心。

来自台湾的学生浸润在这千年史迹与辽阔风土里，开启了极具启发性的观点。我们相信将来在大运河世界遗产的建设发展都需要融入常民生活，宛若一个"无墙美术馆及博物院"；然而我们也必须透过设计手法与建筑手段，注入新的意义、创造新的记忆。而它的关键则在结合、串联大运河丰富、美丽、深厚、多样的纹理与史迹；它的观点则受马克思的启发，马克思曾自忖："希腊悲剧的社会背景已逝去，却仍具张力，永恒的魅力何在？"我们发现永恒的"永"，就是一条长河，也就是"泳"；而无论是生活文化或是艺术创作就是在这条长河里不断泅泳，不断前进。

同学们将这四个观点分别作为他们设计方案的依据，也就是：京杭大运河的"生活博物馆""记忆编织器""风土地景"与"创新覆写"。多年后，我回望这些与吕院长与史老师以及庄老师一起激荡出的学生设计方案项目，仍然觉得它们的多样与深厚是近年以来最令我感动的一次。

哈佛大学的哲学家顾德曼（Nelson Goodman）曾说：艺术就是我们通过手法"创造世界（World-Making）"。

台湾交通大学建筑研究所助理教授 | 庄熙平 | 2018

千里长河带来的创新契机

运河,本质上就具体地表达了人类不断求进步的生存本能和创新解决问题的能力。

元世祖忽必烈在前朝的"隋唐大运河"基础上进行分段改建、开凿、联通而形成了今天的"京杭大运河",全长1794公里,沟通海河、黄河、淮河、长江和钱塘江五大水系,是世界上最长的人工河,汇聚了2500多年的历史,影响了将近30座城市,留下27段河道遗产,以及58处与运河相关的珍贵文明遗产。

但历史的脚步仍然前进着,而人类生存环境也在快速变异着。昨天辉煌的解决方案,可能是明天发展的借鉴,也说不定是明天的问题,但有一点是确定的:今天的"危机"都代表着明天"转机"的机会!

我很幸运因为一个缘分,2015年受庄雅典建筑师邀请,参加中央美术学院建筑学院吕品晶院长所指导"第四工作室"的建筑毕业设计评图。又进一步有幸受吕院长之邀,将台湾交大建筑研究所和中央美院建筑本科毕业班联系起来,与美院的吕院长、史洋老师以及台湾交大的曾成德院长,与两岸一共18位优秀的同学们,进行了一次可贵的联合设计研究和教学:"中国京杭大运河——都市再生与文化遗产整合创新发展"。

对于建筑专业来说,面对"文明遗产"与"都市再生",看似就是个处理"新"与"旧"之间的议题。是的,如果环境的变迁是相对静止或缓慢的,也许这议题就仅止于这个层次。但是,如果环境的各方面(经济、文化、生态)都在快速、甚至加速演变,那么这个议题则是高度的动态(Dynamic)而无法以传统的观点(Perspective)来处理它们在表面上呈现的意义,必须要重新找到一个新世代的价值。

建筑的演进,始终是忠实地反映着社会的演进,而社会的变化始终是肇始于价值观所产生的变化。面对今天的问题建构一个明天社会的蓝图,首要的切入点是问:"明天社会的人们将需要什么样的价值观?"在我们人类与自然千年的斗争之后,人类已经学到了重要的一课:"斗争"带来的是短视而不稳定的私利,而唯有"共生""互生"才能建造一个永续、共生共荣的生态体系。

全世界对于谨慎地维护文明遗产并积极地思考都市再生，建筑专业如何进行"创新"、旁及相应的设计思考、跨领域整合，已然是关键而必要的课题。作为主体对象之一的文明遗产与其都市再生的必要性之间，不断衍生出复杂而交错的关系。研究讨论固然重要，但是作为环境构建者之一的建筑专业，更负担了对未来发展提出"创新见解"的任务。两年前上课的时候，除了讨论对于文明遗产应该建立的积极态度、对于都市再生积极构思各种可行性之外，我们随时都在不断检视的另一个观点就是："价值"（Value）。因为我们特别强调：建筑的价值并不仅限于设计作品本身的创意美感或功能解决，我们更重视一个建筑作品如何为人类或实质环境带来长远的"价值"。这个价值包含了经济、生活、文化、功能，或是精神上的各种向度。我们鼓励同学们做大量的资料研究以及设计演练，更积极引导同学们深入理解并不怕失败的尝试，对于思考和技巧双方面的熟练之后，在未来能对各种议题提出突破框架限制、跨领域、创新整合的解决方案。

在两年前的设计课里，我们观察到许多同学发展出惊人的"观点"以及相应的"做法"：有些同学们的方案，完全解脱了惯常"建筑物设计"的概念，取而代之的是以"全环境"为对象的关注和"以使用者为中心"的空间设计。另外，同学们挑战跨越遥远的时间、空间、文化的距离，成熟有序地抽丝剥茧切入各类课题，毫不退缩于巨量资料的压力，在设计成果里展现了具有深度和自信的思考。但是，最让我欣喜的是，同学们的设计策略里，融入了大量透过研究许多其他跨领域专业所得的领悟、并勇敢地建立了利他价值的"观点"，具体表达出设计者独立思考、不再仅以美学作为依据、而聚焦在未来投射的社会价值里。这是"创新"是最重要的基础，因为这个基础代表了设计者走出"自己"、面对"利他"，这也代表了拜今日科技之赐而得以"整合"了大量的信息和知识，更代表了这一世代"跨领域"的"整合创新"可能性，也许将为我们带来一个前所未见的新局面！

2015年底，我在"台湾建筑"杂志上的专文，访问普立兹克奖的执行董事玛莎索恩（Martha Thorne）女士。我问到了普立兹克奖这十年来表扬建筑师的方向上似乎有了很大的转变，索恩女士不假思索清楚地表达："过去我们表扬建筑师作品的价值，现在，我们表扬的是建筑师的作品所带来的影响！（We now award the architect, not for the values of his designs, but for the impacts brought by his designs！）"我相信，利他观点的创新、信息的整合运用，是我们这个世代的新演进、新价值，预祝下一个新的建筑世代，给未来带来一个充满更多创新价值的明天！

Chiasmus 建筑事务所主持建筑师 | 柯卫 | 2018

去德斯皮纳有两种方式：乘船或骑骆驼

"这座城市对从陆路来的旅行者展现一种面貌，对从海路来的人则展现另一种面貌。当赶骆驼的人在高原的地平线上看到摩天大楼的尖顶，雷达天线，白色和红色的风袜子扇动着，烟囱冒着烟，他想到了一艘船；他知道这是一座城市，但他认为这是一艘船，可以带他离开沙漠……

在海岸线的薄雾中，水手看见一个骆驼的驼背，一个刺绣的马鞍，在两个斑点驼背之间有闪闪发光的边缘，正在前进和摇晃；他知道这是一个城市……他已经看到自己在一个长长的商队的前面，带他离开大海的沙漠……每座城市的形态都来自与之相对的沙漠；于是骆驼车夫和水手看到了德斯皮纳，两座沙漠之间的边境城市。"

——《看不见的城市》，卡尔维诺

在多个层面上，水与陆地之间的边界一直是一个门槛：流动性与稳定性之间，运输与生产之间，快与慢之间，贸易与农业之间。这些元素之间一直存在这样一种相互依赖，但又截然不同的关系，自人类在地球上开始努力以来，它就代表了建筑干预最具挑战性的地点。除了沿着这些门槛的结构最明显的方案解决方案之外，中央美术学院建筑学院第四工作室的这一系列项目让人想起了水与土之间的古老困境，在这些迷恋与沮丧之间，在对流动性的渴望与脚下坚实的土地的安全之间。在某种程度上，所有这些项目都是"桥梁"，是人类欲望的这两个领域之间的桥梁。就像桥梁一样，这些项目是关于跨越，关于移动（横向的、纵向的，身体上的和情感上的），关于承诺和实现，关于锚定和勘探……

因此，从基本的建筑角度来看，这样的项目必须处理二分、困境、对立、紧张、行进和运动。在我们的现代世界，这些都是建筑的基本问题，这些也是将当代建筑与经典建筑区分开来的元素，也是现代社会的体现。

第四工作室的九个项目乍一看可以分为两类，平台类和蜿蜒路径类。我们可以说，第一种类型更像陆地，而第二种类型更像运河。一个是关于体量的稳定性，而另一个是关于流动性。但从更深入的观察来看，每个项目包含不同程度的这两种类型特征。正是由于这些原因，我发现这个课题对这些学生来说，作为毕业设计，具有深远的价值。这些设计与思考将帮助他们跨入职业生涯的门槛，并在未来的实践中得到应用。

陶磊建筑事务所主持建筑师 | 陶磊 | 2018

大运河 2050

京杭大运河是千百年来留存下来的宝贵文化遗产，它自身携带有中国传统文化强大的生命力，它曾经深刻地影响了我们的政治、经济和文化。时至今日，它仍然散发着独有的文化魅力，一直是联系中国南北的文化纽带，演绎着传统文明的传承与发展。随着近代文明的发展和变迁，运河已不再具有实际的政治和经济意义，但却作为特有的文化形式保留下来。在历史的进程中，运河一直以"开放与自由"的核心价值发挥着重要作用。

自2013年以来中央美院建筑学院第四工作室在吕品晶、史洋老师的主持下进行的一系列的关于京杭运河的教学和研究。意在针对运河历史文化遗产保护与传承、传统运河城镇空间形态的演变与发展、创意文化产业介入后工业化城镇的新途径等课题。大运河沿线有17座国家级历史文化名城，至今仍保留有传统的文化印记。在全球化的今天，重新发掘和理解大运河城市对于中国具有深远的历史与现实意义。

在经历了近代的经济发展，已经使历史城镇所保存的文化遗产遭到较为严重的破坏，如今的大运河沿线文化发展面临很大挑战，如何给运河两岸的未来带来新的文明，如何重新挖掘、保护、活化大运河的文化价值，重塑一条文化长廊，是这一系列研究和教学意义之所在。在具体的教学和研究中，如何让历史中的运河赋予新的价值，更符合今天和未来的现实意义，成为重要的价值导向。在这场学术活动中，采用研究和教学相结合的办法，深入的探查，广泛的思考和具有创新意识的探索，取得了丰硕的成果，体现了中央美院师生特有的智慧与价值取向。

面对传统的文化遗存，课题研究没有局限于狭隘的静止的文化观，而是在新与旧之间勇于探索新的建筑议题。面对环境的变迁、社会新的需求、生态的恶化、社会生活方式的演变，学生从各个方向、不同层面进行了探讨，重新审视现实与未来，以各具特色的概念重新定义未来的城市与自然的关系，重新唤醒运河文化的历史价值，提出了各自不同的观点和应对现实问题的策略，虽然有些不尽成熟与完善，却给我们认识过去和未来提供了有力的参考，丰富了我们的视野。

基于运河传统文化的建筑思考，不仅仅是对运河文化的保护，更是对人类的未来提供了来自历史的智慧和人文关照，为当代城市理论、乡村的复兴和地域的丰富性，提供了多元的探讨，借助运河这一线性的空间维度的研究，将复杂的城市与建筑、自然与建筑、人文与建筑的复杂与矛盾性融合在一起，综合性地判断与创新。以运河这一线性特点为依托构成了一个超级空间体，这一贯穿中国南北的超级空间体，跨越多重地域，跨越南北的气候和生活差异，蕴含着丰富的文化内涵，通过全新的现代性思考，将历史价值转化为具有当代价值的新的生命载体。

中央美术学院建筑学院教授、建筑系主任 | 周宇舫 | 2018

大运河——超级线性空间

当学生们充满信心地站在屏幕前阐述他们关于大运河文化遗产的毕业创作时,我感觉到一种很少看到的自豪的表情。我想,这种自豪感可能是来自对于一个几乎不为他们所知,甚至是我们这一代人都所知甚少的流经祖国大地南北的文化之河的历史再发现。这种自豪感让我感动,也让我能更好地领略这个课题所引导的独特的研究方向,即通过一个自下而上的实地调研,将大运河看作一个线性的历史文化遗产,串接起多个由大运河所生成的城市而激活沿线的经济。

从当代的空间理论来看大运河的研究,其价值尤为重要,这条贯穿南北的古时漕运通廊,由于其沿线所穿越的空间的宽广性,超越了一般地域或城市空间的维度,而成为一个"超级线性空间"。当代空间理论将城市与乡村、文化与地域都看成是广义的空间,具有多重元素的共时性时间效应。那么,依照这一空间概念,公路与高速铁路都可以被看作是一种线性的空间,由于交通具有的经济性,也就成了资本空间的物质载体。而现存的大运河遗存,虽然不再是交通的载体,却可被看作一种贯穿中国南北跨地域的历史文化空间,也只有以当代空间的理念才能重拾这一古老运河的当代价值。所谓线性文化遗产的定位,事实上是一个空间性定义。恰恰是这种基于空间的认识,使得难以脱离历史的遗产概念得以转化为对于当代跨地域性的空间映射,而使得对于大运河的研究具有现实意义,能为这一巨大线性空间的发展找到属于自身的发展策略。

由吕品晶教授所带领的团队历时几年时间对于大运河沿线城市状态的研究,在我看来正是基于这种空间性的研究。学生们的作品所呈现的大运河复兴,并非是简单地沿承历史语境的恢复曾经的面貌,而是富有想象力地置入新的空间元素,每一个项目都可以被看作是建构这一线性遗产的当代空间的一部分,并且是一种文化的挖掘和置入。作品的可贵之处在于同学们对于这一主题下的未来发展的可能性的探讨,也呈现了新一代人对于中国历史文化的理解和阐释。这是一种更加注重当下价值的阐释,而非对于历史的虚无推断,也是对于大运河作为一个跨越宽广地域的线性空间的再建构。

当一个空间被建构或重整起来,空间就成为事件发生的场所,也会成为资本生产的场所。相信对于大运河线性空间的研究,作为一个颇具远见的构想,其影响力将不只是唤醒人们对于这一文化遗产的注意力,更是提供了一个对于超级线性空间整合策略的基础性研究。回到大运河的历史价值,正在于这一超级线性空间所带来的沿线地区的文化和经济发展,而吕品晶教授团队今年(2017)的研究对象正是大运河的终点北京通州地区。作为北京城市副中心的通州新区,似乎正为这一超级线性空间的未来奠定了一个起点。

中央美术学院建筑学院副教授 | 韩涛 | 2018

运河基础设施与未来城乡空间重构

基础设施的议题正在重回当代建筑学与城乡更新的中心，这绝非偶然。它是资本全球化完成整体区域部署后将视点重新放回物质空间节点的深化，也是2000年后欧美国家景观都市主义理论与实践兴起的背景。当前中国开始将国家区域尺度的基础设施建设与中小尺度的城乡空间结合在了一起，这就是《时代建筑》杂志2016年专门组织"基础设施建筑学"专题讨论的语境，也是2013年来中央美院建筑学院第四工作室在吕品晶、史洋老师的主持下，从建筑空间介入与城乡空间更新角度对大运河进行设计研究的原因。在他们的视野下，运河成为一个整合政治、经济、交通、文化的人工基础设施，可以为未来的运河城乡更新提供有价值的介入点、基础动力与先导性的范本。不同于天然河流，大运河从一开始是政治地景逻辑下的产物。它是治水帝国长久以来国家治理策略的重要组成部分与命脉，相当于那个时代的高速公路。然而随着现代性基础设施从水路转换成铁路、公路与今天的高铁系统，与之伴随的城乡空间景观也就进入了衰败期。然而，在当前环境问题日益严重、大规模标准化数量增长向小尺度差异化质量增长的趋势下，运河天然具有的生态功能，以及长久以来积累的历史文化资源，在当前中国新常态时期进行城乡更新与社会转型，又显示出重新出发的巨大潜力，这就带来了以运河基础设施更新与未来城乡空间重构的新议题。

从"政治/交通"主导到"经济/资本"主导到今天的"生态/文化"主导，是运河基础设施的总体转型趋势。一方面，近几十年激烈的基础设施演进，已经使整个中国大地表面几乎被各种基础设施网络与节点覆盖（如道路、桥隧、给水排水、电网与通信设施），城市与乡村的边界日益模糊，我们此刻就生活在基础设施编织的地表上。但与此同时，生态危机、公共景观的私人化、乡村共同体的离散也成了不可避免的代价。重新修复快速城市化带来的负面遗产，是再次出发的前提。这就带来了诸如滨水基础设施、空间人类学、基础设施建构学、乡村基础设施等广义上"生态基础设施"所要面对的重要议题。另一方面，作为文化建构实践的建筑学应该重回这些生态基础设施的中心节点，它应该以文化地景、社会地形与建成环境的面貌，以共同空间的价值立场，整合生态技术的时代诉求，以与古为新的文化历史态度，以群岛逻辑的地理学方式，点穴式地介入现实空间的历史缝隙，激活在地性的社会能量，扩展当代生活的舒适度、流通性、可达性等各种现代性体验，恢复建筑学曾经是基础设施演进的积极推动者身份，抵制社会分工的工业生产逻辑，重新激活建筑学对城市形态的想象力。这就是"大运河2050"计划中那些设计研究实践的意义，是已经出发的、对于未来城市空间重构的诗意想象。

中央美术学院副院长、建筑学院院长、第四工作室导师 | 吕品晶 | 2018

教学回顾

这些年来,工作室的毕业设计课题希望紧扣城乡社会发展的主题,将即将毕业的同学们的视野逐渐从关注形式与表达转换到关注问题的发现与对策的寻找,毕业前最后一次教学内容不能仅仅满足于最后疯狂的惬意,直面城乡社会问题、细致观察、深入思考、建构对策、解决问题相比于唯形式的追求、唯概念的堆砌、唯炫幻的表达,对于即将走向社会的同学来说也许更有价值。

工作室前几年的毕业设计选题例如"新·旧·事物"以城中村和旧工业区内的更新改造为目标,城乡边缘的万峰林文化小镇的集群设计,都围绕着快速城市化引发的各方面问题展开毕业环节教学,作为指导教师,希望通过特定问题的设定,引导同学们在创作过程中形成自己的价值判断。

"大运河2050"课题的设定,针对文化遗产如何在当今城乡发展中重新发挥作用的问题。虽然大运河的衰落在原有功能层面已无法避免,但是其文化价值在今天甚至是未来将日益显现,我们以大运河作为毕业设计教学主要研究对象,就是希望同学们能充分认识到文化传承与创新在城乡建设和建筑创作中的意义和价值。在教学方法层面,与以往工作室毕业课题设置一样,大运河三年课题的选择,也是希望提供给同学们的课题,既可以独立展开研究和创作,又是在一个相关性的地域空间或文化概念中展开的课题,这样可以保证同学们在创作和研究过程中的相互碰撞、相互比较以激发更多创新可能性,把他们个人对大运河的未来与城乡发展结合起来思考。每个城市都有自己的特色,每一处乡村都有其独特的文化,大运河在这些场域都需要有自己的呈现价值。我们希望同学们的创作,能够以运河文化复兴为共同背景和线索,以关联性的小项目、小问题构建出对整个运河系统的更大的文化思考。

因为有深圳创基金的支持,这三年的毕业设计教学得以强化了前期社会调查、现场调研的工作方法,通过各种调查研究方式,获得对大运河系统客观的信息与数据,在调研中发现问题,建立问题意识,避免专业学习成果脱离实际的"假、大、空",或不知问题所在的"无病呻吟""无的放矢"。调研要求学生面对具体的人群、具体的事件和具体的社会环境,体验人的喜怒哀乐、所思所想,把握事件的缘起与脉络,了解现实社会的真实状况。由此,学生在思考问题时就不会局限于狭隘的专业范畴,而会加入对人、对社会、对环境的实际认识和思考。掌握了调研的方法,就掌握了进一步提高研究能力的有力武器,充分的前期调查研究可以促发灵感的涌现,是构思创作重要的思想资源。

有了扎实而全面的田野考察和实地调研基础,同学们从一开始思考设计问题时,就具备了较好的有关于大运河历史文化的整体认识,对于他们要开展研究设计的场地与其城乡关系有了更理性的把握,在设计选题内容上就有了较充足的逻辑依据和现实意义,避免了一些凭空畅想式的虚妄命题的出现。从大运河全线到山东段,再到通州段,调研由广度到深度展开,前一次调研成为后一次的调研基础,前一次的设计研究成果也成为后面设计创作的新起点。

"大运河2050"三年的教学,我们非常重视各种类型的教学讲评,根据课程的进度计划,在课程的教学过程中或结束时,对学生学习过程成果或者是最后成果进行了不断的互动评议。我们邀请了对大运河有研究的十多位校外专家和校内教师参加了不同阶段的教学讲评,部分专家在调研阶段,就与我们师生同行,在调研行程过程中,也会在晚上的时间,组织师生就调研中的问题展开交流和讲评。

学生通过对自己作品设计构思的陈述,锻炼表达和思维能力,学生不仅作为陈述者同时又是其他同学的评述者时,角色的转换可以帮助他们从不同的角度思考同一个问题,促进学生能够面对问题时进行复杂而深入的思考。教师作为耐心细致的倾听者和组织者,及时对有价值的观点以引导和肯定,帮助学生对其作品的问题进行分析,引导学生深入思考,其他同学也可以从教师和学生的互动中了解到教师的想法和建议,学生的构思视角也可以拓宽他们的想象,这是单向思维输出很难达到的教学效果。在这个教学成果汇编成果里,我们把学生的设计思考和外请专家老师的点评都收录进来,希望较全面地展示教学的互动过程,也更加全面地呈现同学们的创作思想和状态。

展览与课程教学有机融合，也是我们三年来特别注重的教学方法。课程成果参加社会公共性展览，使我们的教学可以在更大的范围接受检验，获得更多有价值的反馈意见，同时，也极大地激发了同学们的学习和创作热情。三年来的教学研究成果先后参加了威尼斯双年展平行展、北京设计周展等各种中外重要展览，在同样是运河之城的威尼斯展示来自中国大运河的研究思考，是一次难得的跨文化交流机会，开阔了师生的研究和创作视野。通过展览交流，接收外界反馈，由此改进并完善我们的教学，是这次教学安排的一个重要收获。

　　工作室的教学一直以来强调协同性，这本身就是一种模拟实践环境的教学方法建构。通过长期的协同工作，改变自我封闭、各自为政的创作陋习，形成互相关注、包容、启发与激励的工作习惯和态度，这样的课题设定和工作方法虽然增加了同学之间的协调时间和创作难度，但是合作能力的培养是作为合格建筑师必备的素质，如果他们将来选择走职业建筑师之路的话，就不能偏执于特立独行的艺术家的理想与品性，学会在理想与现实、坚持与妥协之间寻找平衡。

　　回顾三年来的教学经历，我要特别感谢合作导师史洋老师的默契配合，他总能有各种非常好的想法，来不断促使教学呈现出新面貌，总能在同学们显现疲惫时，调动起他们重新投入的热情，总是忙前忙后做着大量协调工作，使得整个"大运河2050"的教学能够顺畅执行并最终圆满完成；感谢陈凌、车飞、吴文一、温宗勇、庄雅典、庄熙平、曾成德、柯卫、陶磊、周宇舫、韩涛等老师，在整个教学过程中，多次参加调研、讲评和答辩等教学活动，为同学们指点迷津；感谢2016威尼斯建筑双年展中国禅宫总策展人、威尼斯建筑学院院长Marino Folin教授和意大利雅伦格文化基金会的李家豪先生、孙鹏女士，在他们的帮助下，"大运河2050文化驿站"的成果得以在威尼斯双年展"共享·再生"平行展中展出；感谢国家文物局世遗处黄晓帆、扬州大运河遗产保护管理办公室姜师立等大运河相关文化管理部门的同志们，给我们的运河调研工作以大力的支持和帮助。

　　感谢深圳市创想公益基金会为整个课题的开展提供的宝贵的公益支持。

　　最后，要感谢所有参加这三年教学的第四工作室的同学们，所有的精彩呈现，都是因为你们的努力付出，希望这段时间，是你们值得回忆的一段人生经历。

主编：吕品晶、史洋

排版设计：宋颖

录音整理：宋颖、郭怡欣

作者：谢林轩、祝婕、刘雨晨、孟丹、苏小芮、赵俊豪、金戈、柯嘉薇、张国梁、李师峣、殷漫宇、张村吉、颜梓珺、张天禹、宋羽、宋颖、夏悦、齐笑微、郭怡欣、隋昕、刘名沛、赵今今、姜旭、吕佳依、孙慧琦、刘琪睿、张智乾、王宗杰、赵一诺、王琳、尤世峰、陈龙、柯禹亨、骆玮蓁、蔡君阳、李健功、黎音、刘义文、吴佩璇、吕劭翊

评委：陈凌、车飞、吴文一、温宗勇、庄雅典、庄熙平、曾成德、柯卫、陶磊、周宇舫、韩涛、史洋、吕品晶

感谢调研中给予支持的：国家文物局世界遗产处、北京市测绘设计研究院、通州市规划局、山东省住建厅、济宁市规划局、济宁市文物局、济宁市博物馆、济宁市规划展览馆、济宁市旅游局、聊城市旅游局、临清市旅游局、阳谷县旅游局、微山县文物局、南阳镇管委会、曲阜市文物局、徐州市城建局、徐州港务局万寨港、扬州大运河联合管理办公室、杭州市规划局、杭州市园文局、杭州市运河集团

特别感谢深圳市创想公益基金会的大力支持！